广东乳源南方红豆杉自然保护区生物多样性

吴南飞 舒 勇 等编著

中国林業出版社
·北 京·

图书在版编目(CIP)数据

广东乳源南方红豆杉自然保护区生物多样性 / 吴南飞等编著 .—北京：中国林业出版社，2021. 11

ISBN 978-7-5219-1389-7

Ⅰ. ①广…　Ⅱ. ①吴…　Ⅲ. ①红豆杉属-自然保护区-生物多样性-乳源瑶族自治县　Ⅳ. ①Q949. 660. 8

中国版本图书馆 CIP 数据核字(2021)第 211230 号

责任编辑：何　鹏　徐梦欣

出　版：中国林业出版社(100009 北京市西城区刘海胡同 7 号)
　　　　电　话：(010)83143543
印　刷：三河市双升印务有限公司
版　次：2021 年 11 月第 1 版
印　次：2021 年 11 月第 1 次
开　本：787mm×1092mm　1/16
印　张：12. 25　　　彩插 24 面
字　数：330 千字
定　价：90. 00 元

《广东乳源南方红豆杉自然保护区生物多样性》
作者名单

主要编著人员： 吴南飞　舒　勇　张　同　张　蓓　舒　服

参与编著人员：（以姓氏笔画为序）

尹小玲　邓创发　刘敏思　汤光伟　许　立

李志国　李林华　李家湘　张铁平　陆鹏飞

罗漾明　胡　益　袁少雄　徐永福　郭克疾

唐梓钧　涂蓉慧　黄成才　曹　明　宿　明

游健荣　楚春晖　熊　澍　熊嘉武

参加单位及人员

国家林业和草原局中南调查规划设计院

吴南飞　熊嘉武　舒　勇　郭克疾　李林华　张　同

张　蓓　舒　服　李志国　陆鹏飞　汤光伟　曹　明

唐梓钧　熊　澍　张铁平　宿　明　黄成才　罗漾明

楚春晖　胡　益　涂蓉慧　刘敏思

中南林业科技大学

李家湘　徐永福　游健荣　邓创发　许　立

广东省科学院广州地理研究所

尹小玲　袁少雄

临湘市林业调查规划设计院

黄四南　余　辉　赵关强　黄泽希　李星光　肖利军

陈　治

乳源瑶族自治县林业局

李少灵　李阳胜　李　磊　申长青　尧共华　盘良坤

黄　鹏　李继锋　瞿晓梅　李　权

Preface 前言

南方红豆杉(*Taxus wallichiana* var. *mairei*)起源于古老的第三纪，是第四世纪冰川后遗留下来的世界珍稀濒危植物，被称为植物王国中的“活化石”，也有“植物黄金”之称。南方红豆杉分布地域狭窄，生长条件苛刻，生长十分缓慢，是我国特有植物。在广东省韶关市乳源瑶族自治县境内分布有大量的南方红豆杉资源，为切实保护好这一区域的南方红豆杉种群，2004年9月，乳源瑶族自治县人民政府发布《关于同意建立广东乳源南方红豆杉县级自然保护区的批复》，同意建立广东乳源南方红豆杉县级自然保护区(以下或简称“自然保护区”)。

广东乳源南方红豆杉县级自然保护区位于广东省乳源瑶族自治县西北部的大桥镇和必背镇，东北方向紧邻乐昌大瑶山省级自然保护区，西面为南岭国家级自然保护区。保护区地处南岭山脉的骑田岭南麓，是中国具有国际意义的14个陆地生物多样性关键地区之一，是广东省重要的水源涵养区、亚热带常绿阔叶林集中分布区和生物多样性保护保存重点区域、人与自然和谐相处的生态文明示范区。同时，悠久的地质历史和多样性地形地貌造就该区复杂多样的生境条件，加之气候属于亚热带季风湿润气候和多变的山地气候，为丰富多彩的物种提供了繁衍生息的优越环境，栖息有丰富的珍稀濒危动植物资源，使其成为南岭生物多样性保护优先区域。保护区内野生南方红豆杉资源非常丰富，是广东省南方红豆杉自然分布较为集中的区域之一，具有丰富的生物多样性和显著的生态功能。

自然保护区以南方红豆杉和华南五针松(*Pinus kwangtungensis*)等植物原生群落及其生境为主要保护对象，兼具自然保护、科学研究、宣传教育、生态旅游等功能于一体。保护区自2004年建立以来，一直未进行过系统的科学考察，缺乏对区内动植物、景观、自然地理等自然资源的本底调查，尤其是缺乏对野生南方红豆杉资源基本状况的了解，严重阻碍了自然保护区价值的有效评估和定位，不利于相关保护管理的规划和保护措施的制定，不仅加大了自然保护区的管理难度，也制约了自然保护区保护作用的发挥。

为了全面掌握广东乳源南方红豆杉县级自然保护区的本底资源状况，更好地保护乳源南方红豆杉资源，充分发挥自然保护区的保护作用，乳源瑶族自治县林业局(以下简称“县林业局”)联合国家林业和草原局中南调查规划设计院(以下简称“中南院”)组织中南林业科技大学、广东省科学院广州地理研究所、临湘市林业调查规划设计院等单位的专家和技术人员，于2018年3月至2021年3月，历时3年，赴自然保护区进行了详细的综合科学考察，对自然保护区的自然地理、植物多样性、动物多样性、自然遗迹、旅游资源、社会经济等进行了全面的调查，积累了大量的野外调查资料。经过各专业综合整理分析，结合历史资料研究，编制完成本书。

考察结果显示，自然保护区生物资源十分丰富，共发现维管束植物212科788属1608种(含种下单位)，其中蕨类植物37科67属148种，种子植物175科721属1460种(裸子植物9科17属22种，被子植物166科704属1438种)。分布有脊椎动物190种，隶属5纲30目79科。其中：鱼纲4目6科12种，两栖纲1目6科19种，爬行纲2目11科24种，鸟纲16目44科113种，哺乳纲7目12科22种。

同时，保护区内珍稀濒危野生动植物种类也较为丰富，分布有国家一级重点保护植物1种，国家二级重点保护植物8种。其中，南方红豆杉种群数量庞大，古树群落众多，是目前发现的种群数量最为庞大的地区之一，且南岭山地为南方红豆杉分布的南界，从而体现其珍稀性；该区域也是华南五针松种群数量和连片分布面积较大的区域；伯乐树种群数量达1200余株，是伯乐树种群分布较为集中的区域之一。此外，还记录到国家二级重点保护动物11种，广东省重点保护动物7种，保护和科研价值巨大。

在野外考察中，乳源瑶族自治县林业局领导及工作人员给予了大力支持，林业站人员陪同野外考察。本书编制过程中，也得到了广东省林业部门各级领导的关心和帮助。在此我们对所有为本次科考及本书编写提供帮助和支持的单位与个人，表示衷心的感谢！本书文稿历经多次校核修改，但由于涉及专业学科较多，加之编者水平有限，疏虞之处敬请批评指正。

编著者

2021年7月

Contents 目录

Chapter 1

第1章 总 论

1.1 地理位置

广东乳源南方红豆杉县级自然保护区位于广东省乳源瑶族自治县西北部的大桥镇和必背镇，属南岭山脉南麓群山区，北面、东面及西面与乐昌市交界，南至三元村、红云村、柯树下村、深渊村、岩口村和横溪村一线。东北方向紧邻乐昌大瑶山省级自然保护区，西面为南岭国家级自然保护区。地理坐标范围介于东经113°04′30″~113°14′49″，北纬25°00′59″~25°08′58″之间，属北回归线北缘。自然保护区东西长17.2 km，南北宽14.8 km，总面积10464.64 hm^2。

1.2 自然地理环境概况

1.2.1 地 质

自然保护区内地层涉及2个地质界，3个地质系，主要地层出露有：下古生界寒武系，上古生界泥盆系、石炭系。喀斯特地貌的自生沉积岩广泛分布，主要包括泥质灰岩、灰岩、白云质灰岩及白云岩等。位于自然保护区东部的瑶山背斜是区内最大的构造，自然保护区南部的大桥向斜，自然保护区以西的沙坪向斜均是其次级褶皱。自然保护区内总体上断裂不发育，没有明显的大断裂带，以中小构造为主。主要的断裂有近南北向至北北西向断裂10条，北西向至近东西向断裂2条，南西至北东向断裂1条。

1.2.2 地 貌

自然保护区处于中国地貌第三阶梯内，位于广东地貌分区的粤北山地丘陵区，乐昌、乳源岩溶高原亚区。自然保护区内主要有山地、台地、丘陵和平原分布，其中山地、台地约占全区的98%。自然保护区内岩溶类地貌是主要类型，可划分为岩溶山地区、岩溶台地区、岩溶丘陵区和岩溶平原区等四大地貌区。

自然保护区内的石灰岩和砂页岩形成以后，经受几次地壳运动影响，发生了褶皱和断层，轴向南北为主，由于断层较多，有利于流水的侵蚀和岩溶的发育。自然保护区东部地势较高，海拔达1450 m，中部及西部地势较低，海拔多为650~850 m。

自然保护区山脉属于瑶山山脉体系，为瑶山北段主体山峰，呈南北走向，山体高峰主要位于平头寨至红薯寮之间。由北向南的高山有苦竹坳、观音山、寨子里、桶子山、羊古脑等。帽峰、红薯寮、罗群寨均分布在自然保护区外围边缘带。自然保护区内约有山峰

100多座，海拔800 m以上的山峰有58座，遍布自然保护区，其中北部的桶子山、东南部的三蕉山海拔均超过1000 m；海拔600~800 m的山峰约有84座；海拔400~600 m的山峰约有12座，主要分布在寨下溪沿线及横溪水库北侧。自然保护区内形成的岩溶谷地有20多处。

1.2.3 气 候

自然保护区属中亚热带湿润性季风气候区，气候温暖，雨量充沛，四季分明。全年均受季风影响，冬季盛行东北季风，夏季盛行西南和东南季风；由于区内东西地形条件和地势高程不同，形成复杂多样的气候状况，立体气候显著，多小气候分布。自然保护区多年平均日照时数1317.8 h，太阳辐射量103.8 kcal/cm^2。雨量集中于春夏，每年3~8月的雨量占全年的75%~80%。

1.2.4 水 文

自然保护区地表水属于武江流域水系，区内根据地形可细分为磨石岭流域、杨溪河大桥段流域、横溪流域和深水河流域(均为自命名)。其中磨石岭流域和深水河流域，溪流总体走向为由南向北，最终汇入武江；杨溪河大桥段流域和横溪流域，溪流总体走向为由北向南，汇入杨溪河后与武江交汇。

自然保护区内水库包括横溪水库北端小部分、清源水库和磨石岭水库，水坝主要有大坪头水坝、大坪几水坝和红云村水坝，两者总面积约为25 hm^2。地表水水质良好，区内的溪流、水库等均达到国家《地表水环境质量标准》Ⅱ类水质标准。自然保护区内地下水可分为裂隙水和孔隙水。根据不同岩性组合的含水差异，自然保护区内含水岩层分成层状岩类裂隙含水岩组、松散岩类裂隙溶洞含水岩组和碳酸盐岩类裂隙溶洞含水岩组。

1.2.5 土 壤

自然保护区的土壤分布主要受成土母质的影响，区内喀斯特地区大面积发育地带性土壤红色石灰土，东北角分布有页红壤、页黄壤，东南角分布有页黄壤；由于长期人为耕作，自然保护区东南部还发育有潴育水稻土。

1.3 自然资源概况

1.3.1 植物资源概况

自然保护区植被属于亚热带植被带，南岭山地亚热带常绿阔叶林亚地带，粤北山地亚热带植被段。保护区内及周边共发现维管束植物212科788属1608种(含种下单位)，其中蕨类植物37科67属148种，种子植物175科721属1460种(裸子植物9科17属22种，被子植物166科704属1438种)。

分布有国家重点保护野生植物9种，其中国家一级重点保护野生植物1种，即：南方红豆杉 *Taxus wallichiana* var. *mairei*；国家二级重点保护野生植物8种，分别是：华南五针松 *Pinus kwangtungensis*、伯乐树 *Bretschneidera sinensis*、闽楠 *Phoebe bournei*、金毛狗 *Cibotium barometz*、大叶榉树 *Zelkova schneideriana*、红豆树 *Ormosia hosiei*、野大豆 *Glycine soja*、金荞麦 *Fagopyrum dibotrys*。

1.3.2 动物资源概况

自然保护区共发现脊椎动物190种，隶属5纲30目79科。其中：鱼纲4目6科12

种，两栖纲1目6科19种，爬行纲2目11科24种，鸟纲16目44科113种，哺乳纲7目12科22种。

其中，国家二级重点保护野生动物11种，分别为：藏酋猴 *Macaca thibetana*、白鹇 *Lophura nycthemera*、褐翅鸦鹃 *Centropus sinensis*、松雀鹰 *Accipiter virgatus*、普通鵟 *Buteo buteo*、黑鸢 *Milvus migrans*、斑头鸺鹠 *Glaucidium cuculoides*、红隼 *Falco tinnunculus*、画眉 *Garrulax canorus*、红嘴相思鸟 *Leiothrix lutea* 和虎纹蛙 *Hoplobatrachus rugulosus*。另外有广东省重点保护物种7种，分别为：红背鼯鼠 *Petaurista petarista*、黑水鸡 *Gallinula chloropus*、红嘴相思鸟 *Leiothrix lutea*、黑尾蜡嘴雀 *Eophona migratoria*、棘胸蛙 *Paa spinosa*、沼水蛙 *Hylarana guentheri* 和黑斑侧褶蛙 *Pelophylax nigromaculata*。

1.3.3 湿地资源概况

自然保护区地表水属于武江流域水系，区内根据地形可细分为磨石岭流域、杨溪河大桥段流域、横溪流域和深水河流域(均为自命名)。自然保护区内水库包括横溪水库北端小部分、清源水库和磨石岭水库，水坝主要有大坪头水坝、大坪几水坝和红云村水坝，两者总面积约25 hm^2。

1.3.4 景观资源概况

自然保护区所在区域属中亚热带山地丘陵季风区，其景观资源是山地丘陵自然景观的典型代表。自然保护区范围内自然景观多样，人文旅游资源丰富。以《旅游资源分类、调查与评价》为依据，共有风景资源(景点)39处，其中：一级景点2处，二级景点10处，三级景点27处。

1.4 社会经济概况

1.4.1 行政区域

自然保护区所属的乳源县是广东省韶关市辖县，位于广东省北部、韶关市区西部，东邻韶关市武江区，西连清远市阳山县，南毗清远英德市，北与乐昌市接壤，西北角与湖南宜章县相依，是广东省3个少数民族自治县之一。全县辖乳城镇、桂头镇、大桥镇、大布镇、洛阳镇、一六镇、必背镇、游溪镇、东坪镇等9个镇，其中必背镇、游溪镇、东坪镇为瑶族镇。乳源县共102个村委会，13个社区居委会，行政区域面积2299 km^2。

自然保护区位于乳源县大桥镇和必背镇境内。其中大桥镇涉及核桃山、中冲、红光、歧石、和平、红云、三元、塘峰岩、柯树下、深渊和岩口村11个行政村，必背镇涉及横溪和王茶2个行政村。

1.4.2 人口数量与民族组成

全县总面积2299 km^2，辖9个镇，102个村(居)委会，1071个自然村，67583户。2020年，户籍总人口23.2万人，性别比106.61(女性为100)，城镇户籍人口7.4万人，乡村户籍人口15.8万人。少数民族以瑶族为主。

自然保护区所在地大桥镇有21个村委会，246个自然村，9891户，41451人，国土面积320 km^2；必背镇有7个村委会，53个自然村，2529户，8032人，国土面积147 km^2。

自然保护区范围共涉及58个主要农村居民点(自然村)，常驻农村人口数量2476户，12354人。人口以汉族人口为主，少数民族37人，占总人口的0.3%，说明自然保护区虽然在乳源瑶族自治县内，但保护区内少数民族人数较少。

1.4.3　公共基础设施

1.4.3.1　交　通

京港澳高速公路、乐广高速公路、京广高铁客运专线、国道 323 线以及省道 249、250、258 线纵贯乳源全县，与县道、乡村公路构筑成四通八达的交通网络体系；全县公路通车里程 2267.13 km，村委会公路硬底化达 100%，镇、村班车通车率分别达 100% 和 90%。

京港澳高速公路穿越自然保护区 7 km，省道坪(石)乳(乳源)公路穿越自然保护区 9 km，自然保护区内县(乡)道(红光村-企石村-和平村、柯树下村-深渊村、柯树下村-红云村-三岩-塘峰岩-核桃山村-中冲村-红光村)共 25.2 km。

1.4.3.2　通　信

电子通信事业快速发展，实现城乡通信传输数字化、网络化、宽带化，4G 网络覆盖县城，全县有线数字电视用户 2 万多户、移动电话用户 15.35 万户、互联网用户 12.86 万户。自然保护区 12 个村有通信讯号塔 47 个，基本实现了自然保护区范围内信号全覆盖。

1.4.4　地方经济情况

自然保护区所在地周边为广东省北部南岭山脉南坡，是广东经济欠发达地区，群众主要经济来源为种植业、养殖业以及外出务工。2020 年全年乳源瑶族自治县地区生产总值 95.1 亿元，同比增长 2.3%。其中：第一产业 8.7 亿元，第二产业 44.0 亿元，第三产业 42.4 亿元。产业结构比例为 9.1∶46.3∶44.6。全县城乡居民人均可支配收入 23544 元，增长 6.7%。

1.5　自然保护区范围及功能区划

自然保护区总面积 10464.64 hm^2，其中核心区面积 2573.18 hm^2，占自然保护区总面积的 24.59%；缓冲区面积 4039.68 hm^2，占 38.60%；保护区设 2 处实验区，实验区总面积 3851.78 hm^2，占自然保护区总面积的 36.81%。

1.6　综合评价

广东乳源南方红豆杉县级自然保护区是以南方红豆杉和华南五针松等植物原生群落及其生境为主要保护对象的生态公益型自然保护区。自然保护区地处南岭山脉的骑田岭南麓，是中国具有国际意义的 14 个陆地生物多样性关键地区之一，是广东省重要的水源涵养区，亚热带常绿阔叶林集中分布区和生物多样性保护保存重点区域，是人与自然和谐相处的生态文明示范区。同时，自然保护区内兼有中山、低山、丘陵和峡谷等地貌，悠久的地质历史和多样性地形地貌造就该区复杂多样的生境条件，加之气候属于亚热带季风湿润气候和多变的山地气候，为丰富多彩的物种提供了繁衍生息的优越环境，栖息有丰富的珍稀濒危动植物资源，使其成为南岭生物多样性保护优先区域，具有丰富的生物多样性和显著的生态功能。

保护区内野生南方红豆杉资源种群数量庞大，是广东省目前已知南方红豆杉自然分布最为集中的区域，且南岭山地为南方红豆杉分布的南界，极其珍稀；该区域也是华南五针松种群数量和连片分布面积较大的区域；伯乐树种群数量达 1200 余株，是伯乐树种群分布较为集中的区域之一。此外，还记录到国家二级重点保护动物 11 种，广东省重点保护动物 7 种，保护和科研价值巨大。

Chapter 2
第2章
自然地理环境

2.1 自然地理环境调查概述

基于GPS定位观测点经纬度坐标，采用目测、相机拍摄和无人机航拍相结合的方法，对观测区的地貌、地质、土壤、水文、气候等自然地理环境进行记录(附图8)，形成32份《自然地理环境调查表》；然后采集岩土样(附图9)和水样(附图10)，进行要素分析；最后结合相关文字资料，对自然保护区自然地理环境特征进行阐述(表2-1)。

调查收集了气象、水文、植被、土壤、矿产资源、地质、地形地貌、风景名胜区规划等电子和纸质资料共计86份，收集遥感影像图、地质图、水文地质图、地形图、土壤类型图等图件共24份，为自然保护区科学考察项目的开展提供了坚实的理论和现实素材(表2-1)。

表2-1 自然地理环境调查工作程度表

统计指标	调查类型	
	常规调查	无人机调查
考察点(个)	32	10
GPS定点数量(个)	30	10
飞行航次(次)	—	5
调查平面路线长度(km)	270	17
拍摄照片(张)	364	202
选用照片(张)	98	21
拍摄视频(段)	—	7
岩土取样数量(个)	21	—
水体取样数量(个)	11	—

2.2　地质概况

自然保护区所在的广东省在地质上全部属于华夏地块，大地构造上属华南褶皱系的一部分，是一个活化的准地台，经历了由地槽、准地台、大陆边缘活动带三个构造阶段发展演变的历史，对应了不稳定、稳定、再活化的三个阶段。从地质历史发展的顺序，分别经历了震旦纪、加里东期、华力西—印支期、燕山期及喜马拉雅期的地质构造演变。

(1)早期由震旦纪至志留纪，是一个不稳定的地槽时期，经历了从下沉—稳定—回返封闭的过程，以沉积巨厚的杂陆屑式建造组合为特征，总厚在 20 km 厚的海相碎屑岩。志留纪末发生了强烈的加里东运动褶皱造山运动，使地槽发生强烈的褶皱及岩浆活动，并伴随着强烈的区域变质作用和混合岩化作用，结束了地槽的发展历史，进入了稳定的准地台阶段。

(2)中期由泥盆纪至中三叠纪，是一个稳定的地台盖层沉积时期，沉积了厚层的海相碎屑岩和碳酸盐岩类，包括华力西和印支构造旋回，印支运动在这个特殊地域具有双重意义：一方面结束了准地台的发展历史，另一方面又进入了大陆边缘活动带的发展新局面。

(3)晚期从晚三叠纪开始，为大陆边缘活动带阶段，原来趋于稳定的地台又重新活动起来，经过燕山(晚三叠世—白垩纪)、喜马拉雅运动(早第三纪—第四纪)，使地台在构造和地貌上都发生了根本性的变化。

2.2.1　演　化

自然保护区在震旦纪及早古生代(距今约 9 亿年至 4 亿年前)，处在地槽发展时期，沉积了厚度巨大的类复理石砂页岩地层。

由于加里东运动(始于约 5.7 亿年至 4.1 亿年前)的影响，境内岩层普遍遭受到轻度区域变质，基底褶皱形成，整体抬升至海面以上，沉积间断。在泥盆纪沉积前，存在一个侵蚀时期，底部以砾岩沉积建造的中泥盆系桂头组，呈角度不整合地覆盖在前泥盆系之上，形成陆相类磨拉石建造为主的桂头群地层。嗣后，海水自西至东侵入境域，全地区处于滨海环境，从而沉积了滨海相桂头组的上亚组地层。

中泥盆世晚期至早石炭世(距今 4 亿年至 3 亿年前)，境内总体处于滨海—浅海环境，发生多次海进海退，形成以浅海相灰岩建造为主，碎屑岩、碳酸盐组织的沉积地层。早石炭世晚期(约 2.85 亿年前)，境内海水进退频繁，形成海陆交互相测水组的含煤地层。

中石炭世至晚二叠世(距今约 3 亿年至 2.3 亿年前)，境内发生第二次海水侵入，处于广海地带，至晚二叠世发生海退，随后海水全部退出，形成海相碳酸盐沉积岩层和海陆交互相砂页岩地层。

2.2.2　地　层

自然保护区内地层，由 2 个地质界，3 个地质系组成，地层出露有：下古生界寒武系，上古生界泥盆系、石炭系。易形成喀斯特地貌的自生沉积岩如泥质灰岩、灰岩、白云质灰岩及白云岩广布(表 2-2，附图 11)。

2.2.2.1　寒武系(∈)

主要为牛角河组(∈n)，出露有八村群(∈bc)，是一套浅海相类复理石砂泥碎屑岩沉积岩层。主要由变质长石石英砂岩、细粒石英砂岩、粉砂岩及页岩组成。总厚度大于

表 2-2 广东乳源南方红豆杉县级自然保护区地层岩性表

界	系	地层名称	代号	岩性组合特征
上古生界	石炭系	梓门桥组	C_1z	灰黑色中—厚层状灰岩、白云质灰岩，常夹硅质团块或条带
		测水组	C_1c	石英砂岩、粉砂岩为主，夹黑色页岩及无烟煤层。局部夹灰岩、泥灰岩
		石磴子组	C_1sh	生物碎屑粉晶泥晶灰岩夹白云质灰岩、白云岩
		大赛坝组	C_1ds	粉砂质泥岩、泥质粉砂岩，夹灰岩、泥灰岩、钙质泥岩
		长垑组	$DCcl$	灰、灰黑色泥灰岩、生物碎屑灰岩夹细砂岩
	泥盆系	帽子峰组	D_3m	钙泥质粉砂岩、粉砂质泥岩，夹石英砂岩
		天子岭组	D_3t	灰白、深灰色灰岩
		欧家冲组	D_3o	石英砂岩、粉砂岩为主，夹砂质页岩、灰岩透镜体。西南一带为钙质粉砂岩、砂屑泥灰岩，含石膏
		东坪组	D_2dp	灰色粉砂质泥岩、粉砂岩夹钙质砂岩
		棋梓桥组	D_2q	灰、灰黑色白云质灰岩、白云岩夹灰岩、黄铁矿层
		桂头群 老虎头组	$D_{1-2}l$（$D_{1-2}g$）	石英质砾岩、含砾砂岩、粉砂岩及粉砂质页岩
		桂头群 杨溪组	$D_{1-2}y$（$D_{1-2}g$）	砾岩、砂砾岩夹砂岩、粉砂岩，以含有复成分砾岩为特征
下古生界	寒武系	牛角河组	$\in n$	厚层变余砂岩夹青灰色薄层泥板岩组成韵律层，以含炭质页岩、石煤层与含磷硅质扁豆体与黄铁矿细核为特征

3500 m。与震旦系乐昌峡群呈整合或平行不整合接触，地层中有铁、铜、磷等矿化物，分布在自然保护区东北部的石子坝坑至观音山、苦竹坳一带(附图 12)。

2.2.2.2 泥盆系(D)

由中泥盆统桂头组($D_{1-2}g$，包括杨溪组和老虎头组)，棋梓桥组与东坪组、天子岭组(Dq-D_3t)，帽子峰组(D_3m)，帽子峰组与长多组、大赛坝组并层，以明显的角度不整合覆盖在较老的地层之上。地层中有铜、铅、铁、锡等金属矿物及重晶石、硅石、水泥灰岩、高岭土等非金属矿物。在与花岗岩接触地带附近，常有砂卡岩化、大理岩化、角岩化等。

(1)中统桂头组($D_{1-2}g$)，下部为陆相类磨石沉积建造的杨溪组($D_{1-2}y$)，岩性为砾石、含砾砂岩气石英岩、石英砂岩及少量紫色页岩，上部是以滨海相砾砂质和砂泥质沉积层为主建造的老虎头组(D_1-l)，岩性为砂页岩，砂岩、含砾砂岩。厚度约 560~1393 m。主要分布在自然保护区东部、东南部平头寨以东、寨下坑至寒古岭、大水坜一带(附图 13)。

(2)棋梓桥组与东坪组、天子岭组并层，由一套浅海相碳酸盐沉积物及砂泥质沉积物组成。岩性为泥质岩、隐晶质灰岩、白云质灰岩夹白云岩团块、灰色粉砂质泥岩、粉砂岩夹钙质砂岩、细粒结晶灰岩。整合覆盖在栋岭组之上，总厚度 465~630 m。主要分布在县城北部山坡地 2 km 外四周，南水水库及蚊帐顶一带也有出露。

(3)帽子峰组(D_3m)，为浅海相砂泥质沉积和碳酸盐沉积组成。岩性主要是泥质砂质、细砂岩夹粉与薄层灰岩呈不均匀互层。总厚度 155~276 m。分布在自然保护区东北部坝里周边，山窝至深窝一带及画眉山至三元村一带。

(4)欧家冲组(D_3o)，为一套富含植物化石的砂、页岩地层。下部以黑色砂质页岩、粉砂岩为主，夹石英砂岩及灰岩凸镜体，上部以石英砂岩、粉砂岩为主，夹砂质页岩。含

沟鳞鱼 *Bothriolepis* sp. 植物化石薄皮木属 *Leptophloeum* sp. 及少量无铰纲腕足类。沉积环境为三角洲相。整合覆于锡矿山组之上、伏于孟公坳组之下。厚 30~115 m。主要分布在窝里、窝尾西南侧。

2.2.2.3　石炭系(C)

由长多组、大赛坝组并层，大赛坝组(C_1ds)、石磴子组(C_1s)、测水组(C_1c)、梓门桥组(C_1z)组成，主要由浅海相碳酸盐类岩石和海陆交互相合含煤砂页岩建造。石炭系是自然保护区内分布面积最大的地层，分布在自然保护区中部东部、东南部边缘及西南部、东北部大桥镇至大坪乡一带，地层分布比较广泛。

(1)长多组、大赛坝组并层(DC-C*ds*)，为浅海相砂泥质沉积和碳酸盐沉积组成。岩性主要是灰、灰黑色泥灰岩，生物碎屑灰岩夹细砂岩，砂、泥质碎屑岩夹灰岩。主要分布在山窝至深窝一带，画眉山至三元村一带。

(2)大赛坝组(C_1ds)，为砂、泥质碎屑岩夹灰岩。上部和下部以砂、泥质碎屑岩为主，中部则主要为碳酸盐岩。除局部地区其底部出现植物和孢子化石外，多含海相动物化石。整合于长垗组之上、石磴子组之下。厚 96~161 m。主要分布在岐石村以北，红云村以东至下圭、鸭嶍角一带，以及观音坐莲往南至丘子岭一带。

(3)石磴子组(C_1sh)，是一套浅海相碳酸盐建造。岩性为深灰色中厚层状灰岩，含铁结核、隐晶质灰岩，上部夹有红色薄层灰质页岩。总厚度 287~953 m。主要分布在自然保护区中心的大面积区域。

(4)测水组(C_1c)，由海陆交互相含煤砂页岩组成。岩性以粉砂质页岩、炭质页岩为主，夹煤层 1~3 层，或夹有灰岩，其中部常夹有灰白色厚层中粒及粗粒石英砂岩、含砾砂岩，总厚度 130~233 m，为重要的含煤地层之一。主要分布在红云村至三望坪线两侧地带，塘下至大坪儿也有零星出露。

(5)梓门桥组(C_1z)，由浅海相碳酸盐岩、夹砂页岩沉积层组成。岩性以含健石结核灰岩、生物灰岩、夹砂岩、泥质岩为主。整合覆盖于测水组之上。总厚度 124 m。主要分布在桥头下东北至大坪儿西南侧。

2.2.3　褶皱构造

位于自然保护区东部的瑶山背斜是区内最大的构造，自然保护区南部的大桥向斜，自然保护区以西的沙坪向斜均是其次级褶皱，这一系列的褶皱构造对自然保护区内的地质、地形地貌都有极大的影响。一方面，岩层以倾斜的岩层为主，很少出现水平岩层；另一方面，自然保护区内的岩石受到褶皱过程中的弯曲应力的影响，各种张性破裂发育，有利于与水作用形成各种喀斯特地貌(图 2-1，附图 14)。

2.2.3.1　瑶山箱状背斜

位于自然保护区的东部地带，延伸乐昌，背斜核部由寒武纪的浅变质岩系组成。斜轴走向，近于南北，县内两翼走向，与背线近于平行。幅度 20~25 km。两翼岩层倾角，近轴倾角较缓，约 15°~20°，两侧边缘倾角较大，约 45°~50°以上，局部有倒转现象。由于受后期断裂破坏，而呈箱状和梯状。此外，两翼存在数个次一级的向斜和背斜。

这个背斜是由数个背斜、向斜组成的复向斜。次一级的褶皱，呈现不对称，常有倒转现象，自西向东露现有：① 沙坪向斜的东翼，向北倾伏而开阔；② 乌石岭倒转向斜的南

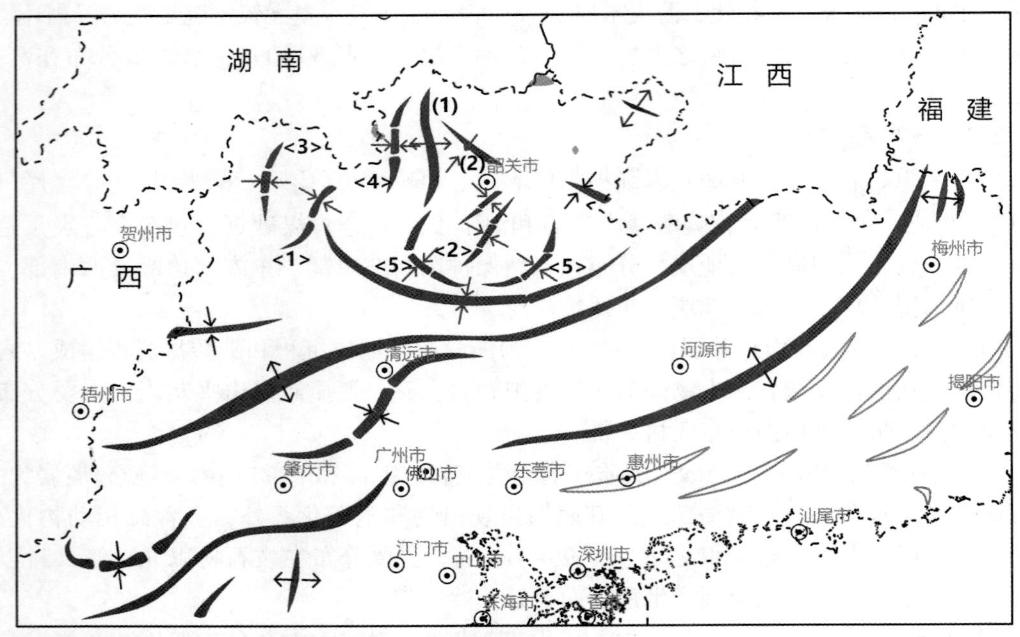

基底褶皱：（1）瑶山复背斜；（2）白水坑复背斜
盖层褶皱：<1>郴县—怀集复式向斜；<2>北江复式向斜；<3>东坡—连州复式向斜；
<4>瑶山复式向斜；<5>英德弧形褶皱

图 2-1　褶皱构造示意图(自然保护区夹在瑶山复背斜和瑶山复式向斜之间)

端；③ 三元圩(红云乡辖)向斜(倒转至正常)的中段和南段；④ 大岭墩背斜的南段(向北开阔，向南封闭)；⑤ 大桥倒转背斜。这些次一级褶皱的幅度 3~4 km，长 25~35 km，岩层倾角一般在 45°以上，分别由中泥盆统东岗岭组至二迭系地层组成。

2.2.3.2　梅花大桥向斜(自然保护区南侧边缘，柯树下村东侧)

位于大桥镇一带，在瑶山背斜的西边。斜轴走向近南北方向延伸，并形成有次一级的短轴状褶皱，向西和向北方向伸延出县外，平缓地向北倾没。两翼幅度大约 25 km，东翼为单斜层，斜宽约 5 km，岩层斜角 40°~50°，整个向斜的东翼被呈近南北向延伸的断层切割与瑶山背斜相邻，向斜的西南部两翼被燕山期花岗岩侵入体所侵吞。

2.2.4　断　裂

广东经历了多次强烈的地壳运动，形成了一系列规模不等、方向不一、性质不同的断裂，广东规模较大的断裂有 1000 多条，其中深、大断裂有 26 条，这些深、大断裂深度一般都位于上地壳，少数深入到下地壳甚至上地幔，对红层盆地和丹霞的形态有明显的控制作用。

自然保护区东部的大瑶山一带有四会—吴川断裂带穿过。该断裂带由 11 条主要断裂组成，是一条具有多旋回活动的构造、岩浆、变质岩带(附图 15)。其形成的早期可能与郁南运动有关，志留纪时期已初具雏形，强大的加里东运动促成了这条深断裂带的发展，因而对泥盆纪以后的沉积作用影响深刻。

自然保护区内总体上断裂不发育，没有明显的大断裂带，以中小构造为主。主要的断裂有近南北向至北北西向断裂 10 条，北西向至近东西向断裂 2 条，南西至北东向断裂

1条(附图15)。

2.2.4.1　近南北向至北北西向断裂

主要露现在瑶山背斜和大桥梅花向斜一带。这组断裂多数是逆断层和逆掩断层，走向近南北，倾角40°~50°，个别达70°以上，垂直断距达300 m以上，某些地段有辉绿岩脉出露。沿断层有温泉分布，表明断裂尚在活动。

具有代表性的主要断层：F1断层(出水岩逆掩断层)，位于红云乡三元管理区附近，从竹子排西面800 m处通过。从近南北方向切过泥盆系及石炭系地层。断层南端呈北北东向转北向，再转北北西向延伸出县境。总长约30 km，断面倾向西，倾角40°~45°，垂直断距不小于600~700 m。

2.2.4.2　北西向至近东西向断裂

这组断裂表现为正断层及平移断层，有少数逆断层。断面倾角大多在50°以上至近于90°，延伸长度较短，一般不超过10 km，垂直断距达300~400 m以上，该断层常切割早期形成的近南北向至北西和北北东向至北东向的断裂构造。

具有代表性的主要断层：起于塘肚以南500 m，沿寨下溪往东南方向延伸至横溪村以北800 m赤溪水处。从近西北方向切过泥盆系及石炭系地层。断层南端呈北西向转东南向，长度约9 km(附图16)。

2.3　地貌的形成及特征

2.3.1　地貌形成与区位

根据地貌类型，广东省山区可以划分为3个一级区和24个亚区。一级区分别是粤西丘陵山地区、粤北丘陵山地区和粤东丘陵山地区。自然保护区位于粤北山地丘陵区，乐昌、乳源岩溶高原亚区，整体位于瑶山山脉体系之内。

粤北丘陵山地区在大地构造单元上，大部分属于华南台块的湘桂台凹，一部分属于本台块的兴全台凸及湖南台凹。该区域由于受古生代以来造山运动的影响，皱褶构造发育，常被称为“湘粤褶皱带”。该区域构造线以北北东为主，次为北西、东西和南北向等。

该区域地势全省最高，并有由北自南逐渐降低的趋势，广东省最高峰石坑崆(又名猛坑石)便位于本区西北部与湖南省交界处，海拔1902 m。北部与邻省交界的山峰也多在1500 m以上。由北向南，地势逐渐下降，至南部英德市境内的北江河谷海拔只有12 m左右，为全区海拔最低点。另外本区东西两部地势也较高，海拔均在1000 m以上。受到地势制约，本区河流均从北部、东北部和西北部发源，向中部北江汇集，再向南流出，形成了略似树杈状的水系网络，有利于区域内内河水运的交通联系。与此同时，北高南低的地势，既有利于暖湿的夏季风进入，使本区降水充沛，平均降水量均在1500 mm以上，又能减弱干冷冬季风的南侵，而不致过冷，极有利于农林业生产。

粤北丘陵山地区地貌岭谷排列有序，东部岭谷多成东北—西南向；西部岭谷多成西北—东南向，联成一体又成向南凸出的三列弧形山地和两列谷地，故可以概括为“三山两谷”。北列为乐昌、仁化和南雄三县北部一带山地，可称为蔚岭大庾岭山系，大致近东西向排列，长约140 km，属南岭山地的一部分。海拔一般为700~1000 m，个别山峰1500 m以上，如乐昌背面的五指峰为1726.6 m，白云仙为1610.7 m；仁化北部的范水山为1559 m，南山为1303 m；南雄北部的白沙髻为1342 m，油山为1073 m，山体由花岗岩和变质岩构成。中列为连州市、阳山北部及乳源西部、曲江南部，英德北部至始兴、南雄东南部与翁源北部一带山地，或称大东山石人嶂山系，海拔一般为 800~1100 m，个别山峰达 1500~1902 m。以北江为界可分为东西两翼。西翼由大东山至天井山而抵乌石附近，为西北—东南向，长约 120 km，宽约 20~30 km。全省最高山峰石坑崆处于这列山地的北部。为本区相连成片而面积又较大的花岗岩山地。东翼从江西境内向西南经南雄南部、始兴石人嶂、瑶岭及翁源北部，沿英德曲江交界往西而与西翼山地相会，长约 130 km，高度一般为 500~1100 m，个别可达到 1400 m 以上。主要亦由花岗岩体构成，山体两侧多覆盖有下古生代地层。南列由连山至连南、阳山、英德南部及翁源东南部一带山地构成，亦称起微青山云山山系。海拔一般为 700~1000 m，个别山峰 1200~1591 m。这列山地主要亦为花岗岩构成。这三列弧形山系的内侧均有一条大致南北向的山脉与之相交。北列有湘赣边界的储广山、万洋山，中列有乐昌乳源的大瑶山，南列有英德东部的雪山嶂。这种山系结构，有人称为三个“山字形”构造山地。北列与中列山地之间为武江和浈江谷地，谷中有南雄、始兴、仁化、乐昌等盆地。武水横切瑶山形成著名的乐昌山峡，现已经开辟为漂流旅游区。中列与南列之间为翁江和连江谷地，谷中有翁源、英德、连州等盆地。北江干流切过中、南列弧形山地，与浈、武、翁、连四江构成羽毛状水系，这种弧形山地与谷地相间的地形格局，使本区形成复杂多样的地貌小环境。

粤北丘陵山地区自新生代第三纪丹霞群形成之后，都处于间歇上升状态，因而形成海拔 1400~1500 m、1200~1300 m、1000~1100 m、850~950 m、650~700 m、500~600 m、400~450 m、300~350 m、200~250 m、140~160 m、100~120 m、60~80 m 等级地形面。这些地形面有些为残留的夷平面，有些为河流阶地面，分布零散不连续，其成因时序也难以全部确定，但地形平坦或比较平缓，有利生产，如连州市、阳山岩溶高原和乐昌、乳源岩溶高原(或称岩溶山原)，许多居民点和耕地都分布在不同高度的地形面上。

乐昌、乳源岩溶高原亚区位于乐昌市西部，乳源县北部，即瑶山西侧的岩溶高原。由北至南延伸约 80km，宽 8~20 km。

2.3.2 地形地貌特征

自然保护区位于乐昌、乳源岩溶高原亚区，地貌总体上属山地台地区，山地、台地约占全区的 98%，其余为少量的平原和丘陵。自然保护区岩层大部分为泥盆纪、石炭纪的石灰岩和砂页岩。石灰岩和砂页岩形成以后，经受几次地壳运动影响，发生了褶皱和断层，轴向南北为主，由于断层较多，有利于流水的侵蚀和岩溶的发育。自然保护区东部地势较高，海拔可达 1450 m 以上，中部及西部地势较低，海拔多为 650~850 m。

自然保护区山脉属于瑶山山脉体系，为瑶山北段主体山峰，呈南北走向，山体高峰主要位于平头寨至红薯窝之间，最高点在平头寨附近，海拔约为 1448 m。由北向南的高山有苦竹坳、观音山、寨子里、桶子山等。羊古脑、平头寨、帽峰、红薯窝、罗群寨均分布在自然保护区外围边缘带(附图 17)。

自然保护区内约有山峰 100 多个，海拔 800 m 以上的山峰有 58 座，遍布自然保护区，其中北部的桶子山、东南部的三蕉山海拔均超过 1000 m；海拔 600~800 m 的山峰约有 84 座；海拔 400~600 m 的山峰约有 12 座，主要分布在寨下溪沿线及横溪水库北侧。自然保护区内形成的岩溶谷地有 20 多处。区内山峰、谷地分布见附图 18。

2.3.2.1 高程海拔

自然保护区内，最低海拔为 317 m，位于横溪水库，最高海拔约为 1450 m。将自然保护区数字高程模型(DEM)按 100 m 等高距进行分类，可以得到地形高程分类图(附图 19)，经统计分析可得，自然保护区高程大多在 900 m 以下，占了全区面积的 84. 18%，其中，800~900 m 的面积占了全区面积的 11. 48%，700~800 m 的面积占了全区面积的 47. 42%，600~700 m 的面积占全区面积的 15. 09%，低于 600 m 的区域占了全区的 10. 19%。自然保护区内 900~1100 m 的区域占了全区的 9. 44%，1100 m 以上的区域占了全区面积的 6. 38%(图 2-2)。

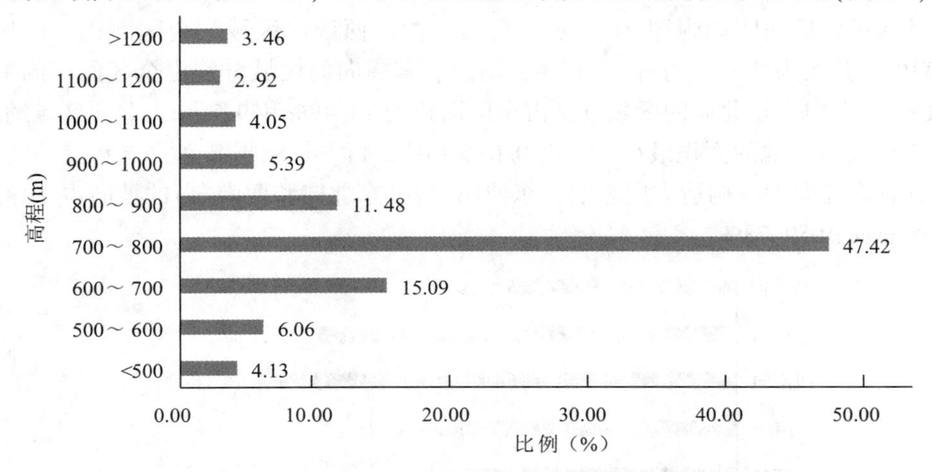

图 2-2　广东乳源南方红豆杉县级自然保护区高程统计分析图

2. 3. 2. 2　地形坡度

自然保护区内，最小坡度为 0°，最大坡度为 64. 75°，中西部地形坡度较小，东部坡度较大，见附图 20。将坡度低于 5°的地形作为缓斜坡，随后按 10°递进分级，得到坡度分级图，对每一坡度分级进行统计分析。可以看出，<5°的面积占全区面积的 17. 82%，5°~15°的面积占全区面积的 39. 74%，15°~25°的面积占全区面积的 24. 24%，25°~35°的面积占全区面积的 14. 02%，35°~45°的面积占全区面积的 3. 76%，坡度>45°的面积占全区面积的 0. 42%(图 2-3)。

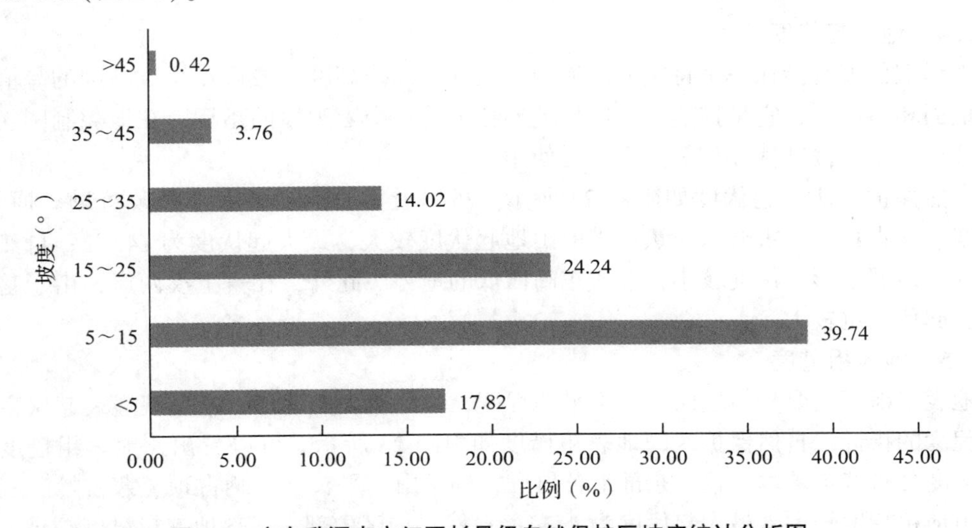

图 2-3　广东乳源南方红豆杉县级自然保护区坡度统计分析图

2.3.2.3　地形坡向

坡向对于山地生态有着较大的作用，山地的方位对日照时数、太阳辐射强度、降水等有重要影响。辐射收入南坡最多，其次为东南坡和西南坡，再次为东坡与西坡及东北坡和西北坡，最少为北坡。

自然保护区坡向图如附图 21 所示。自然保护区西南向区域占全区面积的比例最大，为 19.33%，其次为西向，约占 17.12%，南向、东南向的区域分别占全区面积的 12.84% 和 11.10%，东向、东北向的区域分别占全区面积的 13.49% 和 9.79%，北向区域约占全区面积的 7.07%，平地的面积最小，只占 0.07%(图 2-4)。从结果来看，自然保护区的坡向明显受到近南北向的主构造方向影响，东西向(包括东北向和西南向)的坡向占主导，占自然保护区总面积 59.73%。

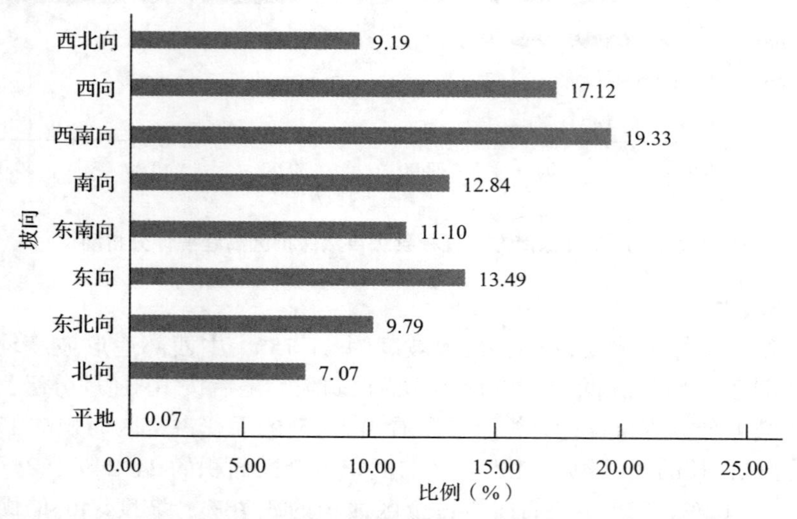

图 2-4　广东乳源南方红豆杉县级自然保护区坡向统计分析图

2.3.2.4　地形起伏度

地形起伏度是指在一个特定的区域内，最高点海拔高度与最低点海拔高度的差值，可反应地面相对高差，它是描述一个区域地形特征的一个宏观性的指标，在地貌制图、地质环境评价、土壤侵蚀性评价等方面广泛使用。

自然保护区地形起伏度如附图 22 所示。可以看出，保护区东部沿苦竹坳、桶子山、平头寨、晒古顶、寒古岭、三蕉一带的山地起伏度较大，最大起伏度为 143 m；自然保护区中部、西部地形起伏度较小，形成东高西低的地势。此外，在寨下溪两岸，由于喀斯特地貌，起伏度也较大。

2.3.2.5　地表粗糙度

地表粗糙度主要是指地面凹凸不平的程度，也称地表微地形，是反映地表起伏变化与侵蚀程度的指标。自然保护区的地表粗糙度如附图 23 所示。可以看出，地表粗糙度与地形起伏度分布特点基本一致。东部沿苦竹坳、桶子山、平头寨、晒古顶、寒古岭、三蕉一带的山地粗糙度较大，最大起伏度为 2.34；自然保护区中部、西部地表粗糙度较小。

2.3.2.6　地形曲率

地形曲率是地形表面几何形态和地学建模的基本变量之一，曲率为正说明该像元的表面向上凸，曲率为负说明该像元的表面开口朝上凹入，值为0说明表面平坦。可用于描述流域盆地的物理特征，从而便于理解侵蚀过程和径流形成过程。坡度会影响下坡时的总体移动速率。坡向将决定流向。剖面曲率将影响流动的加速和减速，进而将影响到侵蚀和沉积。平面曲率会影响流动的汇聚和分散。自然保护区地形曲率如附图24所示。

对自然保护区的凹形坡、平坡、凸形坡进行统计分析，如图2-5所示。从图可以看出，自然保护区凹形、凸形坡平分秋色，前者约占自然保护区面积的41.50%，而后者约占全区总面积的47.01%，平坡面积约占全区总面积的11.49%。

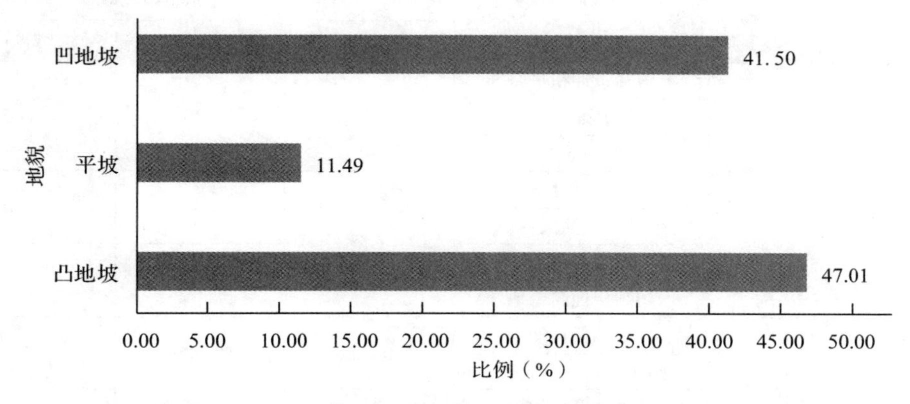

图2-5 广东乳源南方红豆杉县级自然保护区地形曲率统计分析图

2.3.3 地貌分区

地貌形态复杂多样，为论述与研究方便，往往对地貌区进行分级。在我国，根据各种地貌形态及其组合形式，自西向东共分为一、二、三级阶梯，这三级阶梯构成了我国陆地表面地貌分级的最高级地貌单元。广东省山区又可以划分为3个一级区和24个亚区。一级区分别是粤西丘陵山地区、粤北丘陵山地区和粤东丘陵山地区。

自然保护区处于中国地貌第三阶梯内，广东山区的地貌分区为粤北山地丘陵区，乐昌、乳源岩溶高原亚区。自然保护区内主要有山地、丘陵、台地和平原分布，均为岩溶类地貌。

陆地地貌成因复杂、形态多样，不同地貌具有不同的形态特征和形成机制。在地貌区划过程中必须要依据一定的原则。在中国陆地表面地貌分区的过程中，不同学者所依据的分类原则各不相同。本文主要依据以下原则：①地貌分区从大到小、逐级划分的原则；②保持地貌分区的空间连续性；③依据综合性和主导性原则，综合、全面地考虑区域内整体的地貌特征，体现每个地貌区的主导地貌特征。

2.3.3.1 地貌划分方法

地貌区主要指在自然保护区内具有最宏观地貌差异特征的区域，主要是根据区域地貌的综合特征进行划分。受到大地板块构造和新构造运动的控制，自然保护区内地貌抬升与下降，使得一定区域内的地貌类型、形态特征相一致。“岩溶地貌”是我国地质地貌工作者于20世纪60年代倡议的名称，它与国际上通用的喀斯特地貌一词通用。在自然保护区从泥盆纪至石炭纪都有石灰岩、白云岩、白云质灰岩、泥质灰岩的形成，为自然保护区的岩溶地貌发育提供了物质基础。自然保护区在地理位置上又属于亚热带高温多雨的气候环境，更有利于岩溶地貌发育。

按照地形海拔高度、地形起伏度和地形坡度的相关指标，结合广东山区岩溶地貌分类的基本方法(表 2-3)，将自然保护区划分为 4 个地貌区，即平原区、台地区、丘陵区和山地区(附图 25)。其分界线大部分为区域性断裂和线性活动区，因两侧的新构造升降情况或幅度不同，从而造成了地貌宏观特征的差异。

表 2-3 广东山区岩溶地貌划分指标

陆地地貌形态成因类型			形态示量指标		
			海拔(m)	起伏度(°)	坡度(°)
岩溶地貌	平原	溶蚀、冲积平原	不限	<10	<5
		溶蚀倾斜平地			
		溶蚀洼地			
	台地	溶蚀低台地	不限	<30	<10
		溶蚀、侵蚀低台地			
		溶蚀高台地		30~80	<15
		溶蚀侵蚀高台地			
	丘陵	溶蚀低丘陵	80~250	80~150	15~25
		溶蚀、侵蚀低丘陵			
		溶蚀高丘陵	250~400	150~300	20~35
		溶蚀、侵蚀高丘陵			
	山地	溶蚀低山	400~800	300~700	25~40
		溶蚀、侵蚀低山			
		溶蚀中山	800~1200	400~900	>35
		溶蚀、侵蚀中山			

自然保护区可以划分为岩溶平原区、岩溶台地区、岩溶丘陵区和岩溶山地区。岩溶平原区有少量分布于石下寨；岩溶台地又可以分为高台地和低台地，两者交叉相间分布在自然保护区的中西部；岩溶丘陵只有少量分布在横溪水库背面；岩溶山地又可以分为低山和中山，中山主要分布在自然保护区东部，低山则主要分布在东南部，中西部也有零散分布。

2.3.3.2 岩溶平原区

岩溶平原是石灰岩类受到地表水和地下水影响，以水的溶蚀作用为主，流水作用为辅而形成的较平坦地貌，地面上常有个别残峰和石芽突起，与一片平坦的河流冲积平原不同。地表组成物质主要为石灰性红土，红土中残留有石灰岩碎块。其次为河流带来的冲积物(黏土、砂或砾石等)。地面径流多为间歇性溪流，常年性河道少，往往成干谷和盲谷形态。

自然保护区内有少量的岩溶平原区，面积约为 0.50 km^2，约占自然保护区面积的 0.48%。主要分布在石下寨，其他区域有零星分布。岩溶平原区又分为溶蚀冲积平原(图 2-6)和溶蚀洼地(图 2-7)，在自然保护区范围内均有分布。

2.3.3.3 岩溶台地区

岩溶台地是比较宽阔平缓的一种地貌，可能为古剥蚀面发育而成。地面波状起伏，常有残峰和石芽突起，故与非岩溶区流水作用形成的台地不同。台地面上多为石灰性红土，曾有河流经过的台地，则有冲积沙、砾石和黏土等。岩溶台地分布的海拔高度很不一致，

图 2-6　溶蚀冲积平原(岗里)

图 2-7　溶蚀洼地(老鲤塘)

有海拔 1000～1100 m、850～950 m、500～600 m、350～450 m 等，因此又可以称为高原面或夷平面。

岩溶台地大量分布在自然保护区中西部区域，总面积约为 58.93 km^2，占全区面积的 56.31%。其中低台地面积为 13.91 km^2，约占全区面积的 13.29%(图 2-8)，高台地 45.02 km^2，占全区面积的 43.02%(图 2-9)。

图 2-8　溶蚀低台地(红云村)

图 2-9　溶蚀高台地(大坪头)

2.3.3.4　岩溶丘陵区

岩溶丘陵是由于地壳上升，经长期的溶蚀、侵蚀作用形成。依海拔及起伏度可分出低丘陵和高丘陵。低丘陵海拔低于250 m，起伏度80～150 m；高丘陵海拔250～400 m，起伏度150～300 m。依石灰岩的纯与不纯，又可以区分为由纯石灰岩构成的溶蚀丘陵和不纯石灰岩与砂页岩相间构成的溶蚀侵蚀丘陵。溶蚀丘陵，一般呈峰尖坡陡，岩石裸露和峰林形态。溶蚀侵蚀丘陵，由于石灰岩与砂页岩相间，发育的形成比较复杂，有丘有峰，洼地、漏斗、竖井相间出现，有地面河与地下河相通，溶蚀侵蚀作用同时进行(图2-10)。

图2-10　溶蚀侵蚀高丘陵(横溪水库北)

自然保护区内的岩溶丘陵主要为溶蚀侵蚀高丘陵，面积约为0.38 km^2，约占全区面积的0.36%，主要分布在横溪水库北边。

2.3.3.5　岩溶山地区

岩溶山地是陆地上升，经受长期的溶蚀、侵蚀作用形成。依海拔及起伏度可以区分为岩溶低山和岩溶中山两类：峰顶海拔400～800 m，起伏度300～600 m的归为岩溶低山区；海拔800～1500 m，起伏度400～600 m的划分为岩溶中山。岩溶山地由于岩性透水，地表径流缺乏，流水侵蚀作用微弱，保留下来的夷平面较为完整，面积大，分布广。依据海拔的高低又可以分为多级夷平面，夷平面上突起有峰丛、峰林，起伏度100～200 m。依据石灰岩的纯度，又可以区分为溶蚀低山和中山、溶蚀侵蚀低山和中山。

自然保护区的岩溶山地主要是由不纯石灰岩与砂页岩构成的溶蚀侵蚀低山(图2-11)和中山(图2-12)。这类山地的形态较为复杂，有侵蚀山地形态，也有溶蚀山地形态。自然保护区内岩溶山地面积约为43.77 km^2，约占全区面积的41.83%，其中低山面积约为23.52 km^2，占全区面积的22.47%，中山面积约为20.25 km^2，占全区面积的19.35%(图2-13)。

图 2-11 溶蚀侵蚀低山(粟木溪沿线)

图 2-12 溶蚀侵蚀中山(粟木岗北面)

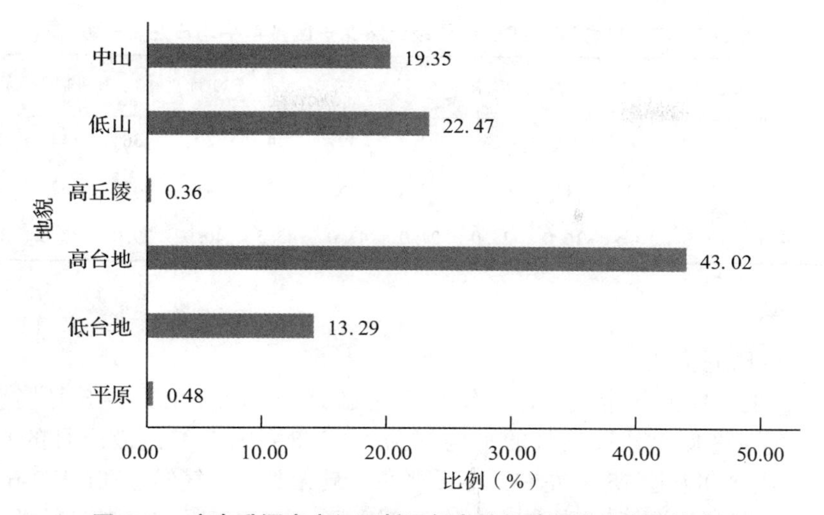

图 2-13 广东乳源南方红豆杉县级自然保护区地貌分区统计图

2.4 气 候

自然保护区属中亚热带湿润性季风气候区，气候温暖，雨量充沛，四季分明。一年均受季风影响，冬季盛行东北季风，夏季盛行西南和东南季风；由于区内东西地形条件和地势高程不同，形成复杂多样的气候状况，立体气候显著，多小气候分布。

自然保护区多年平均日照时数 1317.8 h，太阳辐射量 103.8 kcal/cm^2。乳源县城多年平均降水量 1706.8 mm，年平均气温 19.8 ℃，东北部雨量偏多、云雾、霜雪重、光照少；雨量集中于春夏，每年 3~8 月的降水量占全年的 75%~80%。

2.4.1 日 照

日照时数是太阳实际照射地面的时间，一个地方的可照时数与当地的纬度、日期、海拔、云雾、降水等有密切的关系。自然保护区的多年平均日照 1317.8 h，7、8 月份月平均日照时数 185.8 h，2、3 月份平均 36.1 h(表 2-4)。极端最高月份是 1979 年 10 月 276.4 h，占可照时数的 77%，极端最低月份是 1980 年和 1984 年的 3 月份，只有 12.3 h，占可照时数的 3%。日照受地形影响差异较大，高山区的谷地明显比盆地少。自然保护区历年平均日照总时数与乳源县平均时数(1610 h)比，少 292.2 h，与西部五指山(林场，海拔 508 m)山区比，多 186.2 h。

自然保护区内日照百分率的分布形势和日照时数分布相似。区内多年平均日照百分率为 29.5%，2、3 月份平均日照只有 10.5%，7、8 月份平均日照约为 44.3%(表 2-5)。

表 2-4 广东乳源南方红豆杉县级自然保护区多年平均日照时数 单位：h

地点＼月份	1月	2月	3月	4月	5月	6月	7月	8月	9月	10月	11月	12月	全年
大桥	76.2	21.1	34.5	60	98	108.9	203.6	177.5	141.9	128.5	143.7	110.1	1304
红云	86.8	45.2	43.5	59.5	89.4	109.4	190	172	152.3	150.5	103	130	1331.6
平均日照	81.5	33.2	39.0	59.8	93.7	109.2	196.8	174.8	147.1	139.5	123.4	120.1	1317.8

表 2-5 广东乳源南方红豆杉县级自然保护区多年平均日照百分率 单位:%

地点＼月份	1月	2月	3月	4月	5月	6月	7月	8月	9月	10月	11月	12月	全年
大桥	23	7	9	16	24	27	49	44	39	36	44	34	29
红云	26	14	12	16	22	27	45	43	41	42	32	40	30
平均	24.5	10.5	10.5	16.0	23.0	27.0	47.0	43.5	40.0	39.0	38.0	37.0	29.5

2.4.2 气 温

2.4.2.1 气温的时间变化

自然保护区地处中亚热带气候区，年平均气温 15.9~19.8 ℃，7~8 月气温最高，12 月至次年 2 月气温最低，其最热月的平均气温为 23.8~28.6 ℃；最冷月的平均气温为 4.9~11.4 ℃，热冷期差达 15 ℃左右，冬无严寒，夏无酷暑，气候温和(表 2-6)。

自然保护区气温日较差的变幅较大。东北部山区，通常年平均气温日较差 10~12 ℃，其中 3~4 月为 8~9 ℃，10~11 月为 14~15 ℃。中西部丘陵地区，通常年平均气温日较差在 8 ℃左右，3~4 月为 5~6 ℃，10~11 月平均为 11~12 ℃。

表 2-6 广东乳源南方红豆杉县级自然保护区逐月平均气温

月 份	1月	2月	3月	4月	5月	6月	7月	8月	9月	10月	11月	12月	全年
平均高温(℃)	12.3	13.1	16.3	21.8	26	29	31.4	31.1	28.8	25.1	19.8	15.2	22.5
平均气温(℃)	6.3	7.9	11.2	16.6	20.5	23.5	25.1	24.7	22.5	18.5	12.9	8.2	16.49
平均低温(℃)	2.2	4	7.5	12.7	16.6	19.5	20.6	20.2	18	13.6	7.9	3.2	12.2

2.4.2.2 气温的垂直变化

气温随海拔高度的增加而降低，区内各地气温垂直递减率也受地形、植被、季节影响。东北部低山区温差较大，中西部丘陵区温差较小。冬半年降温显著，夏半年温差较小。山区地势每升高 100 m，年平均气温下降 0.5~0.7 ℃。由于自然保护区处于冷空气南下通道中，冬半年降温显著，平均每百米温差 0.79~1.1 ℃。从海拔 500 m 开始，温差逐渐加大，海拔 700 m 以上的山区，百米温差为 1 ℃(表 2-7)。

表 2-7 广东乳源南方红豆杉县级自然保护区气温温差比较

地 点		县 城	大 桥	红 云
测点高程(海拔，m)		90	400	765
全 年	平均气温(℃)	19.8	17.7	15.9
	与县城差值(℃)		-2.1	-3.9
	每升百米平均降温率(%)		-0.89	-0.63
1月份	平均气温(℃)	9.9	7.3	5
	与县城差值(℃)		-2.6	-4.9
	每升百米平均降温率(%)		-1.1	-0.79
7月份	平均气温(℃)	28.4	26.6	25.7
	与县城差值(℃)		-1.8	-2.7
	每升百米平均降温率(%)		-0.77	-0.43

2.4.2.3 极端气温

自然保护区年内逐月最低年温为1月，月平均气温6.3 ℃，月平均最低气温2.2 ℃，极端最低气温-9 ℃，在红云镇测得。年内逐月最高气温为7月，月平均气温22.5 ℃，月平均最高气温31.4 ℃，极端最高气温37.7 ℃，在大桥镇测得(表2-8)。

表2-8 广东乳源南方红豆杉县级自然保护区历史极端高、低气温

地　点	测温点高程(海拔，m)	历史极端高温(℃)	历史极端低温(℃)
大　桥	400	37.7	-6.5
红　云	765	34.5	-9

2.4.2.4 地　温

自然保护区内地面温度年变化幅度较大，年平均地温为19.7 ℃。年平均最低地温出现在1月份(8.5 ℃)，年平均最高地温出现在8月份(30.0 ℃)，年差值21.5 ℃。

2.4.2.5 无霜期

自然保护区内400 m以下的丘陵地区历年平均无霜期为267天，海拔500~700 m地区平均无霜期为248~277天，海拔高于1000 m的地区平均无霜期为240天。

历年平均初霜日12月3日，终霜2月9日，霜日14天，但年际间相差大，有些年份有16天霜日，有些年份只有1~2天霜日。

2.4.3 降　水

2.4.3.1 年平均降水量

自然保护区内年降水量1493.5~2720.5 mm。年降水量最高出现在1973年，为4040 mm，最少出现在1693年，为961.7 mm。每年3~8月份总降水量占全年降水量的75%~80%，9月至次年2月的降水量占20%~25%。一年中5月份降水量最多。

降水量一般随海拔高度的增加而增加，海拔600 m左右，迎西南风的山地，森林覆盖地带的降水量最多，北西南风的谷地，无森林覆盖的大桥等地带降水量最少，年降水量仅有1543 mm(表2-9)。

表2-9 广东乳源南方红豆杉县级自然保护区多年平均降水量 单位：mm

地点＼月份	1月	2月	3月	4月	5月	6月	7月	8月	9月	10月	11月	12月	全年合计
乳源县城	64.6	90.9	141.8	222.0	312.9	303.0	148.2	179.9	107.8	73.4	51.2	54.6	1750.3
大桥镇	48.9	79.0	114.1	198.7	239.1	270.2	239.8	285.3	106.5	68.8	48.7	42.1	1741.2

2.4.3.2 雨量密度

自然保护区内雨量密度西部最大，中部次之，东部较小。一年之中，春夏交替的5、6月份密度最大，12月份至次年2月雨量密度最小(表2-10)。

表2-10 广东乳源南方红豆杉县级自然保护区多年平均雨量密度

地点＼月份	春	夏	秋	冬	全年平均
	3~5月	6~8月	9~11月	12月至次年2月	
大　桥	10.9	11.8	8	6.2	9.2
红　云	12.5	13.8	7.7	7.6	10.4

2.4.3.3　雨　季

自然保护区内每年雨季的始日，一般是3~4月，终日一般是6~7月。雨季的始日平均在3月24日，终日平均在7月4日，平均雨季期长103天。其中，最早的雨季始日记录3月1日，最迟4月19日，相差49天；最早的雨季终日是6月9日，最迟是9月6日，相差89天。雨季最长是155天，最短是62天。

2.4.3.4　干燥度

自然保护区内大气平均干燥度<1，属于“湿润”类型地区(表2-11)。而海拔600 m以上地区，年平均干燥度≤0.49，属“很湿”类型地区(表2-12)。

表2-11　广东乳源南方红豆杉县级自然保护区历年月平均干燥度

月　份	1月	2月	3月	4月	5月	6月	7月	8月	9月	10月	11月	12月	全年合计
干燥度	1.25	0.70	0.79	0.49	0.55	0.68	0.99	1.14	4.64	3.48	5.13	1.75	0.67

表2-12　广东乳源南方红豆杉县级自然保护区各地年平均干燥度

地　点	大　桥	红　云	平　均
海拔(m)	400	765	
干燥度	0.67	0.54	0.605

2.4.3.5　相对湿度

自然保护区内年平均大气相对湿度为78%，随地形的改变及地势高程的升降而有所差异，海拔500 m以下，向北坡地相对湿度最小，年平均为77%；海拔500 m以上地区和400~500 m的低洼地带，大气温度较低，大气湿度大，年平均相对湿度超过80%(表2-13)。

相对湿度一般林区大于空旷地区；山区大于丘陵地区；春、夏季大于秋、冬季。

表2-13　广东乳源南方红豆杉县级自然保护区各地年均相对湿度

地　点	大　桥	红　云	平　均
海拔(m)	400	765	—
相对湿度(%)	77	80	78.5

2.4.4　风

2.4.4.1　风　向

自然保护区冬半年(9月至次年4月)，北方冷空气主要从帽峰(海拔1344 m)至大坪乡的猴子墩(海拔997 m)的山口入境，沿大桥镇南下至南水水库。夏半年(5~8月)，多吹西南风。

2.4.4.2　风　速

自然保护区常年风速因地形差异较大，季节性差异明显。冬半年，冷空气南下时，区内的是狭窄通道，风速较大，而5~6月风速较小(表2-14)。

表2-14　广东乳源南方红豆杉县级自然保护区常年平均风速　　单位：m/s

月　份	1月	2月	3月	4月	5月	6月	7月	8月	9月	10月	11月	12月	全年合计
大　桥	4.1	3.4	2.7	2.6	1.9	2.7	3.0	3.1	2.2	3.8	3.1	3.4	3.0
红　云	2.4	2.2	2.0	2.1	1.7	1.6	1.4	1.6	1.6	2.0	2.2	2.6	2.0

2.5 水　文

2.5.1 水　系

自然保护区地表水属于武江流域水系，区内根据地形可细分为磨石岭流域、杨溪河大桥段流域、横溪流域和深水河流域(均为自命名)。其中磨石岭流域和深水河流域，溪流总体走向为由南向北，最终汇入武江；杨溪河大桥段流域和横溪流域，溪流总体走向为由北向南，汇入杨溪河后与武江交汇(附图26)。

2.5.1.1 磨石岭流域

磨石岭流域包括北向注入磨石岭水库的磨石溪(自命名)和向西流出自然保护区的太平溪(自命名)。磨石溪发源于三元村流经围里，后经赖角与其他溪流交汇后流向核桃山村，往北流经坳北岩与中村发源的小溪交汇后，流入磨石岭水库，后由磨石岭水库向北经梅花镇汇入武江。

自然保护区内磨石岭流域集雨面积约为18.40 km^2，溪流长度约为12 km。

2.5.1.2 杨溪河大桥段流域

杨溪河大桥段流域包括发源于红云村的红云溪(自命名)和发源于下圭的桥头溪。红云溪自红云村以北发源，于云子地与红云村水坝下流溪水交汇后流经老圩，向下流经王家、岗里后，往南经中张、下张后于大桥镇崇安医院附近汇入杨溪河。桥头溪发源于埂下，流经坑子背、石坪、下坑后与源于大坪头水库的溪流交汇，后注入大坪几水库，往南与其他溪流交汇后流经桥头下，后经马子岭、横江咀，于上水口注入杨溪河。

自然保护区内杨溪河大桥段流域集雨面积约为40.18 km^2，溪流长度约为21 km。

2.5.1.3 横溪流域

横溪流域主要是指溪流最终注入横溪水库的区域，包括发源于羊古脑南坡的寨下溪和自然保护区东侧发源于分水坳的赤溪水。寨下溪有多个源头，包括源自羊古脑的曹家溪、源自连九塘的和平流、源自大坡头的岐石溪和源自平头寨的上营溪，多股小溪汇流后形成寨下溪，流经梯子岭、寨下坑、栗木岗、板泉后，于溪头注入横溪水库，后经杨溪后汇入武江。赤溪水源于自然保护区东侧的分水坳，流经江家、王家和石墩子后，于寒古岭背面流入自然保护区，向南于横溪村注入横溪水库。

自然保护区内横溪流域集雨面积约为53.66 km^2，溪流长度约为42 km。

2.5.1.4 深水河流域

深水河流域是指自然保护区范围内，发源于羊古脑北坡、红薯寮及苦竹坳等地的溪流，于坝里附近交汇，形成坝里溪的小流域范围。坝里溪后向北经马地、香厂下后经水口流入深水河，并最终汇入武江北段。

自然保护区内该流域集雨面积约为18.28 km^2，溪流长度约为11 km。

2.5.2 水库水坝

自然保护区内水库包括横溪水库北端小部分、清源水库和磨石岭水库，水坝主要有大坪头水坝、大坪几水坝和红云村水坝，两者总面积约为25 hm^2(图2-14)。

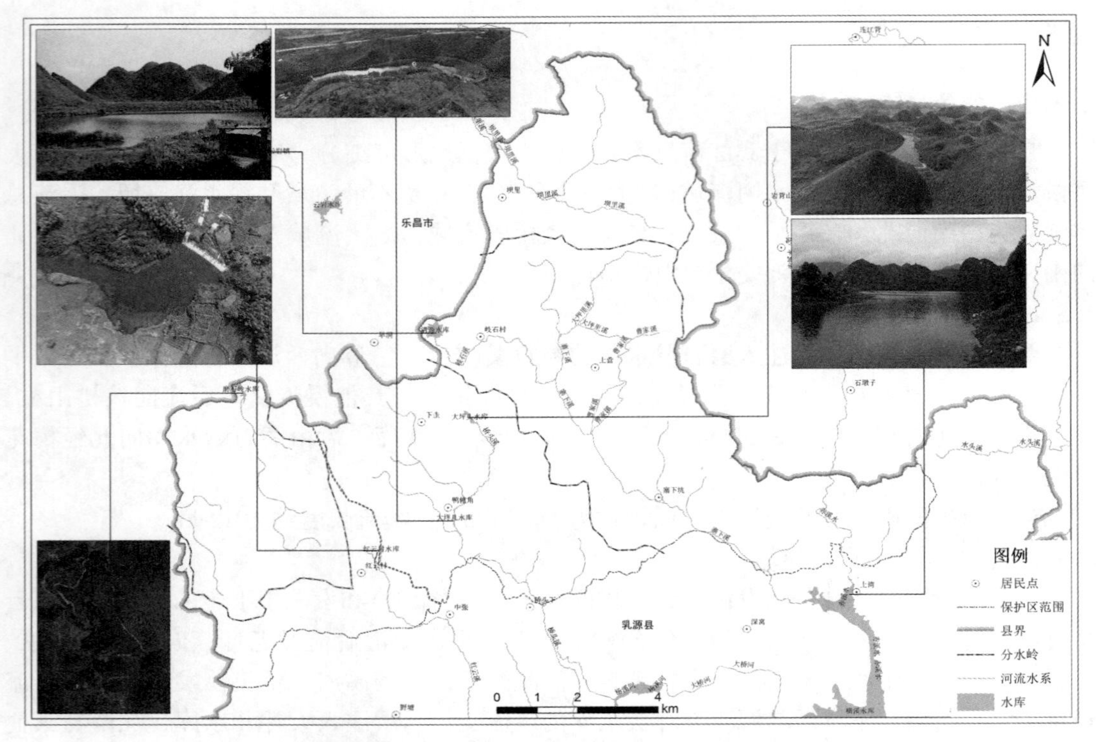

图 2-14　广东乳源南方红豆杉县级自然保护区水库水坝分布图

2.5.3　水　质

自然保护区基本位于河流源头，地表水水质良好，区内的溪流、水库等均达到《地表水环境质量标准(GB3838—2002)》国家Ⅱ类水质标准(表 2-15)。

表 2-15　广东乳源南方红豆杉县级自然保护区历年平均水体质量

年　份	2008	2009	2010	2011	2012	2013	2014	2015	2016	2017	2018
水质(坪石站)	Ⅱ	Ⅱ	Ⅱ	Ⅱ	Ⅱ	Ⅱ	Ⅱ	Ⅱ	Ⅱ	Ⅱ	Ⅱ

注：以坪石站为参考。

2.5.4　地下水

地下水是指赋存和运移于各岩层中的含水，它与大气降水、地表水的关系非常密切。地下水主要接受大气降水或地表水直接或间接补给，并通过潜水蒸发、泉水溢出或地下径流等形式排出而进入河川和大气中。

根据地下水赋存的条件，含水层水理性质和水力特征，自然保护区内可分为裂隙水和孔隙水。根据不同岩性组合的含水差异，自然保护区内含水岩层分成层状岩类裂隙含水岩组、松散岩类裂隙溶洞含水岩组和碳酸盐岩类裂隙溶洞含水岩组(附图 27)。

2.5.4.1　层状岩类裂隙含水岩组

含水岩组主要由寒武系、中上泥盆系统、下石炭统的石英砾岩、砂砾岩、砂岩、石英岩、千枚状粉砂岩及页岩等组成，含裂隙水。富水性按照等级划分可归类为“中等–贫乏”

等级，泉常见流量 0.140～0.454 L/S，地下径流模数 3.419～11.332 L/S·km²，水质属 HCO_3-Ca 型为主，矿化度 0.08～0.2 g/L。

自然保护区内的层状岩类裂隙水主要分布于东部山区，地下径流模数 6～12 L/S·km²，泉常见流量 0.1～0.4 L/S。有少部分分布于红云村到三望坪一带及柯树下至大坪儿弧线带，该部分地下径流模数 3～6 L/S·km²，泉常见流量 0.014～0.03 L/S。

2.5.4.2　松散岩类裂隙溶洞含水岩组

含水岩组主要由下石炭统的灰岩、泥质灰岩、页岩、泥质灰岩夹页岩、灰岩夹页岩、石灰岩夹页岩等组成。岩溶发育地区，地下水赋存于裂隙溶洞中，属于裂隙溶洞水，枯期大泉，泉流量是 10～100 L/S。水量中等，HCO_3-Ca 型水，矿化度 0.1～0.3 g/L。岩溶不发育地区，地下水赋存于裂隙溶洞中，属裂隙溶洞水，枯期泉水流量一般在 1～5 L/S。水量贫乏，HCO_3-Ca 型水，矿化度 0.1～0.3 g/L。

2.5.4.3　碳酸盐岩类裂隙溶洞含水岩组

含水岩组主要由上古生界下石炭统的灰岩、灰岩夹白云岩等组成。岩溶部分发育，地下水赋存于裂隙溶洞中，属裂隙溶洞水，枯期泉水流量一般在 0.3～7.2 L/S。水量贫乏，HCO_3-Ca 型水，矿化度 0.2～0.3 g/L。

2.6　土　壤

2.6.1　土壤概况与成土母岩

2.6.1.1　土壤概况

土壤在形成过程中受成土母岩、地形、气候、植被、时间和人类生产活动等诸因素的影响，形成了各种不同的土壤类型，并且使土壤的分布具有一定的规律性。

自然保护区的土壤分布主要受到成土母质的影响，区内喀斯特地区大面积发育地带性土壤红色石灰土，东北角分布有页红壤、页黄壤，东南角分布有页黄壤；由于人类长期耕作，自然保护区东南部还发育有潴育水稻土。

2.6.1.2　成土母岩

母岩是土壤形成的物质基础和植物矿物养分元素(除氮外)的最初来源，直接影响到成土过程的速度、性质和方向。不同成土母质发育的土壤，其颜色、质地、矿物组成、养分含量等理化性质、剖面发生层特征、土宜性都有明显的区别。

自然保护区内成土母岩种类主要有：

(1)寒武系牛角河组厚层变余砂岩夹青灰色薄层泥板岩，含炭质页岩、石煤层与含磷硅质扁豆体与黄铁矿细核。

(2)泥盆系棋梓桥组与东坪组、天子岭组并层、帽子峰组、杨溪组、桂头群组、棋梓桥组、欧家冲组和老虎头组等的钙泥质粉砂岩、粉砂质泥岩、夹石英砂岩、砾岩、砂砾岩夹砂岩、粉砂岩、石英质砾岩、含砾砂岩、石英砂岩、粉砂岩及粉砂质页岩、深灰色厚层状灰岩、白云质灰岩、生物灰岩等。

(3)石炭系梓门桥组、测水组、石磴子组、大赛坝组的粉砂质泥岩、泥质粉砂岩、夹灰岩、泥灰岩、钙质泥岩、生物碎屑粉晶泥晶灰岩夹白云质灰岩、白云岩、石英砂岩、粉砂岩、夹黑色页岩、夹灰岩、泥灰岩等。

不同成土母岩对土壤影响可以从卫片上清楚地识别出来，如附图28，位于自然保护区的中西部，成土母岩是石炭系的灰岩夹砂页岩。由于砂页岩更容易形成土壤(页红壤)，植被(卫片上表现为墨绿色)会好于灰岩为基岩的地区(红棕色区域，红色石灰土)。由于岩层为近南北走向，这样就在卫片上形成墨绿色的近南北向条带。

2.6.2　土壤的分布

自然保护区内的土壤类型主要有页红壤、红色石灰土、页黄壤和潴育水稻土等四个亚类。自然保护区的地带性土壤是红色石灰土，又有页红壤、页黄壤和潴育水稻土分布。红色石灰土几乎遍布全境，面积达 83.43 km^2。页红壤分布在苦竹坳、观音山、寨子里到罗山头、曹家一带，面积约为 4.95 km^2。页黄壤分布在海拔较高的东部山区，包括红薯寮、羊古脑、平头寨一带，人公石、寒古岭一带，面积约为 12.90 km^2。潴育水稻土主要分布在帽峰石以南的大水坜和竹麻坑一带，面积为 2.22 km^2(表 2-16，附图 29)。

表 2-16　广东乳源南方红豆杉县级自然保护区土壤分布

大　类	土壤类型	分　布	面积(km^2)
	页红壤	苦竹坳、观音山、寨子里到罗山头、曹家一带	4.95
自然土	红色石灰土	几乎遍布全境	83.43
	页黄壤	红薯寮、羊古脑、平头寨一带，人公石、寒古岭一带	12.90
水稻土	潴育水稻土	帽峰石以南的大水坜和竹麻坑	2.22

2.6.3　土壤类型

岩石所经过的风化时间越长，它所形成的土壤中所含的疏松物质越厚，土壤所形成的剖面也就层次愈分明。一个发育良好的土壤剖面，都由若干性质不同的层次所组成，这种层次名叫土壤层。位于母岩以上的各土壤层连接起来叫作土体。

土壤剖面，自上至下可以分为 A、B 和 C 三层。

A 层：代表颜色深暗的表土，有机质积聚较多，矿物多数已经分解，是腐殖质和不易溶解的矿物质的混合体。

B 层：代表颜色明显的心土，又叫作淀积层。由 A 层溶解下来的矿物质都在这一层中沉淀或堆积，所以氧化铁和铝以及黏土的物质在这里沉积较丰富，此外也偶然有碳酸钙的积聚，有机质含量则较稀少。B 层的质地较 A 层细，所以结构也比 A 层更为紧密。

C 层：代表底层，为半风化的碎石块。C 层及 C 层以上，都叫作土体，为土壤受自然环境影响演化最深的部分。

按照此分类原则，自然保护区土壤剖面为 A-B-C 型。

2.6.3.1　石灰土

自然保护区内石灰土主要为红色石灰土。土体红色，质黏，土层深厚，养分含量丰富，肥力较高，表层有团粒结构，下层棱块状结构，母岩溶洞多，地表水渗漏潜流比较严重，土干时坚硬，土湿时黏重。大桥、红云两镇大面积分布(图 2-15，图 2-16)。

红色石灰土土体层次发育较明显，土层较深厚，耕作层一般在 20 cm 左右，颜色灰黄、灰棕或棕色，质地黏壤或中黏，粒状或小块状结构，较松；淀积层黄棕色，黏壤或中黏土，棱块或块状结构，土体紧实；母质层黄棕、棕红或黄橙色，黏壤，棱块状结构，土体紧实，一般有钙淀积，有石灰反应，上部土层呈微酸或中性，下部呈碱性。

图 2-15 广东乳源南方红豆杉县级自然保护区红色石灰土(红云村)

图 2-16 广东乳源南方红豆杉县级自然保护区红色石灰土(和平村)

自然保护区内土壤物理性黏粒含量 A 层 48.39%、B 层 50.1%、C 层 50.65%，粉砂与黏粒比值 A、B、C 层分别为 1.01、0.90 和 0.93，其矿物质一般。

红色石灰土通气透水性差、易受干旱，宜耕期短，但保肥能力强，土壤肥力低，特别是有效磷、锌含量少，土体上酸下碱。作物产量不高，大豆亩产 60 kg 左右，红茹亩产 1000 kg 左右。改良利用一是要对周围荒山荒坡植树造林保持水土，防止水冲砂压；二是改坡土为梯土、防止跑土跑肥；三是增施有机肥和磷、钾；四是改善灌溉条件，提高抗旱能力；五是实行麦、玉米、豆、茹等作物套种轮作。

2.6.3.2 红 壤

红壤风化、淋溶作用强烈，相对流动性较小的铁、铝氧化物则积累富集起来，使得土壤呈红色，因母质不同及植被的覆盖不一，土壤理化性质差异较大，土体亦厚薄不一。因地形地貌、母质而引起的土壤发生特性不同形成的自然土壤，只有一个红壤亚类，花岗岩红壤、砂页岩红壤、侵蚀红壤3个土属，共10个土种。

自然保护区内主要是砂页岩红壤。主要分布在砂页岩低山丘陵，其海拔高度与本属各土种同。主要性状：该土种成土母质为砂页岩风化的坡积物、残积物，剖面为A-B-C型。表层厚10~20 cm，土体厚40~80 cm。淀积层呈红黄色至橙红色，黏粒明显，质地偏黏，多为砂质黏壤土。表层养分含量除磷外，其余均较高，酸性强。厚度5 cm，有机质3.29%、全氯0.156%、全磷0.079%、全钾2.14%、碱解磷163mg/L、速效磷7.4mg/L、速效钾144.7mg/L、pH4.7、碳氮比0.8。

该土种土层较厚，养分含量较丰，具有林木生长较好的土地条件。造林时不能全垦，保留萌生带，保持水土；在缓坡地带宜垦为果园和茶园。

2.6.3.3 黄　壤

受地势和气候的影响，黄壤(山地黄壤)分布在自然保护区海拔较高的山区。区内植被覆盖好，多为常绿阔叶林、芒草及针阔叶混交林。在亚热带湿润气候条件下，以及有机酸的作用下，岩石风化强烈，原生矿物遭受破坏，产生游离的硅、铁、铝的氧化物，其中氧化铁与氧化铝便与水结合，形成含水的铁铝矿物，使土壤呈黄色。由于所处海拔较高，空气湿度较大，因此，山地黄壤经常处于湿润状态，其自然含水量及吸湿水含量均比红壤要高。受成土母质的影响，自然保护区内黄壤只有一个黄壤亚类，砂页岩黄壤1个土属，厚中型砂页岩黄壤1个土种。

自然保护区内的黄壤为厚有机质中层砂页岩黄壤，成土母岩为砂页岩类风化物，其富铝化程度与红壤相近或略低。土壤的特点是：表土层较疏松，土层较厚，质地轻，结构良好，多呈团粒或小团块状，暗灰色，酸性强，有机质、全氮、全钾的含量较高，有机质层较厚，但全磷较缺，土壤厚度多属中土层或薄土层。

土壤湿润，土层厚度54 cm；各层土壤质地为轻壤；土壤石砾和砂粒含量为74%~76%；pH值4.7~4.9；养分含量，有机质1.52%~8.49%，全氮0.32%~0.41%，全磷0.034%~0.06%，全钾1.95%~2.06%，总体自然肥力较高。A层由于有机质分解较慢，积累较多，土壤厚度22 cm，呈黑灰色，结构为团粒状，较疏松，植物根系多；B层呈淡棕黄色，多呈小团粒状或块状结构，心土较紧密，少根。砂页岩黄壤分布地区植被覆盖完好，以亚热带常绿阔叶林为主。

2.6.3.4 水稻土

水稻土是经人们开垦和长期栽种水稻，水旱交替耕作，土壤氧化还原作用强烈下形成特有的农业土壤。自然保护区内水稻土有潴育型1个亚类，洪积黄红泥田1个土属，洪积砂泥田和洪积泥田2个土种。成土母质复杂，由各种洪积物组成。其中洪积砂泥田含砂粒较多，洪积泥田含黏粒较多。

洪积砂泥田分布在丘陵、山地峡谷。耕层深度13~19 cm，土壤呈酸性，pH值5.5左右，质地多为轻壤，沙泥比例较适中，土壤较疏松，通透性好，易耕易种，土壤肥力中等，土壤的水、肥、气、热诸因素较协调。因地形和耕作水平等的差异，土壤养分悬殊较大。

洪积泥田主要分布在坡度平缓的丘陵、山地峡谷和河流两岸，坐落位置比洪积砂泥田略低。由于水耕熟化时间久，施用有机质肥较多，保水保肥能力强，耕层养分含量较高。耕层厚度13~20 cm，土壤呈酸性，pH值5.4左右，质地为中壤至重壤。

Chapter 3
第3章 植物多样性

为了掌握乳源南方红豆杉自然保护区的植物多样性、植被及野生南方红豆杉资源状况，科考组对自然保护区范围内及周边进行了详细的调查。经整理，广东乳源南方红豆杉县级自然保护区共发现维管束植物212科788属1608种(含种下单位)，其中蕨类植物37科67属148种，种子植物175科721属1460种(裸子植物9科17属22种，被子植物166科704属1438种)(表3-1)。除外来及栽培植物外，自然保护区共有野生维管束植物202科711属1454种，其中野生蕨类植物37科67属148种，野生种子植物165科644属1306种。自然保护区植被类型共有常绿阔叶林、常绿落叶阔叶林、落叶阔叶林、竹林、针叶林、针阔混交林、灌丛、灌草丛、人工植被9个植被型，33个群系，即：米槠林、甜槠林、甜槠+银木荷林、硬斗石栎+云锦杜鹃+多脉青冈矮曲、红楠+青榨槭林、米槠+南酸枣林、青冈+化香树林、枫香林、化香树林、南酸枣林、白栎林、构树林、陀螺果林、篌竹林、马尾松林、华南五针松林、马尾松针阔混交林、杉木针阔混交林、南方红豆杉针阔混交林、华南五针松针阔混交林、蜡瓣花+杜鹃花灌丛、蜡莲绣球+交让木灌丛、狭叶珍珠花灌丛、中华绣线菊+野桐+小果蔷薇灌丛、檵木+中华绣线菊+云实灌丛、芒灌草丛、蕨灌草丛、杉木林、马尾松林、毛竹林、油茶林、旱田植被、水田植被。

表3-1 广东乳源南方红豆杉县级自然保护区维管束植物数量统计表

类别		科数	属数	种数
蕨类植物		37	67	148
种子植物	裸子植物	9	17	22
	被子植物	166	704	1438
合计		212	788	1608

3.1 植物区系

3.1.1 蕨类植物区系

3.1.1.1 蕨类区系组成分析

通过野外植物资源调查，标本采集、整理、鉴定及数据处理，最终得出自然保护区共有蕨类植物 37 科 67 属 148 种(含种下单位)。科、属、种分别占中国蕨类植物的 58.73%、29.00%、5.69%；占广东蕨类植物的 66.07%、48.20%、31.90%(表 3-2)。

表 3-2　广东乳源南方红豆杉县级自然保护区蕨类植物区系的数量组成统计

范　围	科数	属数	种数	自然保护区所占比例(%)		
				科	属	种
中　国	63	231	2600	58.73	29.00	5.69
广　东	56	139	464	66.07	48.20	31.90
乳源南方红豆杉自然保护区	37	67	148	—	—	—

(1)科的区系组成分析。由表 3-3 科中所含种数和属数按大小排列可知，自然保护区内蕨类植物含 5 种及以上的科有 7 个，分别是鳞毛蕨科 Dryopteridaceae(25 种)、水龙骨科 Polypodiaceae(18 种)、金星蕨科 Thelypteridaceae(14 种)、蹄盖蕨科 Athyriaceae(11 种)、凤尾蕨科 Pteridaceae(11 种)、铁角蕨科 Aspleniaceae(9 种)、卷柏科 Selaginellaceae(5 种)。其中占明显优势的是鳞毛蕨科(4 属/25 种)、水龙骨科(9 属/18 种)、金星蕨科(6 属/14 种)。在这 7 科中，金星蕨科和凤尾蕨科主要为热带至亚热带性的科，水龙骨科、铁角蕨科、蹄盖蕨科、卷柏科主要为世界分布的科，鳞毛蕨科为世界分布但主产温带至亚热带高山分布的科。由此也可得出该区系有较强的热带性质。这 7 大科中涵盖有 27 属、93 种，占自然保护区总属数的 40.30%，总种数的 62.84%。仅含 1 个种的科有 16 个，分别是海金沙科 Lygodiaceae、石杉科 Huperziaceae、观音座莲科 Angiopteridaceae、蚌壳蕨科 Dicksoniaceae、槲蕨科 Drynariaceae、姬蕨科 Hypolepidaceae、稀子蕨科 Monachosoraceae、球盖蕨科 Peranemaceae、书带蕨科 Vittariaceae、苹科 Marsileaceae、肾蕨科 Nephrolepidaceae、舌蕨科 Elaphoglossaceae、球子蕨科 Onocleaceae、肿足蕨科 Hypodematiaceae、实蕨科 Bolbitidaceae、满江红科 Azollaceae。

表 3-3　自然保护区内蕨类植物科中所含种数和属数(按大小排列)

科　名	所含种数	占总种数百分比(%)	所含属数	占总属数百分比(%)
鳞毛蕨科 Dryopteridaceae	25	16.89	4	5.97
水龙骨科 Polypodiaceae	18	10.81	9	13.43
金星蕨科 Thelypteridaceae	14	9.46	6	8.96
蹄盖蕨科 Athyriaceae	11	7.43	5	7.46
凤尾蕨科 Pteridaceae	11	7.43	1	1.49
铁角蕨科 Aspleniaceae	9	6.08	1	1.49
卷柏科 Selaginellaceae	5	3.38	1	1.49
膜蕨科 Hymenophyllaceae	4	2.70	3	4.48
中国蕨科 Sinopteridaceae	4	2.70	3	4.48
碗蕨科 Dennstaedtiaceae	4	2.70	2	2.99
石松科 Lycopodiaceae	3	2.03	3	4.48

（续）

科　名	所含种数	占总种数百分比（%）	所含属数	占总属数百分比（%）
里白科 Gleicheniaceae	3	2. 03	2	2. 99
鳞始蕨科 Lindsaeaceae	3	2. 03	2	2. 99
乌毛蕨科 Blechnaceae	3	2. 03	2	2. 99
瘤足蕨科 Plagiogyriaceae	3	2. 03	1	1. 49
木贼科 Equisetaceae	2	1. 35	1	1. 49
紫萁科 Osmundaceae	2	1. 35	1	1. 49
铁线蕨科 Adiantaceae	2	1. 35	1	1. 49
裸子蕨科 Hemionitidaceae	2	1. 35	1	1. 49
蕨科 Pteridiaceae	2	1. 35	1	1. 49
骨碎补科 Davalliaceae	2	1. 35	1	1. 49
海金沙科 Lygodiaceae	1	0. 68	1	1. 49
石杉科 Huperziaceae	1	0. 68	1	1. 49
观音座莲科 Angiopteridaceae	1	0. 68	1	1. 49
蚌壳蕨科 Dicksoniaceae	1	0. 68	1	1. 49
槲蕨科 Drynariaceae	1	0. 68	1	1. 49
姬蕨科 Hypolepidaceae	1	0. 68	1	1. 49
稀子蕨科 Monachosoraceae	1	0. 68	1	1. 49
球盖蕨科 Peranemaceae	1	0. 68	1	1. 49
书带蕨科 Vittariaceae	1	0. 68	1	1. 49
苹科 Marsileaceae	1	0. 68	1	1. 49
肾蕨科 Nephrolepidaceae	1	0. 68	1	1. 49
舌蕨科 Elaphoglossaceae	1	0. 68	1	1. 49
球子蕨科 Onocleaceae	1	0. 68	1	1. 49
肿足蕨科 Hypodematiaceae	1	0. 68	1	1. 49
实蕨科 Bolbitidaceae	1	0. 68	1	1. 49
满江红科 Azollaceae	1	0. 68	1	1. 49
总　计	148	100	67	100

（2）属的区系组成分析。由表3-4可知，在自然保护区67个属当中，蕨类植物物种数达到5种及以上的属有6个，分别是凤尾蕨属 *Pteris*（11种）、鳞毛蕨属 *Dryopteris*（10种）、铁角蕨属 *Asplenium*（9种）、复叶耳蕨属 *Arachniodes*（6种）、耳蕨属 *Polystichum*（5种）、卷柏属 *Selaginella*（5种）。分属于5个科，涵盖了45种，占总种数的30. 41%。仅含1个种的属有32个，占总属数的21. 62%。

表 3-4 自然保护区内蕨类植物属中所含种数(按大小排列)

属 名	所属科	属中所含种数	占总种数比例/%
凤尾蕨属 *Pteris*	凤尾蕨科 Pteridaceae	11	7.43
鳞毛蕨属 *Dryopteris*	鳞毛蕨科 Dryopteridaceae	10	6.76
铁角蕨属 *Asplenium*	铁角蕨科 Aspleniaceae	9	6.08
复叶耳蕨属 *Arachniodes*	鳞毛蕨科 Dryopteridaceae	6	4.05
耳蕨属 *Polystichum*	鳞毛蕨科 Dryopteridaceae	5	3.38
卷柏属 *Selaginella*	卷柏科 Selaginellaceae	5	3.38
短肠蕨属 *Allantodia*	蹄盖蕨科 Athyriaceae	4	2.70
毛蕨属 *Cyclosorus*	蹄盖蕨科 Athyriaceae	4	2.70
假毛蕨属 *Pseudocyclosorus*	蹄盖蕨科 Athyriaceae	4	2.70
贯众属 *Cyrtomium*	鳞毛蕨科 Dryopteridaceae	4	2.70
石韦属 *Pyrrosia*	水龙骨科 Polypodiaceae	3	2.03
瓦韦属 *Lepisorus*	水龙骨科 Polypodiaceae	3	2.03
骨牌蕨属 *Lepidogrammitis*	水龙骨科 Polypodiaceae	3	2.03
瘤足蕨属 *Plagiogyria*	瘤足蕨科 Plagiogyriaceae	3	2.03
铁线蕨属 *Adiantum*	铁线蕨科 Adiantaceae	2	1.35
狗脊属 *Woodwardia*	乌毛蕨科 Blechnaceae	2	1.35
假蹄盖蕨属 *Athyriopsis*	蹄盖蕨科 Athyriaceae	2	1.35
金星蕨属 *Parathelypteris*	金星蕨科 Thelypteridaceae	2	1.35
蕨属 *Pteridium*	蕨科 Pteridiaceae	2	1.35
鳞盖蕨属 *Microlepia*	碗蕨科 Dennstaedtiaceae	2	1.35
水龙骨属 *Polypodiodes*	水龙骨科 Polypodiaceae	2	1.35
线蕨属 *Colysis*	水龙骨科 Polypodiaceae	2	1.35
紫萁属 *Osmunda*	紫萁科 Osmundaceae	2	1.35
木贼属 *Equisetum*	木贼科 Equisetaceae	2	1.35
里白属 *Diplopterygium*	里白科 Gleicheniaceae	2	1.35
蕗蕨属 *Mecodium*	膜蕨科 Hymenophyllaceae	2	1.35
星蕨属 *Microsorum*	水龙骨科 Polypodiaceae	2	1.35
阴石蕨属 *Humata*	骨碎补科 Davalliaceae	2	1.35
新月蕨属 *Pronephrium*	金星蕨科 Thelypteridaceae	2	1.35
双盖蕨属 *Diplazium*	蹄盖蕨科 Athyriaceae	2	1.35
蹄盖蕨属 *Athyrium*	蹄盖蕨科 Athyriaceae	2	1.35
凤丫蕨属 *Coniogramme*	裸子蕨科 Hemionitidaceae	2	1.35
粉背蕨属 *Aleuritopteris*	中国蕨科 Sinopteridaceae	2	1.35
鳞始蕨属 *Lindsaea*	鳞始蕨科 Lindsaeaceae	2	1.35
碗蕨属 *Dennstaedtia*	碗蕨科 Dennstaedtiaceae	2	1.35
石杉属 *Huperzia*	石杉科 Huperziaceae	1	0.68

（续）

属 名	所属科	属中所含种数	占总种数比例/%
藤石松属 *Lycopodiastrum*	石松科 Lycopodiaceae	1	0.68
石松属 *Lycopodium*	石松科 Lycopodiaceae	1	0.68
灯笼草属 *Palhinhaea*	石松科 Lycopodiaceae	1	0.68
观音座莲属 *Angiopteris*	观音座莲科 Angiopteridaceae	1	0.68
芒萁属 *Dicranopteris*	里白科 Gleicheniaceae	1	0.68
海金沙属 *Lygodium*	海金沙科 Lygodiaceae	1	0.68
瓶蕨属 *Trichomanes*	膜蕨科 Hymenophyllaceae	1	0.68
荚果蕨属 *Matteuccia*	球子蕨科 Onocleaceae	1	0.68
金毛狗属 *Cibotium*	蚌壳蕨科 Dicksoniaceae	1	0.68
稀子蕨属 *Monachosorum*	稀子蕨科 Monachosoraceae	1	0.68
书带蕨属 *Vittaria*	书带蕨科 Vittariaceae	1	0.68
角蕨属 *Cornopteris*	蹄盖蕨科 Athyriaceae	1	0.68
伏石蕨属 *Lemmaphyllum*	水龙骨科 Polypodiaceae	1	0.68
肿足蕨属 *Hypodematium*	肿足蕨科 Hypodematiaceae	1	0.68
槲蕨属 *Drynaria*	槲蕨科 Drynariaceae	1	0.68
姬蕨属 *Hypolepis*	姬蕨科 Hypolepidaceae	1	0.68
膜蕨属 *Hymenophyllum*	膜蕨科 Hymenophyllaceae	1	0.68
假瘤蕨属 *Phymatopteris*	水龙骨科 Polypodiaceae	1	0.68
金粉蕨属 *Onychium*	中国蕨科 Sinopteridaceae	1	0.68
圣蕨属 *Dictyocline*	金星蕨科 Thelypteridaceae	1	0.68
卵果蕨属 *Phegopteris*	金星蕨科 Thelypteridaceae	1	0.68
满江红属 *Azolla*	满江红科 Azollaceae	1	0.68
盾蕨属 *Neolepisorus*	水龙骨科 Polypodiaceae	1	0.68
乌毛蕨属 *Blechnum*	乌毛蕨科 Blechnaceae	1	0.68
苹属 *Marsilea*	苹科 Marsileaceae	1	0.68
肾蕨属 *Nephrolepis*	肾蕨科 Nephrolepidaceae	1	0.68
鱼鳞蕨属 *Acrophorus*	球盖蕨科 Peranemaceae	1	0.68
实蕨属 *Bolbitis*	实蕨科 Bolbitidaceae	1	0.68
碎米蕨属 *Cheilosoria*	中国蕨科 Sinopteridaceae	1	0.68
舌蕨属 *Elaphoglossum*	舌蕨科 Elaphoglossaceae	1	0.68
乌蕨属 *Sphenomeris*	鳞始蕨科 Lindsaeaceae	1	0.68
总 计		148	100

3.1.1.2 蕨类区系地理成分分析

（1）科的区系地理成分分析。根据蕨类植物科的现代地理分布，自然保护区蕨类植物37科可分为4个分布区类型（表3-5），即世界分布、泛热带分布、热带至亚热带分布和温带分布。其中世界分布型共10科，包括铁角蕨科、石杉科、石松科、卷柏科、蹄盖蕨科等科，世界分布由于其特殊性，不进入分布型比例统计。其他科可分为热带、亚热带性质的科和非热带、亚热带性质的科。热带、亚热带性质的科共有24科，占该区总科数的88.89%，是广东蕨类植物总科数的42.86%。其中分布于热带至亚热带的科较多，共有17科，如肿足蕨科、凤尾蕨科、瘤足蕨科、书带蕨科、稀子蕨科、中国蕨科等；以热带性质为主的泛热带分布科有7科，如海金沙科、膜蕨科、鳞始蕨科、肾蕨科、乌毛蕨科、里白科等。球盖蕨科、骨碎补科等科以亚洲亚热带性分布为主；槲蕨科以亚洲热带分布为主；舌蕨科以热带美洲分布为主。温带性质的科共有3科，分别是阴地蕨科、木贼科和球子蕨科，占该区总科数的11.11%，是广东蕨类植物总科数的5.4%。

表3-5 广东乳源南方红豆杉县级自然保护区蕨类植物科的分布区类型

分布区类型	所含科数	占总科数比例(%，不含世界分布型)
世界分布	10	—
泛热带分布	7	25.93
热带至亚热带分布	17	62.96
温带分布	3	11.11
总　计	37	100

(2)属的地理成分分析。参照吴征镒对种子植物分布区类型的划分，自然保护区蕨类植物的67个属可划分为11个分布区类型(表3-6)。由于世界分布型多作为多样性的补充，一般不参与分布型统计，故而以下所占总属数比例均不包括世界分布型。结果表明，世界分布属10个，包括铁角蕨属、卷柏属、铁线蕨属、耳蕨属、满江红属、苹属、蕨属、紫萁属、石杉属、石松属。热带性属有44个，占总属数的77.19%，包括泛热带分布、旧热带分布、热带亚洲和热带美洲间断分布、热带亚洲至热带大洋洲分布、热带亚洲至热带非洲分布、热带亚洲分布，其中尤以泛热带(19属)分布为主，这说明自然保护区的地理成分以热带分布为主，常见热带性分布属有短肠蕨属、毛蕨属、石韦属、复叶耳蕨属、书带蕨属、里白属、金星蕨属、凤丫蕨属、乌蕨属、海金沙属、金粉蕨属、碎米蕨属、假毛蕨属、肾蕨属等。温带性属有12个，占总属数的21.05%，包括北温带-热带分布、北温带分布、温带亚洲分布，常见温带性分布属有鱼鳞蕨属、狗脊属、木贼属、鳞毛蕨属、蹄盖蕨属、卵果蕨属等。东亚分布属仅有1属，即瓦韦属。以上说明自然保护区的区系地理成分以热带成分为主，同时温带和亚热带成分也较丰富。

表3-6 广东乳源南方红豆杉县级自然保护区蕨类植物属的分布区类型

分布区类型	所含属数	占总属数比例(%，不含世界分布型)
世界分布	10	—
泛热带分布	19	33.33
旧热带分布	9	15.79
热带亚洲和热带美洲间断分布	3	5.26
热带亚洲至热带大洋洲分布	1	1.75

（续）

分布区类型	所含属数	占总属数比例(%，不含世界分布型)
热带亚洲至热带非洲分布	2	3.51
热带亚洲分布	10	17.54
北温带-热带分布	4	7.02
北温带分布	3	5.26
温带亚洲分布	5	8.77
东亚分布	1	1.75
总　计	67	100

3.1.1.3　蕨类植物区系特征

通过对自然保护区蕨类植物区系的研究表明：

(1)保护区共有蕨类植物148种(含变种和变型)，隶属于37科67属。该区域科、属、种分别占中国蕨类植物的58.73%、29.00%、5.69%；占广东蕨类植物的66.07%、48.20%、31.90%。

(2)科属的统计分析表明自然保护区的优势科为鳞毛蕨科、水龙骨科、蹄盖蕨科、金星蕨科、凤尾蕨科、卷柏科、铁角蕨科，优势属为鳞毛蕨属、凤尾蕨属、卷柏属、铁角蕨属、蹄盖蕨属。综合科属种的地理成分分析表明该区具有典型的亚热带性质。

(3)自然保护区蕨类植物区系具有典型的热带、亚热带性质，但又有一定的温带成分，这和该县处于北回归线北侧，广东省北部的地理位置相吻合。

(4)古老和进化的蕨类植物较丰富。悠久的地质历史及良好的自然生态环境，保证了区内蕨类植物的生长繁衍，使蕨类植物区系中既有一些古老科属，如石松科、木贼科、海金沙科等，又有一些较进化的科属，如水龙骨科、苹科、槲蕨科等，在系统进化、发育上表现出连续性。

(5)单种科的数量较多。区内共有单种科16个，包括海金沙科、石杉科、观音座莲科、蚌壳蕨科、槲蕨科、姬蕨科、稀子蕨科、球盖蕨科、书带蕨科、苹科、肾蕨科、舌蕨科、球子蕨科、肿足蕨科、实蕨科、满江红科，占总科数的43.24%。

3.1.2　种子植物区系

3.1.2.1　种子植物区系基本组成分析

自然保护区目前已记录的种子植物为175科721属1460种(含种下单位)，其中裸子植物9科17属22种，被子植物166科704属1438种。因栽培植物不能代表某一地区(区域)内植物区系的本质属性，故在植物区系中不参与计算分析。除去栽培植物和外来入侵植物(或逸生植物)，自然保护区的野生种子植物共有165科644属1306种，分别占中国种子植物科、属、种的69.32%、19.88%、4.27%，分别占广东种子植物科、属、种的70.21%、44.26%、22.51%(见表3-7)，其中野生裸子植物6科9属10种，野生被子植物159科634属1295种。

表 3-7 广东乳源南方红豆杉县级自然保护区野生种子植物区系的数量组成统计

范 围	科数	属数	种数	自然保护区所占比例(%)		
				科	属	种
中 国	238	3238	30586	69.32	19.88	4.27
广 东	235	1455	5802	70.21	44.26	22.51
乳源南方红豆杉自然保护区	165	644	1306	—	—	—

根据自然保护区内种子植物各科所含种数，划分为 5 个等级：一级含 50 种以上；二级含 20~49 种；三级含 10~19 种；四级含 2~9 种；五级为 1 种。

表 3-8 广东乳源南方红豆杉县级自然保护区种子植物科的统计(属数/种数)

≥50 种(3 科)		
菊科 45/80	禾本科 Poaceae 53/73	蔷薇科 Rosaceae 18/55
20~49 种(13 科)		
茜草科 Rubiaceae 21/40	樟科 Lauraceae 9/38	蝶形花科 Papilionaceae 18/38
莎草科 Cyperaceae 13/36	唇形科 Labiatae 19/35	山茶科 Theaceae 8/31
壳斗科 Fagaceae 6/30	大戟科 Euphorbiaceae 12/28	百合科 Liliaceae 19/23
毛茛科 Ranunculaceae 7/20	荨麻科 Urticaceae 9/20	葡萄科 Vitaceae 7/20
马鞭草科 Verbenaceae 6/20		
10~19 种(18 科)		
蓼科 Polygonaceae 5/19	桑科 moraceae 5/19	杜鹃花科 Ericaceae 5/19
伞形科 Umbelliferae 11/18	兰科 Orchidaceae 11/18	忍冬科 Caprifoliaceae 4/17
玄参科 Scrophulariaceae 8/17	鼠李科 Rhamnaceae 6/16	卫矛科 Celastraceae 4/15
芸香科 Rutaceae 8/15	冬青科 Aquifoliaceae 1/14	紫金牛科 myrsinaceae 5/14
安息香科 Styracaceae 5/12	葫芦科 Cucurbitaceae 5/11	山矾科 Symplocaceae 5/11
菝葜科 Smilacaceae 2/11	十字花科 Cruciferae 5/10	五加科 Araliaceae 6/10
5~9 种(41 科)		
堇菜科 Violaceae 1/9	野牡丹科 Melastomaceae 6/9	苏木科 Caesalpiniaceae7/9
榆科 Ulmaceae 6/9	萝藦科 Asclepiadaceae 4/9	茄科 Solanaceae 4/9
爵床科 Acanthaceae 6/9	木兰科 Magnoliaceae 3/9	绣球花科 Hydrangeaceae 5/8
金缕梅科 Hamamelidaceae 7/8	桑寄生科 Loranthaceae 5/8	清风藤科 Sabiaceae 2/8
木犀科 Oleaceae 4/8	天南星科 Araceae 5/8	小檗科 Berberidaceae 5/7
防己科 Menispermaceae 6/7	石竹科 Caryophyllaceae 5/7	槭树科 Aceraceae 1/7
桔梗科 Campanulaceae 5/7	紫草科 Boraginaceae 6/7	苦苣苔科 Gesneriaceae 4/7
虎耳草科 Saxifragaceae 4/6	苋科 Amarantaceae 4/6	凤仙花科 Balsaminaceae 1/6
千屈菜科 Lythraceae 4/6	猕猴桃科 Actinidiaceae 1/6	椴树科 Tiliaceae 5/6
杜英科 Elaeocarpaceae 2/6	漆树科 Anacardiaceae 4/6	山茱萸科 Cornaceae 5/6
越橘科 Vacciniaceae 1/6	夹竹桃科 Apocynaceae 4/6	龙胆科 Gentianaceae 4/6
报春花科 Primulaceae 4/6	鸭跖草科 Commelinaceae 5/6	五味子科 Schisandraceae 2/5

（续）

远志科 Polygalaceae 1/5	景天科 Crassulaceae 1/5	柳叶菜科 Onagraceae 3/5
胡桃科 Juglandaceae 4/5	姜科 Zingiberaceae 4/5	
2~4 种(48 科)		
金粟兰科 Chloranthaceae 2/4	海桐花科 Pittosporaceae 1/4	大风子科 Flacourtiaceae 3/4
金丝桃科 Hypericaceae 1/4	锦葵科 Malvaceae 3/4	旋花科 Convolvulaceae 4/4
薯蓣科 Dioscoreaceae 1/4	松科 Pinaceae 2/3	八角科 Illiciaceae 1/3
木通科 Lardizabalaceae 2/3	马兜铃科 Aristolochiaceae 2/3	瑞香科 Thymelaeaceae 2/3
秋海棠科 Begoniaceae 1/3	桃金娘科 Myrtaceae 2/3	含羞草科 Mimosaceae 3/3
黄杨科 Buxaceae 3/3	杨柳科 Salicaceae 2/3	桦木科 Betulaceae 2/3
蛇菰科 Balanophoraceae 1/3	胡颓子科 Elaeagnaceae 1/3	楝科 Meliaceae 2/3
八角枫科 Alangiaceae 1/3	柿树科 Ebenaceae 1/3	眼子菜科 Potamogetonaceae 1/3
谷精草科 Eriocaulaceae 1/3	红豆杉科 Taxaceae 2/2	番荔枝科 Annonaceae 1/2
罂粟科 Papaveraceae 2/2	紫堇科 Fumariaceae 1/2	酢浆草科 Oxalidaceae 1/2
山龙眼科 Proteaceae 1/2	虎皮楠科 Daphniphyllaceae 1/1	鼠刺科 Escalloniaceae 1/2
旌节花科 Stachyuraceae 1/2	榛科 Corylaceae 1/2	苦木科 Simarubaceae 2/2
省沽油科 Staphyleaceae 2/2	山柳科 Clethraceae 1/2	马钱科 Loganiaceae 1/2
败酱科 Valerianaceae 1/2	车前草科 Plantaginaceae 1/2	半边莲科 Lobeliaceae 1/2
菟丝子科 Cuscutaceae 1/2	水鳖科 Hydrocharitaceae 1/2	延龄草科 Trilliaceae 1/2
浮萍科 Lemnaceae 1/2	石蒜科 Amaryllidaceae 1/2	灯心草科 Juncaceae 1/2
1 种(42 科)		
杉科 Taxodiaceae 1/1	柏科 Cupressaceae 1/1	三尖杉科 Cephalotaxaceae 1/1
买麻藤科 Gnetaceae 1/1	金鱼藻科 Ceratophyllaceae 1/1	大血藤科 Sargentodoxaceae 1/1
胡椒科 Piperaceae 1/1	三白草科 Saururaceae 1/1	茅膏菜科 Droseraceae 1/1
金粟兰科 Chloranthaceae 1/1	马齿苋科 Portulacaceae 1/1	商陆科 Phytolaccaeae 1/1
藜科 Chenopodiaceae 1/1	牻牛儿苗科 Geraniaceae 1/1	小二仙草科 Haloragidaceae 1/1
水马齿科 Callitrichaceae 1/1	天料木科 Dipsacaceae 1/1	五列木科 Pentaphylacaceae 1/1
藤黄科 Guttiferae 1/1	梧桐科 Sterculiaceae 1/1	古柯科 Erythroxylaceae 1/1
杨梅科 Myricaceae 1/1	大麻科 Cannabidaceae 1/1	茶茱萸科 Icacinaceae 1/1
铁青树科 Olacaceae 1/1	檀香科 Santalaceae 1/1	无患子科 Sapindaceae 1/1
蓝果树科 Nyssaceae 1/1	水晶兰科 Monotropaceae 1/1	川续断科 Dipsacaceae 1/1
列当科 Orobanchaceae 1/1	狸藻科 Lentibulariaceae 1/1	紫葳科 Bignoniaceae 1/1
泽泻科 Alismataceae 1/1	芭蕉科 Musaceae 1/1	雨久花科 Pontederiaceae 1/1
香蒲科 Typhaceae 1/1	鸢尾科 Iridaceae 1/1	百部科 Stemonaceae 1/1
棕榈科 Palmaceae 1/1	仙茅科 Hypoxidaceae 1/1	伯乐树科 Bretschneideraceae 1/1

从表 3-8 中可以看出，含 50 种以上的科有 3 个，即菊科(80 种)、禾本科(73 种)、蔷薇科(55 种)，占保护区野生植物总科数的 1.82%，共 208 种，占总种数的 16.08%。这 3 个科均为世界特大科，菊科和禾本科多为草本，在区内林缘、林下、路边、荒地等广泛分

布，蔷薇科既有乔木成分，也有灌木、草本成分，但在本区的森林植被中，并不占优势，只是在多样性上处于优势地位。

含20~49种的科有13个，占野生植物总科数的7.88%，共379种，占总种数的29.02%。其中樟科(38种)、山茶科(31种)和壳斗科(30种)是我国亚热带阔叶林优势种科，大戟科(28种)为热带性广布科。茜草科(40种)、蝶形花科(38种)、唇形科(35种)、莎草科(36种)、百合科(23种)、毛茛科(20种)、葡萄科(20种)、荨麻科(20种)、马鞭草科(20种)等都是世界广布科，为自然保护区内主要草本类群。

含10~19种的科有18个，占总科数的10.91%，共266种，占总种数的20.37%，该类中等大小的科所占的科数虽然不是很多，但所占种数比重最大。其中山矾科、五加科、鼠李科、忍冬科、芸香科、卫矛科、杜鹃花科为本区林下灌木层或林缘灌丛常见类群，冬青科、伞形科、十字花科、兰科为本区草本层常见类群。

含5~9种的科有41个，占总科数的24.85%，共283种，占总种数21.67%。其中漆树科、胡桃科、金缕梅科、杜英科等为森林常见建群植物，小檗科、越橘科、绣球花科等为本区林下灌木层常见植物，堇菜科、虎耳草科、天南星科、景天科等为本区林下草本层常见植物，萝藦科、清风藤科、防己科、猕猴桃科、五味子科等为本区林间常见藤本植物，苦苣苔科、报春花科是森林林下、石壁等对生境条件要求高的类群，种群小或分布区狭窄，是植物区系研究中的重要成分。

含2~4种的科有48个，占总科数的29.09%，共128种，占总种数的9.72%。其中松科、桦木科、榛科等为本区针叶林、落叶林阔叶林或混交林常见优势种，海桐花科、旌节花科、胡颓子科、鼠刺科等为本区林下灌木层常见植物，金粟兰科、秋海棠科、酢浆草科、车前草科等为本区林下草本层常见植物。

含1个种的科有42科，占总科数的25.45%，总种数的3.22%。这类科中多数本身即为单种科或寡种科，如伯乐树科、杨梅科、大血藤科、古柯科、五列木科等；裸子植物的几个主要科也属于此列，如杉科、柏科、三尖杉科、买麻藤科，其中杉科和柏科植物在自然保护区分布较为广泛。

3.1.2.2 种子植物区系地理成分分析

(1)科的区系地理成分分析。根据吴征镒教授《世界种子植物科的分布区类型系统(2003)》的划分，自然保护区种子植物科的分布型见表3-9。

表3-9 广东乳源南方红豆杉县级自然保护区种子植物科分布型统计表

编号	分布区类型	所含科数	占总科数比例(%)
1	世界广布	48	29.09
2	泛热带分布	60	36.36
3	热带亚洲和热带美洲间断分布	9	5.45
4	旧世界热带分布	3	1.82
5	热带亚洲至热带大洋洲分布	3	1.82
6	热带亚洲至热带非洲分布	0	0.00
7	热带亚洲分布	6	3.64
8	北温带分布	28	16.97

（续）

编号	分布区类型	所含科数	占总科数比例(%)
9	东亚和北美洲间断分布	5	3.03
10	旧世界温带分布	0	0.00
11	温带亚洲分布	1	0.61
12	地中海、西亚至中亚分布	0	0.00
13	中亚分布	0	0.00
14	东亚分布	2	1.21
15	中国特有分布	0	0.00
	总　计	165	100

据表3-9统计，世界广布48科，占总科数的29.09%，一些世界性大科，多为广布科，成为本区主要种类科，如蔷薇科、蝶形花科、菊科、禾本科、莎草科、毛茛科、唇形科、蓼科、伞形科、桑科、鼠李科、杜鹃花科、木犀科、茜草科等；水生植物一般分布广泛，多为广布科，本区的水域和稻田的水生植物主要科有浮萍科、金鱼藻科、眼子菜科、泽泻科、水马齿科、廖科等。世界广布科在一个地区的植物区系分析上意义不大，但丰富了该区植物种类。

表中编号2~7分布型为热带分布，有81科，占总科数的49.09%，占除去世界分布科的69.23%，说明自然保护区植物科以热带分布型为主。其中以泛热带分布占绝对优势，有60科，占总科数的36.36%，泛热带分布除樟科、漆树科、山茶科等科植物在本区可形成森林群落优势种外，其他大多为本区石灰岩灌丛或林下灌木、草本、层间植物，如大戟科、卫矛科、紫金牛科、山矾科、古柯科、苏木科、菝葜科、海桐花科、鼠刺科、小檗科、鸢尾科、天南星科、金粟兰科、荨麻科、鸭趾草科、凤仙花科、秋海棠科、防己科、胡椒科、葫芦科、葡萄科、夹竹桃科、萝摩科等。热带亚洲和热带美洲间断分布的科有9科，占总科数的5.45%。其他热带分布型科较少，均为3~5科。

表中8~14分布型为温带分布，有36科，占总科数的21.82%，占除去世界广布科的30.77%。其中以北温带分布占绝对优势，有28科，该类型植物在本区森林中是很重要的优势植物，形成针叶林的有松科、杉科、红豆杉科等，落叶阔叶林优势植物有金缕梅科、桦木科、榛科、蓝果树科、壳斗科(落叶成分)等科植物。壳斗科虽被划入北温带，但可分布至热带、亚热带，是我国亚热带常绿阔叶林中最重要的建群植物，本区壳斗科植物占有非常大的比例。本区缺少旧世界温带分布、地中海-西亚至中亚分布、中亚分布等温带分布科。

本区无野生中国特有科分布。但本区栽培有银杏科和杜仲科植物，银杏科、杜仲科为中国特有科。

(2)属的区系地理成分分析。根据吴征镒教授《中国种子植物属的分布区类型(1991)》进行统计，自然保护区野生种子植物644属可划分为14个分布区类型(表3-10)，4大类(世界分布、热带分布、温带分布和中国特有分布)。

表 3-10 广东乳源南方红豆杉县级自然保护区种子植物属的分布型统计

区域类型	分布区类型	属数	所占比例(%)	合计属数
世界分布	1. 世界广布	55	/	55 属
热带分布	2. 泛热带分布	128	21.73	348 属
	3. 热带亚洲和热带美洲间断分布	17	2.89	
	4. 旧世界热带分布	48	8.15	
	5. 热带亚洲至热带大洋洲分布	36	6.11	
	6. 热带亚洲至热带非洲分布	23	3.90	
	7. 热带亚洲分布	96	16.30	
温带分布	8. 北温带分布	79	13.41	219 属
	9. 东亚和北美间断分布	40	6.79	
	10. 旧世界温带分布	25	4.24	
	11. 温带亚洲分布	5	0.85	
	12. 地中海区、西亚至中亚分布	1	0.17	
	13. 中亚分布	0	0.00	
	14. 东亚分布	69	11.71	
中国特有分布	15. 中国特有分布	22	3.74	22 属
	总　计	644	100%	

注：世界广布属未参与百分比计算

世界广布。本区共 55 属，多为林缘、荒地、田间及林下草本或水生植物，如铁线莲属 *Clematis*、毛茛属 *Ranunculus*、堇菜属 *Viola*、莎草属 *Cyperus*、薹草属 *Carex*、繁缕属 *Stellaria*、蓼属 *Polygonum*、酢浆草属 *Oxalis*、大戟属 *Euphorbia*、车前草属 *Plantago*、拉拉藤属 *Galium*、老鹳草属 *Geranium*、鼠麹草属 *Gnaphalium*、苍耳属 *Xanthium*、千里光属 *Senecio* 等。这些类群广布于世界各地，为常见种，对一个地区的区系特征意义不大(在计算各分布型的比例时，该类型不参与统计)。

泛热带分布类型。该类型是指分布遍及东西两半球热带地区的属(有的可到温带，但其主体是分布于热带地区)，自然保护区有该类型 128 属，占总属数的 21.73%(不包括世界广布型，下同)，是各分布型中最多的一类。其中森林(或次生林)乔木林中处于优势的属有朴属 *Celtis*、杜英属 *Elaeocarpus*、红淡比属 *Cleyera*、冬青属 *Ilex*、黄檀属 *Dalbergia* 等，其他的都是林下、林缘灌木、次生石灰岩灌木或草本，如厚皮香属 *Ternstroemia*、山麻杆属 *Alchornea*、算盘子属 *Glochidion*、崖豆藤属 *Millettia*、羊蹄甲属 *Bauhinia*、云实属 *Caesalpinia*、牡荆属 *Vitex*、花椒属 *Zanthoxylum*、金粟兰属 *Chloranthus*、薯蓣属 *Dioscorea*、天胡荽属 *Hydrocotyle*、马鞭草属 *Verbena*、鳢肠属 *Eclipta*、母草属 *Lindernia*、野古草属 *Arundinella*、冷水花属 *Pilea*、蝴蝶草属 *Torenia*、马唐属 *Digitaria*、白茅属 *Imperata*、狗尾草属 *Setaria* 等。

热带亚洲和热带美洲间断分布。本区有 17 属，占总属数的 2.89%，大都是木本植物，本区常见有柃木属 *Eurya*、木姜子属 *Litsea*、雀梅藤属 *Sageretia*、苦木属 *Picrasma*、山香圆属 *Turpinia*、山柳属 *Clethra*、安息香属 *Styrax* 等。

旧世界热带分布。该类型是指分布于亚洲、非洲和大洋洲热带地区的属，在自然保护区有48属，占总属数的8.15%，本区常见有野桐属 *Mallotus*、海桐花属 *Pittosporum*、八角枫属 *Alangium*、扁担杆属 *Grewia*、老虎刺属 *Pterolobium*、杜茎山属 *Maesa*、山姜属 *Alpinia*、楼梯草属 *Elatostema*、牛膝属 Achyranthes、千金藤属 *Stephania*、吴茱萸属 *Tetradium*、乌蔹莓属 *Cayratia*、爵床属 *Justicia*、细柄草属 *Capillipedium*、荩草 *Arthraxon* 等。

热带亚洲至热带大洋洲分布。该类型是指旧世界热带分布的东翼，其西端可达马达加斯加，但不达非洲大陆。自然保护区属于这一类型的有36属，占6.11%。本区常见有柘树属 *Maclura*、紫薇属 *Lagerstroemia*、旋蒴苣苔属 *Boea*、野牡丹属 *Melastoma*、糯米团属 *Gonostegia*、淡竹叶属 *Lophatherum*、通泉草属 *Mazus*、野牡丹属 *Melastoma*、崖爬藤属 *Tetrastigma*、香椿属 *Toona*、栝楼属 *Trichosanthes* 等。

热带亚洲至热带非洲分布。该区有23属，占3.90%，属于这一类型的该区有芒属 *Miscanthus*、黄瑞木属 *Adinandra*、飞龙掌血属 *Toddalia*、鱼眼草属 *Dichrocephala*、常春藤属 *Hedera*、香茶菜属 *Isodon*、铁仔属 *Myrsine*、豆腐柴属 *Premna*、菅属 *Themeda*、赤瓟属 *Thladiantha*、马蓝属 *Strobilanthes* 等。

热带亚洲分布。该类型的范围包括印度、斯里兰卡、中南半岛、印度尼西亚、加里曼丹、菲律宾、新几内亚，东面可达斐济等太平洋岛屿，但不达澳洲大陆。我国的中亚热带甚至更北，是此类型分布的北缘。自然保护区属于此类的有96属，占16.30%，如木莲属 *Michelia*、润楠属 *Machilus*、野扇花属 *Sarcococca*、紫麻属 *Oreocnide*、构属 *Broussonetia*、山茶属 *Camellia*、青冈属 *Cyclobalanopsis*、木荷属 *Schima*、虎皮楠属 *Daphniphyllum*、水丝梨属 *Sycopsis*、常山属 *Dichroa*、蛇莓属 *Duchesnea*、黄杞属 *Engelhardtia*、绞股蓝属 *Gynostemma*、箬竹属 *Indocalamus*、山胡椒属 *Lindera*、蛇根草属 *Ophiorrhiza*、鸡矢藤属 *Paederia*、赤车属 *Pellionia*、清风藤属 *Sabia* 等，其中润楠属、青冈属、木荷属、黄杞属、木莲属、虎皮楠属等为森林中的主要建群植物，山茶属、箬竹属、野扇花属、紫麻属、蛇根草属、赤车属等为林下常见灌木或草本植物。

北温带分布。是指广泛分布于欧洲、亚洲、北美洲温带地区的属，自然保护区属于这一分布类型的有79属，占13.41%，其数量和比例仅次于泛热带分布。本区森林中的落叶乔木主要属于这一类型，如桦木属 *Betula*、鹅耳枥属 *Carpinus*、樱属 *Cerasus*、栎属 *Quercus*、榆属 *Ulmus*、山茱萸属 *Cornus* 等。灌木中的优势类群也较多，如蔷薇属 *Rosa*、绣线菊属 *Spiraea*、荚蒾属 *Viburnum*、越橘属 *Vaccinium*、胡颓子属 *Elaeagnus*、忍冬属 *Lonicera*、盐肤木属 *Rhus*、杜鹃花属 *Rhododendron* 等，灌草丛中主要有野古草属 *Arundinella*、委陵菜属 *Potentilla*、龙牙草属 *Agrimonia*、蓟属 *Cirsium*、风轮菜属 *Clinopodium*、鸢尾属 *Iris*、夏枯草属 *Prunella*、看麦娘属 *Alopecurus* 等。菊科、禾本科、唇形科、玄参科、毛茛科、百合科、蔷薇科等世界性大科中，有不少北温带分布的属。裸子植物中的松属 *Pinus* 主要形成本区的针叶林。

东亚和北美间断分布。本区有该类型40属，占6.79%，乔木类的有栲属 *Castanopsis*、石栎属 *Lithocarpu*、檫木属 *Sassafras*、枫香属 *Liquidambar*、石楠属 *Photinia*、木兰属 *Magnolia*、香槐属 *Cladrastis*、木犀属 *Osmanthus* 等；灌木类型的有楤木属 *Aralia*、珍珠花属 *Lyonia*、鼠刺属 *Itea*、马醉木属 *Pieris*、胡枝子属 *Lespedeza*、十大功劳属 *Mahonia*、绣球属 *Hydrangea* 等；草本或层间植物有鸡眼草属 *Kummerowia*、粉条儿菜属 *Aletris*、大丁草属 *Gerbera*、蛇葡萄属 *Ampelopsis*、勾儿茶属 *Berchemia*、地锦属 *Parthenocissus*、络石属 *Trachelo-*

spermum 等。

旧世界温带分布。该类型是广泛分布于欧洲、亚洲中、高纬度的温带和寒温带，或个别延伸到亚洲-非洲热带山地。自然保护区有该类型 25 属，占 4.24%。该类型中仅榉属 *Zelkova*、梨属 *Pyrus*、火棘属 *Pyracantha*、女贞属 *Ligustrum* 等少数几个为木本植物，其余多为草本，常见的有菊属 *Dendranthema*、窃衣属 *Torilis*、败酱属 *Patrinia*、稻槎菜属 *Lapsana*、苦苣菜属 *Sonchus*、附地菜属 *Trigonotis*、益母草属 *Leonurus*、鹅肠菜属 *Myosoton*、鹅观草属 *Roegneria* 等。

温带亚洲分布。该类型在本区较少，仅 5 属，占 0.85%，即马兰属 *Kalimeris*、附地菜属 *Trigonotis*、龙胆属 *Pterygocalyx*、虎杖属 *Reynoutria*、黄鹌菜属 *Youngia*。

地中海区、西亚至中亚分布。本区仅 1 属，即黄连木属 *Pistacia*，广泛分布于区内石灰岩山地林中。

中亚分布。本区无中亚分布类型。

东亚分布。指从喜马拉雅一直分布到日本的一些属，本区共 69 属，占 11.71%。区内常见的属有化香树属 *Platycarya*、刺楸属 *Kalopanax*、泡桐属 *Paulownia*、南天竹属 *Nandina*、蜡瓣花属 *Corylopsis*、吊钟花属 *Enkianthus*、猕猴桃属 *Actinidia*、檵木属 *Loropetalum*、沿阶草属 *Ophiopogon*、刚竹属 *Phyllostachys*、木通属 *Akebia*、野鸦椿属 *Euscaphis*、枫杨属 *Pterocarya*、八月瓜属 *Holboellia*、吊石苣苔属 *Lysionotus*、博落回属 *Macleaya*、蒲儿根属 *Sinosenecio*、冠盖藤属 *Pileostegia*、鞘柄木属 *Toricellia* 等。

中国特有分布。本区共有 22 属，占 3.74%。区内常见的属有杉木属 *Cunninghamia*、青钱柳属 *Cyclocarya*、血水草属 *Eomecon*、大血藤属 *Sargentodoxa*、地构叶属 *Speranskia*、盾果草属 *Thyrocarpus* 等。

从属级水平看，本区植物区系以亚热带成分为主，并含有较多的温带成分。属的地理成分分析表明，以泛热带、热带亚洲分布占绝对优势，全部热带成分共有 348 属，占总属数 59.08%。温带成分以北温带成分为主，全部温带成分共有 219 属，占总属数 37.17%。

3.1.2.3 种子植物区系特征

(1)野生种子植物多样性较丰富。自然保护区种子植物种类较丰富，现已发现野生种子植物 165 科 644 属 1306 种，分别占广东种子植物科、属、种的 70.21%、44.26%、22.51%，是广东省内种子植物分布较多的地区之一。

(2)地理成分具有明显的亚热带性质。从科、属的分布型统计分析，本区的种子植物区系地理成分以亚热带成分为主，并含有较多的温带成分。科的地理成分分析表明，自然保护区以泛热带分布占绝对优势，全部热带性成分共有 81 科，占总科数的 49.09%。温带成分以北温带成分为主，全部温带成分共有 34 科，占总科数的 20.61%。属的地理成分分析表明，以泛热带、热带亚洲分布占绝对优势，全部热带成分共有 348 属，占总属数 59.08%。温带成分以北温带成分为主，全部温带成分共有 219 属，占总属数 37.17%。

(3)石灰岩生境耐旱种子植物种类多。自然保护区全境大部分为石灰岩生境，石灰岩生境的主要特点是裸岩多、土层薄、水分供应状况差等。这些特点均不适宜植物生长，特别是极易导致干旱，因此，自然保护区石灰岩生境分布有丰富的耐旱植物，如化香树 *Platycarya strobilacea*、青冈 *Cyclobalanopsis glauca*、香叶树 *Lindera communis*、黄连木 *Pistacia chinensis*、牡荆 *Vitex negundo* var. *cannabifolia*、中华绣线菊 *Spiraea chinensis*、野桐 *Mallo-*

tus japonicu、火棘 *Pyracantha fortuneana*、异叶花椒 *Zanthoxylum ovalifolium*、落萼叶下珠 *Phyllanthus flexuosus*、金樱子 *Rosa laevigata*、小果蔷薇 *Rosa cymosa*、云实 *Caesalpinia decapetala*、构棘 *Cudrania cochinchinensis*、多花勾儿茶 *Berchemia floribunda* 等。

3.2 植　被

3.2.1 植被分区

按照《中国植被》(中国植被编辑委员会，1980)的区划，自然保护区的植被属亚热带常绿阔叶林区域、东部(湿润)亚区域，中亚热带常绿阔叶林地带、南部亚地带，南岭山地栲类、蕈树林区。

按照《广东植被》(中国植被编辑委员会，1978)的区划，自然保护区的植被属于亚热带植被带，南岭山地亚热带常绿阔叶林亚地带，粤北山地亚热带植被段。

3.2.2 植被类型划分

参考《中国植被》和《广东植被》的分类原则和分类单位。采用“群落学-生态学”原则，依据对自然保护区植被的群落种类组成、外貌结构、生活型、建群种类、生态地理特征和动态特征调查统计分析，自然保护区的植被可划分为常绿阔叶林、常绿落叶阔叶林、落叶阔叶林、竹林、针叶林、针阔混交林、灌丛、灌草丛和人工植被 9 个植被型，18 植被亚型，33 个群系。具体植被类型见表 3-11。

表 3-11 广东乳源南方红豆杉县级自然保护区植被类型表

植被型	植被亚型	群　系
常绿阔叶林	1. 低山常绿阔叶林	(1)米槠林 *Castanopsis carlesii* forest
	2. 中山常绿阔叶林	(2)甜槠林 *Castanopsis eyrei* forest
		(3)甜槠+银木荷林 *Castanopsis eyrei* + *Schima argentea* forest
	3. 山顶常绿矮曲林	(4)硬斗石栎+云锦杜鹃+多脉青冈矮曲林 *Lithocarpus hancei* + *Rhododendron fortunei* +*Cyclobalanopsis multinervis* forest
常绿落叶阔叶林	4. 山地常绿落叶阔叶林	(5)红楠+青榨槭林 *Machilus thunbergii* + *Acer davidii* forest
		(6)米槠+南酸枣林 *Castanopsis carlesii*+ *Choerospondias axillaris* forest
	5. 石灰岩常绿落叶阔叶林	(7)青冈+化香树林 *Cyclobalanopsis glauca*+ *Platycarya strobilacea* forest
落叶阔叶林	6. 低山落叶阔叶林	(8)枫香林 *Liquidambar formosana* forest
		(9)化香树林 *Platycarya strobilacea* forest
		(10)南酸枣林 *Choerospondias axillaris* forest
		(11)白栎林 *Quercus fabri* forest
		(12)构树林 *Cudrania cochinchinensis* forest
	7. 中山落叶阔叶林	(13)陀螺果林 *Melliodendron xylocarpum* forest
竹　林	8. 低山丘陵竹林	(14)篌竹林 *Phyllostachys nidularia* forest
针叶林	9. 暖性针叶林	(15)马尾松林 *Pinus massoniana* forest
	10. 温性针叶林	(16)华南五针松林 *Pinus kwangtungensis* forest

（续）

植被型	植被亚型	群　系
针阔混交林	11. 暖性针阔针叶林	(17)马尾松针阔混交林 *Pinus massoniana* mixed broadleaf-conifer forest
		(18)杉木针阔混交林 *Cunninghamia lanceolata* mixed broadleaf-conifer forest
		(19)南方红豆杉针阔混交林 *Taxus wallichiana* var. *mairei* mixed broadleaf-conifer forest
	12. 温性针阔针叶林	(20)华南五针松针阔混交林 *Pinus kwangtungensis* mixed broadleaf-conifer forest
灌　丛	13. 山地灌丛	(21)蜡瓣花+杜鹃花灌丛 Corylopsis sinensis +*Corylopsis sinensis* shrub
		(22)蜡莲绣球+交让木灌丛 *Hydrangea strigosa* + *Daphniphyllum macropodium* shrub
		(23)狭叶珍珠花灌丛 *Lyonia ovalifolia* var. *lanceolate* shrub
	14. 石灰岩灌丛	(24)中华绣线菊+野桐+小果蔷薇灌丛 *Spiraea chinensis* + *Mallotus tenuifolius* + *Rosa cymosa* shrub
		(25)檵木+中华绣线菊+云实灌丛 *Loropetalum chinense*+*Spiraea chinensis*+ *Caesalpinia decapetala* shrub
灌草丛	15. 温性灌草丛	(26)芒灌草丛 *Miscanthus sinensis* shrub-grassland
		(27)蕨灌草丛 *Pteridium aquilinum* var. *latiusculum* shrub-grassland
人工植被	16. 用材林	(28)杉木林 *Cunninghamia lanceolata* forest
		(29)马尾松林 *Pinus massoniana* forest
		(30)毛竹林 *Phyllostachys edulis* forest
	17. 经济林	(31)油茶林 *Camellia oleifera* forest
	18. 农田植被	(32)旱田植被 Dry field vegetation
		(33)水田植被 Paddy field vegetation

3.2.3 植被优势种类组成

根据野外调查，自然保护区森林植被的树种组成主要以壳斗科、山茶科、木兰科、樟科、安息香科、金缕梅科、松科、杉科、竹亚科的树种为典型代表。栲属 *Castanopsis* sp.、石栎属 *Lithocarpus* sp.、青冈属、润楠属 *Machilus* sp.、黑壳楠 *Lindera megaphylla*、银木荷 *Schima argentea*、金叶含笑 *Michelia foveolata*、樟叶槭 *Acer cinnamomifolium* 等常绿树种常组成常绿阔叶林。青冈属、栲属、润楠属、黑壳楠等常绿树种和枫香 *Liquidambar formosana*、化香树、南酸枣 *Choerospondias axillaris*、青榨槭 *Acer davidii*、野漆 *Toxicodendron sylvestris*、陀螺果 *Melliodendron xylocarpum* 等落叶树种常组成常绿落叶阔叶林。枫香、南酸枣、化香树、白栎 *Quercus fabri*、构树 *Broussonetia papyrifera*、陀螺果等落叶树种常组成落叶阔叶林。毛竹 *Phyllostachys edulis*、篌竹 *Phyllostachys nidularia* 常组成竹林。马尾松 *Pinus massoniana*、杉木 *Cunninghamia lanceolata*、华南五针松等针叶树常组成针叶林。南方红豆杉、马尾松、杉木、华南五针松等针叶树和枫香、南酸枣、灯台树、刺楸 *Kalopanax septemlobus*、白栎、黄连木、玉兰 *Magnolia denudata*、白毛椴 *Tilia endochrysea* 等阔叶树种常组成针阔混交林。檵木 *Loropetalum chinense*、中华绣线菊、野桐、牡荆、火棘、柃木 *Eurya* sp.、盐肤木 *Rhus chinensis*、薄叶鼠李 *Rhamnus leptophylla*、算盘子 *Glochidion puberum*、异叶花椒、红

背山麻杆 *Alchornea trewioides*、山橿 *Lindera reflexa*、落萼叶下珠、金樱子、小果蔷薇、云实、构棘、多花勾儿茶等灌木或木质藤本常组成石灰岩灌丛。中华绣线菊、柃木、滇白珠 *Gaultheria yunnanensis*、盐肤木、杜鹃 *Rhododendron simsii*、火棘、云实、野桐等灌木和芒 *Miscanthus sinensis* 常组成芒草丛。

3.2.4 主要植被群系结构分析

3.2.4.1 常绿阔叶林

常绿阔叶林是亚热带湿润地区由常绿阔叶树种组成的地带性森林类型。自然保护区位于中亚热带南部地带，区内原生植被为典型的亚热带常绿阔叶林。根据调查，自然保护区东部山地中山区沟谷及陡峭山坡仍保存有较大面积的典型亚热带常绿阔叶林，如甜槠林和甜槠+银木荷林。低山区常绿阔叶林主要为米槠林。山顶常绿阔叶林主要为硬斗石栎+云锦杜鹃+多脉青冈矮曲林。常绿阔叶林外貌终年常绿，林冠呈微波状起伏，群落生物多样性高，结构复杂，可明显分为乔木层、灌木层和草本层，其乔木层主要由壳斗科和山茶科的典型亚热带常绿阔叶树种所组成。

(1)米槠林。米槠林为典型的亚热带低山常绿阔叶林，主要分布于自然保护区东部海拔900 m以下沟谷陡峭山坡，以观音山和赤溪水低山陡峭沟谷分布最为集中。根据观音山海拔856 m山坡下部的样方调查：乔木层以米槠 *Castanopsis carlesii* 为主要建群种，另伴生有甜槠 *Castanopsis eyrei*、黄杞 *Engelhardtia roxburghiana*、枫香、南酸枣、灯台树 *Cornus controversa* 等树种，树木平均树高10~13 m，平均胸径5~40 cm，总盖度80%~95%。灌木层植物主要有檵木、大叶新木姜子 *Neolitsea levinei*、杜茎山 *Maesa japonica*、尖连蕊茶 *Camellia cuspidata*、锐尖山香圆 *Turpinia arguta*、矩叶鼠刺 *Itea oblonga*、楤木 *Aralia chinensis*、中国旌节花 *Stachyurus chinensis*、山莓 *Rubus corchorifolius* 等，高度0.4~3.0 m，盖度20%~45%。由于上层乔木和灌木盖度较大，林下草本层植物较稀疏，主要有薹草 *Carex* sp.、狗脊 *Woodwardia japonica*、金星蕨 *Parathelypteris glanduligera*、卵圆盾蕨 *Neolepisorus ovatus* f. *gracilis*、铁角蕨 *Asplenium trichomanes*、石韦 *Pyrrosia lingua*、血水草 *Eomecon chionantha*、直刺变豆菜 *Sanicula orthacantha* 等，盖度小于15%。层间植物有尾叶那藤 *Stauntonia obovatifoliola* subsp. *urophylla*、络石 *Trachelospermum jasminoides*、常春藤 *Hedera nepalensis* var. *sinensis*。样方内岩石较多，土层较薄，坡度陡峭，岩石附生植物较多，具有重要的生态保护价值，是自然保护区低海拔区常绿阔叶林重点保护对象。

(2)甜槠林。甜槠林为亚热带地带性常绿阔叶林，主要分布于自然保护区东部海拔1000~1400 m陡峭多岩石沟谷山坡，系自然保护区保存较为完好的常绿阔叶林植被类型之一。根据自然保护区东部海拔1285 m陡峭山坡上部的样方调查：乔木层以甜槠为主要建群种，另伴生有少量的金叶含笑、硬斗石栎 *Lithocarpus hancei*、黄杞、枫香、青榨槭等树种，树木平均树高11~14 m，平均胸径12~60 cm，总盖度80%~95%。灌木层主要有苦竹 *Pleioblastus amarus*、柃木、马银花 *Rhododendron ovatum*、刺毛杜鹃 *Rhododendron championiae*、小柱悬钩子 *Rubus columellaris*、少花柏拉木 *Blastus pauciflorus*、矩叶鼠刺、香粉叶 *Lindera pulcherrima* var. *attenuata*、短尾越橘 *Vaccinium carlesii* 等，高度0.5~3.2 m，盖度20%~55%。草本层植物较少，主要有芒 *Miscanthus sinensis*、狗脊、里白 *Diplopterygium glaucum*、芒萁 *Dicranopteris pedata*、薹草、渐尖毛蕨 *Cyclosorus acuminatus*、地菍 *Melastoma dodecandrum* 等，盖度10%~25%。甜槠林为原生植被遭到人为轻度破坏后，经长期封山育林发育起来的天然次生常绿阔叶林，其林间结构复杂，生物多样性高，群落结构稳定，是亚热带地区重要的常绿阔叶林类型之一。又因甜槠林多分布于保水能力较差的陡峭石灰岩山坡，因此，甜槠林具有生态保护价值。

（3）甜槠+银木荷林。甜槠+银木荷林为亚热带地带性常绿阔叶林，主要分布于自然保护区东部海拔 1000~1400 m 陡峭多岩石沟谷山坡，系自然保护区保存较为完好的常绿阔叶林植被类型之一。根据自然保护区东部羊古脑海拔 1214 m 陡峭山坡中上部的样方调查：乔木层以甜槠和银木荷为主要建群种，另伴生的有硬斗石栎、黄杞、青榨槭、雷公鹅耳枥 *Carpinus viminea*、枫香、杉木等树种，树木平均树高 11~15 m，平均胸径 20~55 cm，总盖度 80%~95%。灌木层常见灌木有大叶新木姜子、篌竹、星毛鸭脚木 *Schefflera minutistellata*、老鼠矢 *Symplocos stellaris*、刺毛杜鹃、马银花、柃木等，平均高度 0.6~3.2 m，盖度 20%~55%。林下草本植物较少，主要为芒、狗脊、山姜 *Alpinia japonica*、贯众 *Cyrtomium fortunei*、薹草、鳞毛蕨 *Dryopteris* sp.、石韦等，盖度<20%。甜槠+银木荷林群落结构复杂，稳定性好，生物多样性高，生态价值高，应加强保护。

（4）硬斗石栎+云锦杜鹃+多脉青冈矮曲林。硬斗石栎+云锦杜鹃+多脉青冈矮曲林属于山顶常绿矮曲林。山顶常绿矮曲林系特殊环境形成的森林，一般分布于海拔 1000 m 以上的山岭脊部，受“山顶效应”作用，冬有冰冻，多“雨凇”“雪凇”，常年多风，特别是生长季节的大风，使树木偏冠、树干粗矮、分枝多，形成“矮林”外貌，因此常称“山顶矮林”，也因山顶凉湿、多雾、树干上常附生苔藓，又称“雾林”或“山顶苔藓矮林”。自然保护区内的硬斗石栎+云锦杜鹃+多脉青冈矮曲林主要分布于自然保护区东部海拔 1200 m 以上山顶或山顶沟谷，系自然保护区保存较为完好的森林植被类型之一。根据自然保护区东部海拔 1409 m 近山顶沟谷的样方调查：硬斗石栎+云锦杜鹃+多脉青冈矮曲林平均高度约 4.2 m，总盖度约 85%，木本层明显可以分为两层，第一层以硬斗石栎、云锦杜鹃 *Rhododendron fortunei*、多脉青冈 *Cyclobalanopsis multinervis* 为优势种，另伴生有少量交让木 *Daphniphyllum macropodum*、美丽马醉木 *Pieris formosa*、短尾越橘、巴东栎 *Quercus engleriana*、青榨槭、厚叶红淡比 *Cleyera pachyphylla*、树参 *Dendropanax dentigerus* 等。第二层平均高度约 1.5 m，以毛玉山竹 *Yushania basihirsuta* 为优势种，另伴生有少量广西越橘 *Vaccinium sinicum*、马银花、蜡瓣花 *Corylopsis sinensis*、锐尖山香圆、珍珠花 *Lyonia ovalifolia* 等。由于上层林木盖度较大，故林下草本植物较稀少，主要有石韦、锦香草 *Phyllagathis cavaleriei*、芒、地菍、薹草、鳞毛蕨等。该群系林下枯枝落叶层厚，有利于涵养水源，保持水土，系重要水源涵养林，应加以严格保护。

3.2.4.2 常绿落叶阔叶混交林

常绿落叶阔叶混交林是由较耐寒的常绿阔叶树种和多种落叶阔叶树混交组成。在自然保护区内常绿落叶阔叶混交林主要包含红楠+青榨槭林、米槠+南酸枣林、青冈+化香树林 3 个群系，其中青红楠+青榨槭林和米槠+南酸枣林多分布于自然保护区东部山地沟谷，属于山地常绿落叶阔叶林，而青冈+化香树林多分布于石灰岩山坡，属于石灰岩常绿落叶阔叶林。

（1）红楠+青榨槭林。红楠+青榨槭林为自然保护区天然次生林，主要分布于自然保护区东部山地沟谷中下部，为自然保护区原生植被遭受破坏后，经过封山育林恢复起来的森林，其林相外貌深绿和浅绿色相间。根据自然保护区东部山地海拔 1273 m 沟谷中部的样方调查：群落乔木层以常绿树种红楠 *Machilus thunbergii* 和落叶树种青榨槭为主要建群种，另伴生有银木荷、交让木等常绿树种，树木平均树高约 11 m，平均胸径 15～32 cm，总盖度 75%～90%。灌木层常见灌木有猴头杜鹃 *Rhododendron simiarum*、黄丹木姜子 *Litsea elongata*、星毛鸭脚木、南方荚蒾 *Viburnum fordiae*、柃木等，高度 0.5～2.2 m，盖度 25%～45%。林下草本层植物稀少，仅见少量的渐尖毛蕨、狗脊、薹草、芒等草本植物。层间植物仅见尾叶那藤。红楠+青榨槭林群落结构复杂，生物多样性高，群落稳定性好，生态效益高，值得重点保护。

(2)米槠+南酸枣林。米槠+南酸枣林为自然保护区天然次生林，主要分布于自然保护区东南部海拔较低沟谷中下部，为自然保护区原生植被遭受破坏后，经过封山育林恢复起来的森林，其林相外貌深绿和浅绿色相间，林冠浓密微呈波状。根据赤溪水电站南向沟谷海拔 539 m 的样方调查：群落乔木层以常绿树种米槠和落叶树种南酸枣为主要建群种，另伴生有日本杜英 *Elaeocarpus japonicus*、红楠、滑皮石栎 *Lithocarpus skanianus* 等常绿树种和赤杨叶 *Alniphyllum fortunei*、野漆等落叶树种，树木平均树高约 12 m，平均胸径 5～30 cm，总盖度 80%～95%。灌木层常见灌木有紫麻 *Oreocnide frutescens*、杜茎山、心叶毛蕊茶 *Camellia cordifolia*、粗叶榕 *Ficus hirta*、檵木、矩叶鼠刺、红背山麻杆、柃木、锐尖山香圆等，高度 0.4～3.5 m，盖度 20%～55%。草本层常见草本有狗脊、里白、芒萁、石韦、江南卷柏 *Selaginella moellendorffii*、日本蛇根草 *Ophiorrhiza japonica*、凹叶景天 *Sedum emarginatum*、芒、薹草、锐齿楼梯草 *Elatostema cyrtandrifolium* 等。层间植物有尾叶那藤、络石、链珠藤 *Alyxia sinensis*。米槠+南酸枣林群落结构复杂，生物多样性高，群落稳定性好，生态效益高，值得重点保护。

(3)青冈+化香树林。青冈+化香树林广泛分布于自然保护区内石灰岩山坡，如岐石村、核桃山村、红光村等地。该群系为自然保护区原生植被遭受轻度破坏，经过封山育林恢复起来的森林类型，其林相外貌深绿和浅绿色相间，林冠较浓密微呈波状，系自然保护区保存较好的常绿落叶阔叶林植被类型之一。根据岐石村大坡头海拔 821 m 山坡中部的样方调查：群落乔木层以常绿树种青冈和落叶树种化香树为主要建群种，另伴生有香叶树、樟叶槭等常绿树种和构树、野漆等落叶树种，树木平均树高约 10 m，平均胸径 3～25 cm，总盖度 70%～95%。灌木层常见灌木有盐肤木、红背山麻杆、牡荆、箣竹、薄叶鼠李、南岭小檗 *Berberis impedita*、落萼叶下珠、野桐、白栎幼树、香叶树幼树等，高度 0.4～2.5 m，盖度 25%～50%。草本层常见草本有芒、白莲蒿 *Artemisia sacrorum*、大戟 *Euphorbia pekinensis*、粉条儿菜 *Aletris spicata*、江南卷柏、鼠麹草 *Gnaphalium affine*、薹草等。层间植物有多花勾儿茶、金樱子、小果蔷薇、常春藤，这些层间植物大部分攀附于岩石上或树干上。青冈+化香树林群落结构复杂，生物多样性高，群落稳定性好，生态效益高，值得重点保护。

3.2.4.3　落叶阔叶林

落叶阔叶林是指以落叶树种为建群种的森林。自然保护区内的落叶阔叶林主要包括枫香林、化香树林、南酸枣林、白栎林、构树林、陀螺果林等 6 个群系，其中枫香林、化香树林、南酸枣林、白栎林和构树林主要分布于低海拔区域，属于低山落叶阔叶林，而陀螺果林主要分布于较高海拔的中山区沟谷，属于中山落叶阔叶林。虽然自然保护区内落叶阔叶林群系类型较多，但其分布面积均不大，其中以枫香林、化香树林、陀螺果林分布面积较大，其他群系在本区分布面积较小。

（1）枫香林。枫香为金缕梅科落叶乔木，性喜阳，广泛零星分布于自然保护区，在个别次生山坡上可以形成优势林分，尤以栗木岗村至园子背村沟谷沿岸山坡分布最为集中。根据园子背村海拔531 m山坡中部的样方调查：乔木层以枫香为优势，另伴生有少量的化香树、野漆、中华石楠 *Photinia beauverdiana*、青榨槭、青冈、构树等树种，枫香平均树高约12 m，平均胸径约26 cm，最大胸径约55 cm，乔木层总盖度约95%。灌木层主要有盐肤木、矩叶鼠刺、八角枫、紫麻、构棘、白簕 *Eleutherococcus trifoliatus*、空心泡 *Rubus rosifolius*、大叶白纸扇 *Mussaenda shikokiana*、杜茎山、楤木、海金子 *Pittosporum illicioides* 等，其高度0.4~4.5 m，盖度20%~45%。草本层主要有芒、江南卷柏、薹草、渐尖毛蕨、山麦冬 *Liriope spicata*、韩信草 *Scutellaria indica*、石韦、蚂蝗七 *Chirita fimbrisepala* 等，盖度15%~40%。层间植物有山蒟 *Piper hancei*、海金沙 *Lygodium japonicum*、薜荔 *Ficus pumila*。枫香为喜阳先锋落叶树种，生长快，能快速成林，为林下其他常绿树种的繁殖生长创造条件，但枫香寿命短，如长期封山育林，林下常绿树种将会逐渐取代枫香，而形成常绿阔叶林。

（2）化香树林。化香树林为自然保护区天然次生林，主要分布于自然保护区中部石灰岩山地多岩石山坡。根据郭家海拔758 m石灰岩山坡中下部的样方调查：乔木层以化香树为主要建群种，另伴生有少量的樟叶槭、中华石楠、构树、青冈等树种，化香树平均树高3~9 m，平均胸径4~25 cm，乔木层总盖度35%~95%。灌木层常见灌木有中华绣线菊、裂叶安息香 *Styrax supaii*、野桐、檵木、全缘火棘 *Pyracantha atalantioides*、落萼叶下珠、算盘子、青冈幼树等，其高度0.5~3.2 m，盖度25%~50%。草本层主要有芒、薹草、石韦、白莲蒿、渐尖毛蕨、江南卷柏、野菊等，盖度15%~30%。层间植物有小果蔷薇、皱叶雀梅藤 *Sageretia rugosa*、多花勾儿茶、金樱子、络石等。该群系为原生植被遭到破坏后，经封山育林形成的阳性先锋阔叶林。

（3）南酸枣林。南酸枣为漆树科落叶乔木，性喜阳，常广泛散生于自然保护区内原生植被遭破坏后的次生山坡，但在赤溪水电站南向沟谷保存有一片以南酸枣为建群种的南酸枣林。南酸枣林乔木层常伴生有少量的赤杨叶、红楠、罗浮栲 *Castanopsis fabri*、日本杜英等树种，南酸枣平均胸径约11 cm，平均高度约12 m，乔木层总盖度约80%。林下灌木层植物种类丰富，主要有黄丹木姜子、紫麻、杜茎山、檵木、心叶毛蕊茶、海金子、矩叶鼠刺、赤楠 *Syzygium buxifolium*、山莓、红背山麻杆等，其高度0.4~3.5 m，盖度45%~65%。草本层主要有凹叶景天、里白、芒萁、狗脊、尾花细辛 *Asarum caudigerum*、石韦、地菍、七星莲 *Viola diffusa*、江南卷柏等，盖度15%~40%。层间植物有络石、链珠藤、尾叶那藤。南酸枣林为天然次生落叶阔叶林，地被层枯枝落叶厚，具强大的保水蓄水能力，是自然保护区重要的水源涵养林，极具保护价值。

（4）白栎林。白栎为壳斗科栎属落叶乔木，一般常散生，但在自然保护区上江村后山保存有一小片以白栎为建群种的白栎林。白栎林乔木层常伴生有少量的刺楸、枫香、贵州石楠、化香树等树种，白栎平均胸径50~65 cm，平均高度约13 m，乔木层总盖度约85%。林下灌木主要有棕榈 *Trachycarpus fortunei*、全缘火棘、茶荚蒾 *Viburnum setigerum*、薄叶鼠李、山胡椒 *Lindera glauca*、盐肤木、异叶花椒等，其高度1.2~2.5 m，盖度25%~60%。草本层主要有芒、薹草、七星莲、贯众、江南卷柏、白莲蒿、野菊、墓头回 *Patrinia het-*

erophylla 等。层间植物有常春藤、络石、小果蔷薇、多花勾儿茶。该群系为村边风水林，其上层乔木多为落叶树种，地被层枯枝落叶厚，具强大的保水蓄水能力，是自然保护区重要的水源涵养林，极具保护价值。

(5)构树林。构树为桑科落叶乔木，性喜阳，适应强，常广泛散生于自然保护区各个生境，但在园子背村水电站周围沟谷保存有一片以构树为建群种的构树林。构树林乔木层常伴生有少量的八角枫、化香、枫香等树种，构树平均胸径约 9 cm，平均高度约 8 m，乔木层总盖度约 80%。林下灌木层主要有高粱泡 *Rubus lambertianus*、中国旌节花、八角枫幼树、构树幼树、紫麻、杜茎山、檵木、算盘子等，其高度 0.4~3.0 m，盖度 20%~45%。草本层以芒为优势种，另伴生有渐尖毛蕨、稀羽鳞毛蕨 *Dryopteris sparsa*、紫萁 *Osmunda japonica*、狗脊、薄叶卷柏 *Selaginella delicatula*、瓜子金 *Polygala japonica*、蛇含委陵菜 *Potentilla kleiniana*、直刺变豆菜等，盖度 25%~60%。构树林为天然先锋落叶阔叶林，属于次生植被。由于构树林生于沟谷边，因此，构树林兼具保水蓄水能力和水土保持作用。

(6)陀螺果林。陀螺果为安息香科落叶乔木，多零星分布于海拔 800~1500 m 的山谷、山坡湿润林中，但在自然保护区东部中山区沟谷分布有组成较单纯的陀螺果林，十分难得。根据观音山海拔 881 m 沟谷的样方调查：乔木层以陀螺果为优势种，并伴生有少量的米槠、香叶树、蓝果树 *Nyssa sinensis*、青榨槭、钟花樱桃 *Cerasus campanulata* 等乔木，陀螺果平均树高约 11 m，平均胸径 15~42 cm，乔木层总盖度 75%~90%。林下灌木主要有南方荚蒾、中国旌节花、杜茎山、大叶新木姜子、山莓、尖连蕊茶、檵木、锐尖山香圆等，高度 0.4~4.5 m，盖度 25%~60%。草本层主要有薹草、血水草、芒、尾花细辛、贯众、直刺变豆菜、露珠碎米荠 *Cardamine circaeoides*、山菅 *Dianella ensifolia*、锐齿楼梯草等，盖度 30%~45%。该群系上层乔木多为落叶树种，地被层枯枝落叶厚，具强大的保水蓄水能力，是自然保护区重要的水源涵养林，极具保护价值。

3.2.4.4　竹　林

竹林是指以竹子为建群种的森林。自然保护区内野生竹亚科植物有多个物种，但能天然形成较大面积的优势群落仅有篌竹 1 种，即篌竹林。

篌竹又称花竹，属竹亚科刚竹属散生中小型竹种。以篌竹为建群种的篌竹林广泛分布于自然保护区中部次生石灰岩山坡、丘陵及低山次生山坡，其中以大坪头、大坪里附近低山次生山坡分布面积最为集中。篌竹林平均高度 0.8~3.5 m，竹丛多密集，分层不明显，于竹丛开阔处混生一些灌木和草本植物，常见的灌木有白栎、珍珠花、滇白珠、山莓、杉木幼树、野桐、牡荆等，常见的草本植物有芒、芒萁、白莲蒿等。篌竹林主要为原生植被遭到破坏后萌生的天然次生植被，其林相苍翠碧连，郁闭度大，覆盖于自然保护区生境恶劣的石灰岩低山，具有重要的水土保持作用。

3.2.4.5　针叶林

针叶林一般是指以针叶树为建群种的森林。自然保护区内的天然针叶林主要包括马尾松林和华南五针松 2 个群系，其中马尾松林主要分布于低山区，华南五针松主要分布于海拔 1200 m 以上的山顶至山脊。

(1)马尾松林。马尾松天然更新能力强，又耐干旱瘠薄，经常能飞籽成林，主要呈块状或条状分布于自然保护区 1200 m 以下的山坡上部和岭脊，其中以园子背村、柯树下村、曹家等地区的马尾松林分布较为集中。乔木层以马尾松占绝对优势，马尾松平均树高约

12 m，平均胸径 15~25 cm，乔木层盖度 70%~95%。林下灌木层植物组成较简单，常见灌木主要有海金子、矩叶鼠刺、薄叶鼠李、细枝柃 *Eurya loquaiana*、中国旌节花、红背山麻杆等，高度 0. 8~3. 2 m，盖度 10%~35%。草本层主要有芒、狗脊、薹草、翠云草 *Selaginella uncinata*、直刺变豆菜等，盖度 10%~25%。马尾松林为原生森林破坏后，萌生的先锋针叶林，其上层乔木树种单一，林下灌木和草本稀少，群系结构简单，属于植被演替的初级阶段，群系稳定性差，长期保护封禁，马尾松林将逐渐演替为针阔混交林，最终演替为地带性常绿阔叶林。

(2)华南五针松林。华南五针松为国家二级重点保护野生植物，主产南岭山脉的中山区。自然保护区内的华南五针松主要分布于自然保护区东部海拔 1200 m 以上土层浅薄的山脊和陡峭岩壁，由于生境严酷，阔叶树很难侵入，故形成了较纯华南五针松林。根据自然保护区东部海拔 1247 m 近山顶的样方调查：乔木层主要以华南五针松为主，华南五针松平均树高 4. 5~11 m，平均胸径 5~26 cm，乔木层盖度 45%~90%。乔木层还伴生少量的长苞铁杉 *Tsuga longibracteata*、马尾松、硬斗石栎、多脉青冈等树种。灌木层主要有南烛 *Vaccinium bracteatum*、美丽马醉木、猴头杜鹃、交让木、云锦杜鹃、珍珠花、山橿、黄丹木姜子、毛玉山竹等，其高度 0. 8~4. 5 m，盖度 20%~45%。草本层植物以芒为主，另伴生有十字薹草、小果丫蕊花、石韦、狗脊、渐尖毛蕨等草本植物，盖度 15%~30%。华南五针松林为我国南岭山地特有的珍贵针叶林，其资源稀少，应重点保护。

3. 2. 4. 6　针阔混交林

针阔混交林主要指由针叶树种和阔叶树种共同组成优势种的森林类型。从地理气候带来看，真正的针阔混交林分布于温带。但在亚热带中山地带有时也能形成针阔混交林，其森林群落结构一般不是很稳定，大致属于森林演替的中间阶段，经过长时期的封禁或人为定向间伐针叶树种，其群落逐渐会演替为地带性阔叶林。南方红豆杉自然保护区内的针阔混交林主要包括马尾松针阔混交林、杉木针阔混交林、南方红豆杉针阔混交林和华南五针松针阔混交林 4 个群系，其中马尾松针阔混交林、杉木针阔混交林、南方红豆杉针阔混交林主要分布于低海拔区域，属于暖性针阔针叶林，而华南五针松针阔混交林主要分布于较高海拔的中山区山坡上部，属于温性针阔针叶林。

(1) 马尾松针阔混交林。马尾松针阔混交林是马尾松林经长期演替而来或原生阔叶林遭到轻度破坏后，留有大量林窗，向阳的马尾松迅速萌生占领林窗后所形成。在自然保护区内主要分布于园子背村、柯树下村、大洞村等次生山坡。根据园子背海拔 485 m 山坡中上部的样方调查：乔木层树种主要由马尾松和阔叶树种枫香、南酸枣、灯台树等树木组成。群落平均树高 9~12 m，平均胸径 8~32 cm，盖度 55%~95%。灌木层植物主要有盐肤木、矩叶鼠刺、八角枫、紫麻、白簕、空心泡、大叶白纸扇、胡颓子、山橿、南方荚蒾、楤木、老鼠矢、白马骨 *Serissa serissoides* 等，其高度 0. 4~4. 2 m，盖度 20%~55%。草本层植物主要有芒、薄叶卷柏、渐尖毛蕨、薹草、狗脊、鱼腥草 *Houttuynia cordata*、土牛膝 *Achyranthes aspera*、蝴蝶花 *Iris japonica* 等，盖度 10%~45%。层间植物主要有山蒟、络石、清香藤 *Jasminum lanceolarium* 等。松阔混交林是植被演替的中间阶段，马尾松与阔叶树正处于激烈竞争时期，先锋阔叶树种枫香、灯台树、南酸枣等生长快，会迅速占据群系上层，马尾松因缺少阳光逐渐消亡，阔叶树最后将完全取代马尾松，形成阔叶林。

(2)杉木针阔混交林。杉木针阔混交林主要是由杉木人工林因长期封山育林，无人抚育，杉木长势变弱，导致大量先锋阔叶树种侵入林内形成的针阔混交林。在自然保护区内主要分布于和平村、园子背村、栗木岗村、大洞村、大坑、蓝坑、板泉等杉木种植区。根据园子背海拔505 m山坡中部的样方调查：乔木层树种主要由杉木和阔叶树种枫香、南酸枣、灯台树、赤杨叶等树木组成。杉木平均树高8～12 m，平均胸径6～28 cm，盖度50%～90%。阔叶南方荚蒾、檵木、胡颓子、山胡椒、矩叶鼠刺、楤木、落萼叶下珠、海金子等灌木，其高度0.8～3.5 m，盖度20%～45%。草本层主要有芒、芒萁、狗脊、蝴蝶花、薹草、一把伞南星 *Arisaema erubescens*、江南卷柏、直刺变豆菜等草本植物，盖度15%～40%。层间植物主要有络石、常春藤、小果蔷薇等。针阔混交林如放弃经营，混交林将会逐渐演替为阔叶林。

(3)南方红豆杉针阔混交林。南方红豆杉为国家一级重点保护野生植物，亦为中国亚热带至暖温带特有成分之一，主要散生于海拔1200 m以下阔叶林中。自然保护区内的南方红豆杉多散生于低海拔山脚阔叶林中或居民区的房前屋后。含南方红豆杉较多的针阔混交林主要分布于张家、山窝、核桃山、园子背等居民区附近风水山上。根据张家海拔735 m山坡下部的样方调查：乔木层主要由针叶树南方红豆杉和阔叶树灯台树、刺楸、罗浮栲、朴树 *Celtis sinensis*、白毛椴、毛豹皮樟 *Litsea coreana* var. *lanuginosa* 等组成，盖度约95%。样方内南方红豆杉共有3棵，平均胸径约82 cm，平均高度约21 m。样方附近还伴生有少量其他阔叶树，如白玉兰、黑壳楠、白栎、枫香、尾叶紫薇 *Lagerstroemia caudata*、黄连木等。灌木层主要有毛竹、白簕、落萼叶下珠、厚皮香、长叶柄野扇花、红楠幼树、箬叶竹 *Indocalamus longiauritus*、黄丹木姜子、锐尖山香圆、多毛板凳果 *Pachysandra axillaris* var. *stylosa*、棕榈、八角枫等，其高度0.8～7.5 m，盖度达55%。草本层植物较少，主要有渐尖毛蕨、井栏边草 *Pteris multifida*、芒、薹草、蒲儿根 *Sinosenecio oldhamianus*、山麦冬、紫萁等，盖度10%～25%。层间植物主要有常春藤、乌蔹莓 *Cayratia japonica*、尖叶清风藤 *Sabia swinhoei* 等。由于南方红豆杉针阔混交林多集中分布于居民区风水山上，被居民当作风水林长期进行严格保护，因此，南方红豆杉针阔混交林系自然保护区保存较为完好的近原生天然林。

(4)华南五针松针阔混交林。华南五针松针阔混交林主要分布于自然保护区东部海拔1200 m以上的山坡上部，群落外貌为华南五针松高山阔叶树，形成高低错落的林相景观。根据自然保护区东部海拔1261 m山坡上部的样方调查：乔木层主要由针叶树华南五针松和阔叶树硬斗石栎组成，华南五针松平均胸径约25 cm，平均高度约12 m，硬斗石栎平均胸径约20 cm，平均高度约11 m，另伴生乔木有针叶树马尾松和阔叶树甜槠、多脉青冈、疏齿木荷 *Schima remotiserrata*、华南桦 *Betula austrosinensis*、雷公鹅耳枥、青榨槭等，盖度65%～85%。灌木层主要有毛玉山竹、两广杨桐 *Adinandra glischroloma*、毛棉杜鹃花 *Rhododendron moulmainense*、交让木、蜡瓣花、云南桤叶树 *Clethra delavayi*、柃木、厚叶厚皮香 *Ternstroemia kwangtungensis*、美丽马醉木、南烛等，其高度1.2～4.5 m，盖度25%～60%。草本层主要有芒、锦香草、薹草、石韦、金星蕨、狗脊等。层间植物可见少量扶芳藤 *Euonymus fortunei*。

3.2.4.7 灌 丛

灌丛是指以灌木生活型植物为建群种的植被类型。灌丛在自然保护区内广泛分布，系自然保护区主要的植被类型之一。自然保护区内的灌丛主要包括蜡瓣花+杜鹃花灌丛、蜡莲绣球+交让木灌丛、狭叶珍珠花灌丛、中华绣线菊+野桐+小果蔷薇灌丛、檵木+中华绣线菊+云实灌丛5个群系，其中蜡瓣花+杜鹃花灌丛、蜡莲绣球+交让木灌丛、狭叶珍珠花灌丛主要分布于自然保护区东部山地，属于山地灌丛，而中华绣线菊+野桐+小果蔷薇灌丛、檵木+中华绣线菊+云实灌丛主要呈块状分布于自然保护区中部及西部石灰岩低矮山坡，属于石灰岩灌丛。不管是山地灌丛，还是石灰岩灌丛，均遭到过人为破坏，故自然保护区内所有灌丛均为次生灌丛，特别是石灰岩灌丛常受到火灾侵袭，导致石灰岩灌丛多呈小斑块分布。

(1)蜡瓣花+杜鹃花灌丛。蜡瓣花+杜鹃花灌丛主要分布于自然保护区东部近山顶至山脊，以观音山西北部靠近自然保护区边界近山顶分布较为集中。蜡瓣花+杜鹃花灌丛高度0.9~2.1 m，盖度65%~90%，群落组成灌木较丰富，但以蜡瓣花和杜鹃花科灌木占优势，杜鹃花科灌木主要有杜鹃花、毛棉杜鹃花、刺毛杜鹃、马银花、齿缘吊钟花 *Enkianthus serrulatus*、珍珠花等，其他伴生灌木有香粉叶、柃木、短尾越橘等。由于灌木层郁闭度较大，故灌丛下层草本植物较少，主要草本植物有芒、芒萁、蕨、薹草等。层间植物仅见石松 *Lycopodium japonicum*。近山顶至山脊地带生境一般较恶劣，如风大，温度低，土壤瘠薄，易旱，蜡瓣花+杜鹃花灌丛能较好地在此生境生长，实属不易，应严禁破坏。

(2)蜡莲绣球+交让木灌丛。蜡莲绣球+交让木灌丛主要呈带状分布于自然保护区东部中山区沟谷两侧，分布面积较小。蜡莲绣球+交让木灌丛高度1.2~4.5 m，盖度60%~85%。灌木层以蜡莲绣球 *Hydrangea strigosa* 和交让木共占优势，并伴生有少量的蜡瓣花、刺毛杜鹃、柃木、猴头杜鹃、矩叶鼠刺、东南悬钩子等灌木。由于灌木层盖度较高，故灌丛下层草本植物较少，主要草本植物有芒、薹草、渐尖毛蕨、狗脊、石韦等。该群系下层枯枝落叶厚，具有很好的保水蓄水能力，应加强保护。

(3)狭叶珍珠花灌丛。狭叶珍珠花灌丛主要呈块状分布于自然保护区东部曹家山脚多岩石低缓山坡。狭叶珍珠花灌丛高度0.6~1.5 m，盖度45%~75%。灌木层以狭叶珍珠花为优势种，并伴生有少量的蜡瓣花、东方古柯 *Erythroxylum sinense*、油茶、全缘火棘、山苍子、山胡椒、山莓、枫香幼树、野漆幼树等灌木。由于灌木层盖度较低，故灌丛下层草本植物盖度较大，主要草本植物有蕨、芒萁、芒、地菍、蛇含委陵菜、长萼堇菜 *Viola inconspicua*、金毛耳草 *Hedyotis chrysotricha* 等。层间植物有金樱子、小果蔷薇、山木通 *Clematis finetiana*。

(4)中华绣线菊+野桐+小果蔷薇灌丛。中华绣线菊+野桐+小果蔷薇灌丛主要呈块状分布于自然保护区中部及西部石灰岩低矮多岩石山坡。灌丛高度0.7~2.5 m，盖度75%~85%。灌木层以中华绣线菊、野桐、小果蔷薇共占优势，并伴生有一些灌木，如牡荆、落萼叶下珠、全缘火棘、山橿、算盘子、香粉叶、南岭小檗、白马骨、构棘、薄叶鼠李、菝葜 *Smilax* sp. 等灌木。灌木层上部常覆盖有大量藤本植物，如金樱子、悬钩子蔷薇 *Rosa rubus*、多花勾儿茶、华南云实 *Caesalpinia crista*、金银花、山木通等。草本层植物以芒为主，另伴生有薄叶卷柏、地榆 *Sanguisorba officinalis*、白莲蒿、墓头回、翻白草 *Potentilla discolor*、鼠麴草、蛇含委陵菜、渐尖毛蕨、贯众等草本植物。中华绣线菊+野桐+小果蔷薇灌丛是原生植被遭破坏后，经长期封山育林所形成。灌丛下部多岩石、土层薄，其上的灌丛植被对防治石漠化具有重要的生态保护作用。

(5)檵木+中华绣线菊+云实灌丛。檵木+中华绣线菊+云实灌丛主要呈块状分布于自然保护区中部及西部石灰岩低矮多岩石山坡。檵木+中华绣线菊+云实灌丛高度0.6~2.5 m，盖度50%~85%。灌木层以檵木、中华绣线菊、云实灌丛共占优势，并伴生有一些灌木，如野桐、构棘、扁担杆、异叶花椒、化香树幼树、菝葜、南方荚蒾、全缘火棘、山橿、算盘子、白马骨等灌木。灌木层上部常覆盖有大量藤本植物，如云实、华南云实、金樱子、悬钩子蔷薇、小果蔷薇、多花勾儿茶等。草本层植物以芒为主，另伴生有蕨、薄叶卷柏、白莲蒿、野菊、假婆婆纳 *Stimpsonia chamaedryoides*、翻白草、中华小苦荬 *Ixeridium chinense*、粉条儿菜、薹草、铁轴草 *Teucrium quadrifarium*、爪哇唐松草 *Thalictrum javanicum* 等草本植物。檵木+中华绣线菊+云实灌丛是原生植被遭到破坏后，经长期封山育林所形成。灌丛下部多岩石、土层薄，其上的灌丛植被对防治石漠化具有重要的生态保护作用。

3.2.4.8　灌草丛

灌草丛是指以草本植物为优势种，并伴生少量灌木的群系类型。自然保护区内的灌草丛主要有芒灌草丛和蕨灌草丛。

(1)芒灌草丛。芒灌草丛广泛地分布于自然保护区东部海拔1300 m以上山顶及中西部火烧石灰岩山坡、荒废农田、荒坡、路边等地段。芒灌草丛平均高度0.6~1.8 m，总盖度75%~100%，草本组成种类较单纯，以芒为优势种，并伴生少量草本植物和灌木。根据调查，自然保护区内不同海拔地段的芒灌草丛所伴生的草本植物和灌木明显不同。海拔1300 m以上的山顶芒灌草丛主要伴生草本植物有小果丫蕊花 *Ypsilandra cavaleriei*、铁轴草、瓜子金、华南龙胆 *Gentiana loureirii* 等，主要伴生灌木有柃木、滇白珠、珍珠花、美丽马醉木、曲江远志 *Polygala koi* 等。海拔1300 m以下芒灌草丛主要伴生草本植物有丝茅 *Imperata koenigii*、青绿薹草 *Carex breviculmis*、白莲蒿、野菊 *Chrysanthemum indicum*、小飞蓬、大戟、闽粤千里光 *Senecio stauntonii*、鼠麴草、天葵 *Semiaquilegia adoxoides*、蕨、地榆、翻白草等，主要伴生灌木有中华绣线菊、牡荆、白栎、菝葜、云实、野桐、青冈幼树、构树幼树、小果蔷薇、金樱子等。芒灌草丛一岁一枯荣，冬季枝叶干枯，易发生火灾，需注意防火。

(2)蕨灌草丛。蕨灌草丛主要呈块状分布于自然保护区海拔1000 m以下造林前期砍伐地、曾遭火烧地段、荒坡等。蕨灌草丛平均高度0.9~1.5 m，总盖度85%~100%，草本组成种类较单纯，以蕨占绝对优势，另伴生少量芒、小飞蓬等草本，草丛亦混生一些灌木，如山苍子、野漆、东方古柯、山莓等。蕨灌草丛一岁一枯荣，冬季易发生火灾，需注意防火。

3.2.4.9　人工植被

人工植被是劳动人民在长期利用自然和改造自然的生产实践中形成的产物。该类型的植被结构比较单一，几乎每种栽培种类都形成单纯植物群系，人为干扰大，其群系的稳定性差，一旦缺少人工抚育，人工植被将逐渐向自然植被演替。自然保护区内的人工植被主要包括杉木林、马尾松林、毛竹林、油茶林、旱田植被和水田植被等6个植被类型，其中杉木林、马尾松和毛竹林为用材林，油茶林为经济林，旱田植被和水田植被为农田植被。

(1)杉木林。杉木是我国亚热带特有树种，亦是我国南方重要的用材树种，喜气候温和、雨量充沛、空气湿润和静风的环境，天然纯林很少。自然保护区内的杉木林多为人工种植的针叶纯林，且主要分布于海拔1200 m以下交通便利、土壤深厚、坡度较缓的山坡上，如和平村、园子背村、栗木岗村、大洞村、大坑、蓝坑、板泉等地。受人工抚育，生长健壮的杉木林，乔木层常以杉木成单层郁闭。缺少人工抚育的杉木林，乔木层常伴生少量的枫香、马尾松、野漆等树种。经常受人工抚育的杉木林，其林下灌木和草本植物十分稀少；缺少人工抚育或抚育程度较轻时，其林下灌木和草本植物较多。常见灌木主要有檵木、杜茎山、山苍子、柃木、油茶、矩叶鼠刺、山莓、南方荚蒾、菝葜、盐肤木等。常见草本植物有狗脊、蕨、芒、鱼腥草、薹草、芒萁、土牛膝等。自然保护区的杉木纯林，林相单调，群系结构简单，群落稳定性较差，若长期封山育林，许多向阳先锋阔叶树种会逐渐侵入杉木林，致使杉木纯林向针阔混交林方向演替，最终将演替为亚热带常绿阔叶林。

(2)马尾松林。自然保护区内的马尾松人工林主要分布于自然保护区内的园子背村、柯树下村及自然保护区中部低矮石灰岩山坡。人工种植的马尾松林主要为用材林，如园子背村的马尾松林。一部分马尾松林为生态防护林，如种植于自然保护区中部低矮石灰岩山坡的马尾松林。以用材为目的的马尾松林，生长健壮，乔木层呈单纯郁闭。以生态防护为目的的马尾松林，生长状况一般，群落盖度较小，乔木层以马尾松为主，另伴生有化香树、白栎、青冈等树种。

(3)油茶林。油茶是亚热带常绿灌木食用油料树种。保护区内的油茶林均为人工种植，且主要栽培于岐石村、和平村附近低矮山坡。根据实地调查，油茶林栽培时间较短，油茶林如灌木林状，群落平均高度约 1.6 m，盖度约 45%。灌木层油茶占绝对优势，并伴生有少量灌木树种，如杜鹃、牡荆、裂叶安息香、满树星 *Ilex aculeolata*、算盘子、篌竹、山苍子、山橿、盐肤木、野桐、云实、檵木、构棘、中华绣线菊等。灌丛郁闭较小，下层草本植物较丰富，主要有芒、芒萁、蕨、蛇含委陵菜、渐尖毛蕨、紫萁、野菊、野艾蒿 *Artemisia lavandulifolia*、鼠麴草、野老鹳草 *Geranium carolinianum*、蒲儿根、窃衣 *Torilis scabra*、小飞蓬、攀倒甑 *Patrinia villosa*、阿拉伯婆婆纳 *Veronica persica* 等。层间植物主要有金樱子、小果蔷薇、刺藤子 *Sageretia melliana*、多花勾儿茶、山木通、络石等。该林型油茶呈丛生状，终年常绿，冬季白花缀满枝头，十分漂亮。

(4)毛竹林。毛竹是禾本科刚竹属散生型常绿乔木状竹类植物，也是中国栽培悠久、面积最广、经济价值最重要的竹种。自然保护区内的毛竹林广泛分布于海拔 1000 m 以下交通便利的山坡沟谷或居民区周围的丘陵岗地，其中观音山沟谷、红光村、和平村、泥秋塘、园子背等地的毛竹林分布较为集中。根据观音山海拔 882 m 沟谷的样方调查：毛竹平均高度 13 m，平均胸径 12 cm，盖度 85%～100%。林下灌木稀少，仅见箬叶竹、南方荚蒾、山莓、杜茎山等几种灌木。林下草本植物主要有血水草、尾花细辛、薹草、山菅、锐齿楼梯草、山酢浆草 *Oxalis griffithii*、卵叶盾蕨、直刺变豆菜等。层间植物有常春藤、尾叶那藤、扶芳藤。毛竹林林相整齐，成单层水平郁闭，其群落结构简单，生长健壮的毛竹林，林下灌木和草本植物稀少，生物多样性低，群落抵抗外界恶劣气候能力差，生态效益较低。同时由于毛竹生长速度快，地下的竹鞭到处蔓延扩张，毛竹林面积会逐年增加，直接危害当地原始阔叶林植被类型，故毛竹林应严加控制。

(5)旱田植被。旱田植被主要分布于自然保护区居民区附近平缓山坡或平地，旱地作物主要有油菜、玉米、马铃薯、红薯等。

(6)水田植被。水田植被主要分布于自然保护区居民区附近沟谷平地，水田作物主要为水稻。

3.2.5 植被分布格局

植被是覆盖地表的植物群落的总称。研究植被分布格局即是研究各种植物群落的分布格局。植物群落分布格局是物种与环境长期相互竞争和相互作用的结果，它与物种生态生物学特性和种群间竞争排斥有关，且与物种生境有密切联系。

3.2.5.1 水平分布格局

植被水平分布格局是指植被类型在地表水平方向的分布规律。由于在水平方向上存在地形、光照和湿度等诸多环境因素的影响，导致各个地段植被类型的分布不尽相同。

从植被地带大尺度上看，自然保护区的植被属于中亚热带常绿阔叶林地带。从植被景观尺度及以下尺度上看，自然保护区内的植被类型也具有一定的分布格局。自然保护区除了具有能充分地反映一个地区气候特点的地带性植被，也有一部分次生植被和人工植被。

(1)地带性植被分布格局。根据《中国植被》和《广东植被》植被区划，自然保护区地带性植被为中亚热带常绿阔叶林。根据实地调查，自然保护区的常绿阔叶林主要有甜槠林、甜槠+银木荷林、米槠林、硬斗石栎+云锦杜鹃+多脉青冈矮曲林 4 个群系，且主要分布于自然保护区东部山地，其中甜槠林、甜槠+银木荷林在自然保护区分布面积较大，米槠林、硬斗石栎+云锦杜鹃+多脉青冈矮曲林在自然保护区分布面积较小。

从行政区域看，厚皮栲+香叶树林和米槠+木荷林主要分布于和平村、红光村、园子背村、栗木岗村。

从地形条件看，甜槠林、甜槠+银木荷林主要分布于自然保护区东部山地海拔 1000~1400 m 中山区沟谷及陡峭山坡。米槠林主要分布于自然保护区东部海拔 900 m 以下沟谷陡峭山坡。硬斗石栎+云锦杜鹃+多脉青冈矮曲林主要分布于自然保护区东部海拔 1200 以上山顶或山顶沟谷。

从生态条件看，陡峭多岩石山坡中上部是最容易发生水土流失的区域，自然保护区能在这些脆弱地区保存有亚热带地区植被演替顶级的地带性植被类型，其生态意义重大。原因在于亚热带顶极植被类型，其森林群落物种间经过长期相互作用，林间结构趋向合理，生物多样性高，群落稳定性好，对区内及附近山区的水源涵养和水土保持均具有重要的生态价值。

(2)次生植被分布格局。自然保护区内的次生植被是由地带性植被被人为破坏后，逐步演替形成。根据地带性植被破坏程度的不同，所形成的次生植被类型也不同。像针叶林、针阔混交林、常绿落叶阔叶林、落叶阔叶林、竹林、灌丛、灌草丛、人工植被等类型均可看作是次生植被。自然保护区内分布较广泛的次生植被主要有青冈+化香树林、枫香林、化香树林、马尾松林、马尾松针阔混交林、杉木林、杉木针阔混交林、南方红豆杉针阔混交林、毛竹林、篌竹林、中华绣线菊+野桐+小果蔷薇灌丛、檵木+中华绣线菊+云实灌丛、芒灌草丛、旱田植被、水田植被等，其他次生植被类型分布面积较小。

从行政区域看，山地常绿落叶阔叶林、中山落叶阔叶林、温性针叶林、温性针阔混交林、山地灌丛主要分布于自然保护区东部的和平村、红光村、园子背村、栗木岗村等地，如红楠+青榨槭林、米槠+南酸枣林、陀螺果林、华南五针松林、华南五针松针阔混交林、蜡瓣花+杜鹃花灌丛等。人工植被、灌丛、灌草丛、毛竹林、篌竹林等各村均有分布。

从地形条件看，低山落叶阔叶林、暖性针阔针叶林、暖性针叶林、低山丘陵竹林多分布于低山区平缓山坡或沟谷，如枫香林、构树林、南酸枣林、毛竹林、杉木林、杉木针阔混交林、南方红豆杉针阔混交林等。山地常绿落叶阔叶林、中山落叶阔叶林、温性针叶林、温性针阔针叶林、山地灌丛多分布于自然保护区东部中山区沟谷、近山顶或山顶，如红楠+青榨槭林、陀螺果林、华南五针松林、华南五针松针阔混交林、蜡瓣花+杜鹃花灌丛等。石灰岩灌丛、石灰岩常绿落叶阔叶林多生于自然保护区中西部石漠化的石灰岩山坡，如青冈+化香林、中华绣线菊+野桐+小果蔷薇灌丛、檵木+中华绣线菊+云实灌丛。

从生态条件看，自然保护区内的次生植被虽然没有地带性植被的生态效益高，但其自身的生态效益也不能忽视。落叶阔叶林，如枫香林、化香林、南酸枣林、白栎林、构树林、陀螺果林等，多为先锋森林，在原有植被遭到破坏后，能迅速成林，覆盖裸露的土地，不但能防止水土流失，先锋落叶阔叶林的生长还能增加土壤有机物，形成地带性植物生长的森林环境，是自然保护区次生地段最终演替为地带性植被的重要中间阶段，其生态价值不容小觑。青冈+化香林、中华绣线菊+野桐+小果蔷薇灌丛、檵木+中华绣线菊+云实灌丛、篌竹林等等多种森林植被类型多生于自然保护区石漠化的石灰岩山坡，该区域岩石多、土壤瘠薄，易干旱，能在该区域形成森林植被十分难得，对治理该区域的石漠化具有重要参考价值。

3.2.5.2 垂直分布格局

从山麓到山顶，由于海拔的升高，出现大致与等高线平行并具有一定垂直幅度的植被带，其有规律的组合排列和顺序更迭，表现出垂直地带性。

自然保护区境内最高海拔 1534.3 m，最高海拔相对较低，加上自然保护区曾经受到人为干扰，有些植被类型在垂直方向间断或相间分布，故自然保护区的植被垂直带谱分布不甚明显。但自然保护区东部山地垂直落差较大，在垂直方向上多少也表现出一般的植被垂直分布规律。以自然保护区东部郭家的山体西面植被垂直分布为例，一般情况下：

海拔 800 m 以下自然植被主要为蕨灌草丛、狭叶珍珠花灌草丛，人工植被主要为农田植被；海拔 800~1000 m 自然植被主要为杉木针阔混交林、篌竹林，人工植被主要为杉木林、毛竹林；海拔 1000~1400 m 自然植被主要为常绿阔叶林、常绿落叶阔叶林和落叶阔叶林，如甜槠林、甜槠+银木荷林、红楠+青榨槭林、陀螺果林等；海拔 1400 m 以上多为芒灌草丛，在部分山顶沟谷及山脊分布有一些硬斗石栎+云锦杜鹃+多脉青冈矮曲林。

3.2.6 植被特征

通过对自然保护区的植被类型实地调查、群落结构分析及植被类型的详细划分研究，自然保护区植被类型具有以下特征：

3.2.6.1 小生境复杂多样，植被类型丰富

自然保护区地处南岭山脉群山区，区内地形起伏大，喀斯特地貌明显，陡坡狭谷众多，溪涧河流纵横交错，复杂的地形条件和水系条件形成了复杂多样的小生态环境，不同的小生态环境孕育着不同的植被类型。据实地调查研究发现，自然保护区植被类型共有常绿阔叶林、常绿落叶阔叶林、落叶阔叶林、竹林、针叶林、针阔混交林、灌丛、灌草丛、人工植被 9 个植被型，包括米槠林、甜槠林、甜槠+银木荷林等 33 个群系。

3.2.6.2 喀斯特地貌广泛分布，植被群落组成独具特色

自然保护区全境大部分为石灰岩山区，喀斯特地貌十分典型，喀斯特地貌立地类型主要表现为裸岩多、土层薄、降雨渗漏严重、水分供应状况差等特性，一般植物不易在其上生长，只有一些耐瘠薄、耐干旱、生命力强的植物才能正常生长。正是由于这种原因，自

然保护区境内的植被群落物种组成和其他非石灰岩立地类型明显不同，自然保护区植被组成明显表现出耐旱性。由于喀斯特地貌上的植被群落易遭干旱，故喀斯特地貌区经常遭火灾，致使喀斯特地貌区原生植被均遭到不同程度的破坏。除在居民区风水山还保存一些较好的石灰岩森林外，如青冈+化香林，自然保护区大部分喀斯特地貌区森林覆盖率不高，植被稀疏。根据实地调查，目前自然保护区喀斯特地貌区植被类型主要为芒灌草丛、中华绣线菊+野桐+小果蔷薇灌丛、檵木+中华绣线菊+云实灌丛、篌竹林等。

3.2.6.3　东部中山常绿阔叶林保存完好，生态效益高

常绿阔叶林是亚热带湿润地区由常绿阔叶树种组成的地带性森林类型。自然保护区位于中亚热带南部地带，区内原生植被为典型的亚热带常绿阔叶林。根据调查，自然保护区东部山地海拔1000 m以上的中山区沟谷及陡峭山坡仍保存有较大面积的典型亚热带常绿阔叶林，其中以和平村东部中山区和观音山中山区的甜槠林、甜槠+银木荷林保存最为完好。保存完好的常绿阔叶林群落外貌终年常绿，林冠呈微波状起伏，生物多样性高，群落结构复杂，可明显分为乔木层、灌木层和草本层，其乔木层主要由壳斗科和山茶科的典型亚热带常绿阔叶树种组成。常绿阔叶林属于亚热带地区植被演替的顶级类型，其林间结构合理，生物多样性高，对区内及附近山区的水源涵养和水土保持均具有重要生态意义。

3.2.6.4　国家珍稀保护植被群落多，保护价值突出

自然保护区境内分布有华南五针松林、华南五针松针阔混交林、南方红豆杉针阔混交林3个国家珍稀保护植被群系，具有重要保护价值。南方红豆杉为红豆杉科常绿乔木。由于南方红豆杉材质优良，色泽美观，属上等木材，加上全株可提取紫杉醇用于抗癌，故野生南方红豆杉常遭到盗伐破坏，使野生资源逐渐减少，现已被列为国家一级重点保护野生植物。根据调查，自然保护区内还保存有大量的南方红豆杉野生资源，尤以张家、山窝、核桃山、园子背等居民区附近风水山上分布较为集中。华南五针松为松科中国特有常绿乔木，主产南岭山脉的中山区，其木材结构细密，经久耐用，常被盗伐，使野生资源逐渐减少，现已被列为国家二级重点保护野生植物。根据调查，自然保护区东部海拔1200 m以上的山脊及陡峭岩壁还保存有较大面积的华南五针松森林群落。

3.2.6.5　植被垂直分布不明显，水平分布格局多样

自然保护区境内最高海拔1534.3 m，最高海拔相对较低，加上自然保护区曾经受到人为干扰，有些植被类型在垂直方向间断或相间分布，故自然保护区的植被垂直带谱分布不甚明显，但水平分布格局多样。一般情况下，自然保护区东部山区主要有甜槠林、甜槠+银木荷林、硬斗石栎+云锦杜鹃+多脉青冈矮曲林、红楠+青榨槭林、米槠+南酸枣林、陀螺果林、华南五针松林、华南五针松针阔混交林、蜡瓣花+杜鹃花灌丛等植被类型相间分布。自然保护区中西部石漠化地区主要有青冈+化香林、中华绣线菊+野桐+小果蔷薇灌丛、檵木+中华绣线菊+云实灌丛、篌竹林及人工植被等植被类型相间分布。

3.3　广东省新纪录植物

自然保护区处于南岭山脉石灰岩山地，区内峰丛、峡谷、崖壁、溶洞、暗河繁多，生境十分特殊，在对自然保护区这些特殊生境的调查中，发现了1种广东省新分布纪录植物梓木草 *Lithospermum zollingeri* DC.（图3-1）。

梓木草 *Lithospermum zollingeri* DC.（紫草科），多年生匍匐草本。叶片倒披针形或匙形，

两面均被短糙伏毛。花冠蓝色或蓝紫色。小坚果斜卵球形，乳白色而稍带淡黄褐色，平滑，有光泽。根据《Flora of China》(1995)记载，梓木草分布于甘肃东南部、安徽、贵州、江苏、陕西、四川、台湾、浙江的丘陵、低山草坡或灌丛下。朝鲜和日本亦有分布。通过查阅最新文献，梓木草在河南、湖北、湖南西北部亦有分布，但广东省未见有文献记载。

新发现的梓木草分布点位于自然保护区内山窝村石灰岩山坡上部芒灌草丛中，海拔832 m。梓木草的发现不但丰富了自然保护区的植物多样性，而且对进一步研究广东省植物多样性和植物区系组成具有重要意义。

图 3-1　梓木草 *Lithospermum zollingeri*

Chapter 4
第4章 珍稀濒危及保护植物

4.1 调查研究方法

珍稀濒危及保护植物调查对象主要基于《国家重点保护野生植物名录》(2021年)所规定的野生植物种类，但是，由于本项调查在此名录公布之前就已开展，因此对原《国家重点保护野生植物名录(第一批)》(1999年)涉及的物种也进行了相关调查。主要查清保护区内珍稀濒危保护植物(尤其是南方红豆杉)种类组成、种群数量、分布格局以及种群结构等特征。

采用多种调查方法相结合的方式，将保护区内及周边区域划分为140个千米网格，线路调查力求穿插所有网格和生境，测记网格内所有保护植物植株，并在保护植物分布的典型地段设置样地调查(附图30)；对人不可及之处采用谷歌地球卫片(附图31)和无人机航拍的高分辨率航片(附图32)进行判读并估算保护植物种群数量。同时，在调查过程中，及时访问当地林业主管部门和村民，了解南方红豆杉种群的分布情况。

4.1.1 野外调查

于2018年5月通过卫星影像初步判断保护区的地形复杂性以及植被的大致情况后，参考植被调查组2018年4月的调查资料，于2018年7月至2021年3月进行了实地调查，调查线路为2条：①大桥镇—上湾—栗木岗(保护区的东南部)；②大桥镇—柯树下村—下圭—歧石—猴公—和平村—曹家—张家(贯穿保护南北)。通过调查对保护区地形、地貌以及植被分布形成总体认识，为保护植物调查方案的制定和组织实施提供参考和依据。

4.1.2 网格划分

利用地理信息软件将保护区所在区域划分为约140个1km × 1km的网格，制作成相应的图层文件导入谷歌地球和奥维互动地图浏览器，野外调查记录以网格为调查统计单元。因数据的实际需要，调查还记录了网格外的部分区域。

4.1.3 线路设置

线路设置在人力可为的情况下力求穿插所有网格，在每个网格中兼顾各种生境条件(沟谷、山腰、山脊和山顶)，能够进入主要植被类型(森林、灌丛和草地)。共设计了18

条调查线路：①张家—经沟谷—观音山寺庙(5 km)；②曹家—经山腰和沟谷—和平里东山山顶；③曹家—蓝坑(经山脊和沟谷)—平头寨顶峰；④大营—大坑—东部山脊和山顶；⑤园子背—经沟谷和山脊—东部山脊和山顶；⑥上湾—火烧岭—到北部山脊和山顶—绕过山腰—上湾电站—上湾；⑦上湾—板泉—栗木岗；⑧柯树下—深沅—江背—虎头岩—园子背—上家—中洞；⑨中张—柯树下—埂下—画眉山；⑩下圭—塘头岭—大坡头—柯树下；⑪塘肚—歧石—猴公—和平—大营；⑫野鸭塘—张家—连九塘—和平—曹家—大坪里；⑬下圭—红云村—塘尾角—中张—大桥；⑭红光—鹿子丘—坟背—猪子峡—江家；⑮猪子峡—马头井—云山脚—马头子—三元村—核桃山—中村；⑯山窝—深窝—塘蜂岩—千金窝—三元村；⑰泥鳅塘—塘湾—云山脚—张先寮—下西山—猪子峡；⑱大桥—东京洞。

基于这 18 条调查路线，共有 25 个网格未到达(其中有 10 个网格据航片判读为草丛和灌丛，存在保护植物的概率较小，刻意避开)，网格到达率 89.28%，基本实现了保护区范围的全覆盖。

4.1.4 卫片和航片判读

卫片主要用于判读道路的可通行性、植被类型大致情况和植物的大致生长状况、生境类型的基本情况，结合调查者对保护植物生长和分布的研究经验，确定目标网格是否有调查的必要；通常情况下在人工林、灌草丛和荒地及火烧迹地中，保护植物一般难以生存，故调查中原则上不做重点调查。航片判读主要用于人力不能到达的区域，所用高分辨率影像系 2018 年 8 月野外调查期间采用无人机航拍所得，根据实地调查树种在影像上的颜色和形状进行判读和识别，并在 ArcGIS 软件中标注植株分布点。其中由于阔叶树间垂直影像的相似性较高，判读难度大(除非有特殊颜色)，因此主要对华南五针松进行判读，其影像通常呈蓝色，树冠圆形，易于判读。但是对南方红豆杉进行判读的难度较大，尤其是对生长旺盛的植株和未达林冠的植株几乎无法判读，考察仅对张家风水林中南方红豆杉古树群进行辅助判读，以弥补实地调查中数量统计的不足，判读依据为：该地南方红豆杉均为古树，树体较高，在 2008 年冰雪灾害中普遍断杆，近年来萌芽恢复，在树顶呈现暗褐色圆心，可以参考判读。

4.1.5 保护植物调查

实地调查以公里网格为单位对保护植物种群数量和分布格局进行记录和统计。原则上，对网格内出现的所有保护植物所有植株进行定位并测记胸径、树高、生活状态、健康状况、受损类型、干扰强度、生境特征、伴生树种等信息。由于保护区东部和东南为中山地貌，山势陡峭，交通不便，植被类型丰富，且原生性较强，对网格中所有保护植物植株进行定位和测记几乎不可能，为了估算区域内保护植物种群数量，采用典型样地抽样法在含有保护植物的群落典型地段设置 20 m^2× 20 m^2 的样地进行调查。拍摄样地群落外貌、林内结构、灌木层、草本层、保护植物及优势种特写等照片若干张。主要对象为华南五针松、伯乐树、金毛狗、闽楠等保护植物。

保护区中、西部广大地区为丘陵区，人类活动强烈，植被相对简单，仅在村庄或寺庙周边保存有小面积的森林群落，交通发达，且可入性较强，保护植物种群数量相对较少，对区域内胸径≥1 cm 的保护植物野生植株均进行定位并每木调查。为了衡量保护植物在群落中的地位和生存状态，采用典型样地抽样法对含有保护植物的森林群落进行调查，测记

20 $m^2 \times 20$ m^2 样地内的群落学特征，灌木层设置2 $m^2 \times 2$ m^2 的样方调查灌木物种及数量特征，草本层设置1 $m^2 \times 1$ m^2 的样方进行调查。同时，在样地中设置5 $m^2 \times 5$ m^2 的样方调查保护植物幼苗或幼树数量。主要为南方红豆杉、半枫荷、樟树、任豆和红豆树等。

对于生长在路边、农田和房前屋后的保护植物孤立木，采用每木定位测记其坐标、胸径、树高、生境特征、受损类型和强度等信息。

在调查保护植物的同时，测记样地的地理坐标、海拔、坡度、坡位、土层厚度等环境信息，并记录群落郁闭度、优势种及伴生种名称。

野外调查时用奥维互动地图APP、户外助手或者M-241便携式GPS定位仪定位保护植物位置并记录航迹。同时拍摄植株、群落外貌、林内结构(乔木层、灌木层和草本层)、生境特征等照片。

4.1.6　分布范围的确定

基于地面客观调查数据，兼顾各自的特殊生境特征及其可能的分布区域，在ArcGIS软件中利用卫片和航片勾绘出各植物的分布范围。主要分两种情况分别划定：①保护区中东部地区分布的保护植物，因主要集中在村庄风水林或块状残留的阔叶林中，在确定保护植物分布范围时，凡是有保护植物植株生长的群落斑块，均全部视为其分布范围；而没有保护植物分布且与含保护植物的群落斑块间相互隔绝的群落，则不被视为分布范围；②在东部、东南部及北部中、低山区，根据调查样点和航片判读标记的边界样点划定分布范围；③单株保护植物不划定分布范围。

4.1.7　数据整理和分析

4.1.7.1　样地数据整理

将样地信息表和保护植物调查表输入Excel电子表格，样地信息表字段包括网格号、样地号、经度、纬度、海拔、坡度、坡位、坡向、土层厚度、岩石裸露度、优势种、伴生种、群落郁闭度、干扰方式、干扰强度等；保护植物调查表字段包括网格号、样地号、树号、经度、纬度、海拔、树种名称、胸径、树高、株数、生境、健康状况、受损类型、干扰类型、干扰强度等。

从奥维地图、户外助手和M-241便携式GPS定位仪中导出航迹文件和样点及植株分布点文件，保存于相应的文件中，以备统计分析用。

照片采用网格号+样地号+群落层次+植物种名的方式进行命名。

输机数据设置自查方案，自查未发现错误时进行他查，保证数据的正确输机。

4.1.7.2　数据分析

(1) 保护植物种类及分布。根据线路调查和样地调查结果，根据郑万钧系统(1979)和哈钦松系统(1934)分别对调查的保护植物进行编目整理；基于野外调查记录的分布点、并结合航片信息绘制保护植物分布图。

(2) 保护植物种群数量和种群密度。对种群数量掌握较为清楚的南方红豆杉、红豆树、樟树、任豆、大叶榉树、半枫荷等树种，根据其所在斑块的数量和面积进行密度计算；闽楠和伯乐树根据样方资料计算其单位面积上的种群数量(种群密度)，然后乘以所在斑块面积计算总种群数量；华南五针松根据所在斑块内的平均种群密度乘以斑块面积计算其总种群数量。所有斑块内保护植物种群数量之和即为保护植物的种群数量。

由于野生南方红豆杉呈岛屿式的分布状态，采取如下公式计算其种群密度：

种群密度 = 野生个体数 / 有保护植物的斑块面积之和

其中野生个体数不包括孤立木，有保护植物的斑块面积之和指有目的树种的连片林分面积之和。

(3) 种群结构分析。植物的年龄结构是植物种群结构的主要要素，年龄组成是指种群内各个体年龄的分布状况，是种群的重要特征。由于进行的是保护植物的调查，无法获得足够的解析木，同时不允许使用生长锥，所以一般学者采用“空间序列代替时间变化”的方法，以树高或胸径代替年龄，而保护区内两种主要的保护植物南方红豆杉和华南五针松均是裸子植物，受2008年雪灾的影响，均有不同程度的断梢或断杆，树高不适合反映年龄，故采用胸径划分立木级结构。本次分析采用“空间序列代替时间变化”的方法，以径级代替年龄来分析保护植物的种群结构。具体做法如下：Ⅰ龄级：胸径≤1 cm的幼树幼苗；Ⅱ龄级：1 cm<胸径≤10 cm；Ⅲ龄级：10 cm<胸径≤20 cm；Ⅳ龄级：20 cm<胸径≤30 cm；Ⅴ龄级：30 cm<胸径≤40 cm；Ⅵ龄级：40 cm<胸径≤50 cm；Ⅶ龄级：50 cm<胸径≤60 cm；Ⅷ龄级：60 cm<胸径≤70 cm；Ⅸ龄级：70 cm<胸径≤80 cm；Ⅹ龄级：80 cm<胸径≤90 cm；Ⅺ龄级：90 cm<胸径≤110 cm；Ⅻ龄级：胸径>110 cm。

同时，种群是一个动态的整体，不是一成不变的，通过编制生命表和采用时间序列的一次移动平均法，对种群的现状和发展趋势进行描述和预测。

生命表是直接描述种群死亡和存活过程的一览表，是研究种群动态的有力工具，保护区内南方红豆杉和华南五针松均为世代重叠的植物，故采用本次调查的年龄结构调查数据编制静态生命表进行分析；因静态生命表不是对某种植物生活史的全程追踪，在计算中可能会出现死亡率为负值等情况，因此江洪(1998)等采用了匀滑技术对数据进行了处理，在本章中南方红豆杉数据同样进行匀滑，匀滑所使用的数学模型将在具体描述时列出。

分析保护植物种群数量动态变化则采用时间序列分析的一次移动平均法，计算公式如下：

$$M_t^{(1)} = M_{t-1}^{(1)} + \frac{X_t - X_{t-m}}{m}$$

式中：$M_t^{(1)}$ 是近期 m 个观测值在 t 时刻的平均值，称为第 m 周期的移动平均值。即表示未来 m 年时 t 龄级种群的大小。

(4) 种群分布格局。以前述统计出的分种种群密度、数量以及各径级数量特征，对应到每个网格上，采用方差/均值(v/m)比率法分析保护植物的分布格局。

该方法根据对Poisson分布的偏离程度来确定种群的分布格局。v 代表方差，m 代表均值，若 $v/m=1$，完全遵循Poisson分布，种群呈随机分布；若 $v/m<1$，则种群偏离Poisson分布，呈均匀分布；若 $v/m>1$，呈聚集分布。方差 v 和均值 m 采用如下公式进行计算：

$$v = \sum_{i=1}^{N} (x_i - m)/(N - 1)$$

$$m = \sum_{i=1}^{N} (x_i)/N(i = 1,\ 2,\ \cdots,\ N)$$

式中，N 为样本数，x_i 为每个样本的个体数。实测与预测的偏离程度可用 t 检验来确定，t 值的计算公式为：

$$t = \left(\frac{v}{(m-1)}\right) / \sqrt{2/(N-1)}$$

式中，以 $N-1$ 为自由度和 95%为置信区间查 t 分布表，检验格局的显著性。

反映种群聚集强度的指标由负二项式指数 K、丛生指数 I、平均拥挤指数 m^*、聚块性指数 m^*/m、扩散系数 C、格林指数 GI 和 Cassic 指标 C_A 测定。

①负二项式指数 K

$$K = m^2/(v-m)$$

式中，K 越小，聚集程度越高；如果 K 值趋于无穷大(一般大于 8)，则接近 Poisson 分布。

②丛生指数 I

$$I = (v/m) - 1$$

当 $I=0$ 时为随机分布；$I>0$ 时为聚集分布；$I<0$ 时为均匀分布。

③平均拥挤指数(m^*)和聚块性指数(m^*/m)

$$m^* = m + (v/m - 1) = m + I$$

$$m^*/m = 1 + I/m = 1 + 1/K$$

式中，m^* 为样方内每个个体平均的拥挤程度。当 $m^*/m<1$ 时，为均匀分布，当 $m^*/m>1$ 时，为聚集分布，当 $m^*/m=1$ 时，为随机分布。

④扩散系数 C

$$C = \sum (x_i - m)^2/m(N-1) = v/m$$

若 $C=0$，则为随机分布；若 $C>0$，则为聚集分布。

⑤格林指数 GI

$$GI = (v/m - 1)/(N-1)$$

若 $GI=0$ 时，为随机分布；$GI=1$ 时为最大聚集。

⑥Cassic 指标 C_A

$$C_A = 1/K$$

当 $C_A=0$ 时，为随机分布；$C_A>0$ 时，为聚集分布；$C_A<0$ 时，为均匀分布。

同时采用地理信息管理软件中的空间分析以及地统计技术，分析并绘制保护植物分布热力图，以分析种群分布趋势。

4.2　保护植物种类组成及分布

4.2.1　保护植物种类组成

根据《国家重点保护野生植物名录》(2021 年)，乳源南方红豆杉自然保护区及周边共分布有国家重点保护野生植物 9 种，其中国家一级保护野生植物 1 种，即南方红豆杉；国家二级保护野生植物 8 种，分别是：华南五针松、伯乐树、闽楠、金毛狗、大叶榉树、红豆树、野大豆和金荞麦，详见表 4-1。

表 4-1 乳源南方红豆杉自然保护区保护植物组成及其分布

保护植物	保护等级	习性	分布地点
南方红豆杉 *Taxus wallichiana* var. *mairei*	一	常绿乔木	大坪里东山、蓝坑、野鸭塘、张家、曹家、和平、大坪里、歧石、下圭、中张、深沅、虎头岩、园子背、栗木岗、板泉、上湾*、桃子杵下、猴公、大坪头、郑家溪、塘头岭、山窝、赖家、红云、红光、核桃山、中村、岗里、石下、鹿子丘、中洞、江背、江家、张先寮*、猪子峡*、坑子背、马子头、坟背
伯乐树 *Bretschneidera sinensis*	二	落叶乔木	大坪里东山、上湾北部山区
华南五针松 *Pinus kwangtungensis*	二	常绿乔木	观音山、大坪里东山、寨子顶、大坑、蓝坑、栗木岗、上湾北部、火烧岭、太湖堂
闽楠 *Phoebe bournei*	二	常绿乔木	虎头岩、上湾北部山区、火烧岭*
金毛狗 *Cibotium barometz*	二	树状蕨类	野鸭塘、上湾北部山区、上湾水电站
大叶榉树 *Zelkova schneideriana*	二	落叶乔木	曹家
红豆树 *Ormosia hosiei*	二	常绿乔木	虎头岩、上湾水电站
野大豆 *Glycine soja***	二	草本植物	
金荞麦 *Fugopyrum dibotrys***	二	草本植物	

注：带“*”的地点位于保护区外，带“**”保护植物为农业农村主管部门分工管理，其余为林业和草原主管部门分工管理。

另外，保护区还分布有原《国家重点保护野生植物名录(第一批)》(1999 年)列入的保护植物 3 种，分别为：半枫荷、樟和任豆。

本文主要针对保护区内原保护植物名录和现行保护植物名录涉及的林业和草原主管部门分工管理的 10 种国家重点保护野生植物进行详细分析，具体如下：

4.2.1.1 南方红豆杉

中国特有植物，红豆杉科红豆杉属常绿乔木，国家一级保护野生植物。高可达 30 m，胸径可达 200 cm；树皮淡灰色，纵裂成长条薄片；小枝绿色。叶条形，2 列；弯曲成镰形。雌雄异株；雄球花淡黄色，雄蕊 8~14 枚。种子生于杯状红色肉质的假种皮中。分布于长江流域以南各省份以及河南和陕西。

南方红豆杉为第三世纪孑遗植物，有“活化石”之称，集药用、材用、观赏于一体，具有极高的开发利用价值。从红豆杉树皮和枝叶中提取的紫杉醇是世界上公认的抗癌药。木材为珍贵用材，材质坚硬，刀斧难入，有“千枞万杉，当不得红榧一枝桠”的俗话。因长期采伐和资源的过度利用，大树已不多见。在乳源红豆杉自然保护区内分布广泛，且有大量的栽培植株，是目前发现的南方红豆杉种群数量最为庞大的分布地之一。

4.2.1.2 华南五针松

中国特有树种，松科松属常绿乔木，国家二级保护野生植物。高可达 30 m，胸径 1.5 m；不规则的鳞片；小枝无毛，针叶 5 针一束，先端尖，边缘有疏生细锯齿，腹面有白色气孔线。球果常单生，熟时淡红褐色，微具树脂，种鳞楔状倒卵形，鳞盾菱形，种子椭圆形或倒卵形，4~5 月开花，球果第二年 10 月成熟。分布于湖南南部、贵州独山、广西、广东北部及海南五指山等地。

华南五针松干材端直，质地优良，是中亚热带至北热带中山地区的优良造林树种。乳源红豆杉自然保护区位于其分布的中心地带，在保护区东部、北部和东南部中山和低山区有分布，系该区域阳坡和山脊至山顶地带群落的优势建群种之一。

4.2.1.3 伯乐树

东亚特有单种科(钟萼木科)落叶乔木，国家二级保护野生植物。树高可达20 m，树冠塔形，树皮褐色，光滑，有块状灰白斑点。叶为奇数羽状复叶，椭圆形或倒卵形，叶背粉白色，密被棕色短柔毛。芽为宽卵形，较大，芽鳞红褐色。花为大型总状花序，顶生，粉红色。蒴果红褐色，木质，被毛，近球形，具三棱，内有种子1~6粒。4~5月开花，9~10月果熟。零星分布于中国四川、云南、贵州、广西、广东、湖南、湖北、江西、浙江、福建等省份。越南北部也有分布。

伯乐树为第三纪古热带植物区系的孑遗种，在研究被子植物的系统发育和古地理、古气候等方面都有重要科学价值。在乳源红豆杉自然保护区内有分布，种群数量约1200余株，系迄今发现伯乐树种群数量较为庞大的地区之一。

4.2.1.4 闽 楠

中国特有树种，樟科楠属常绿乔木，国家二级保护野生植物。高可达20 m，胸径达2.5 m，树干端直，树冠浓密，树皮淡黄色，呈片状剥落。小枝有柔毛或近无毛，冬芽被灰褐色柔毛。叶革质，披针形或倒披针形，圆锥花序生于新枝中下部叶腋，紧缩不开展，被毛。果椭圆形或长圆形。花期4月，果期10~11月。分布江西、福建、浙江南部、广东、广西北部及东北部、湖南、湖北、贵州东南及东北部。

闽楠木材上乘，为优良的建筑和家具用材。但由于其材质优良，砍伐严重，致使现存资源枯竭，现存数极少。乳源南方红豆杉自然保护区内东南部山区可见大量幼苗和幼树，成年植株因近年来因屡遭砍伐而少见。

4.2.1.5 金毛狗

蚌壳蕨科金毛狗属树形蕨类植物，国家二级保护野生植物。根状茎卧生，粗大，顶端生一大叶，柄长可达120 cm，棕褐色，基部垫状的金黄色茸毛，有光泽，上部光滑；叶片大，广卵状三角形，三回羽状分裂；互生，叶几为革质或厚纸质，孢子囊生于下部的小脉顶端，囊群盖坚硬，棕褐色，孢子为三角状的四面形，透明。分布于云南、贵州、四川南部、广东、广西、福建、台湾、海南、浙江、江西和湖南南部。印度、缅甸、泰国、印度支那、马来西亚、琉球群岛及印度尼西亚都有分布。

金毛狗为传统中药，可作强壮剂，根状茎顶端的长软毛作为止血剂，又可为填充物，也可栽培为观赏植物。金毛狗分布较广，但资源量不大，由于自然生存环境破坏严重，加之过度采挖，野生资源日渐枯竭。乳源南方红豆杉自然保护区内野鸭塘和东南部低山阔叶林下有分布。

4.2.1.6 大叶榉树

中国特有种，榆科榆属落叶乔木，国家二级保护野生植物。高可达35 m，树皮灰褐色至深灰色；小枝密被灰白色柔毛。叶片厚纸质，先端渐尖、尾状渐尖或锐尖；基部稍偏斜，圆形、宽楔形、稀浅心形；叶面绿，密被柔毛，边缘具圆齿状或桃形锯齿；叶柄粗短。雄花簇生于叶腋，雌花或两性花常单生于小枝上部叶腋。坚果无梗，歪斜。花期4月，果期9~11月。分布于陕西南部、甘肃南部、江苏、安徽、浙江、江西、福建、河南南部、湖北、湖南、广东、广西、四川东南部、贵州、云南和西藏东南部。

大叶榉树材质优良，致密坚硬，色纹并美，为高档硬木用材；因其心材浅红，故有“红榉”和“血榉”之称。其树冠宽阔，叶色多变，观赏价值较高，近年来已开发成优良园林绿化树种。大叶榉树在我国分布广泛，但因材质优良而遭大肆掠夺，资源日渐稀少。乳源南方红豆杉自然保护区内仅零星植株分布于曹家。

4.2.1.7 红豆树

中国特有植物，蝶形花科红豆树属常绿乔木，国家二级保护野生植物。高 20 m 以上，胸径可达 1 m；幼树树皮灰绿色，具灰白色皮孔，老树皮暗灰褐色；小枝绿色，幼时有黄褐色细毛，后变光滑。奇数羽状复叶，叶轴在最上部一对小叶处延长 0.2~2 cm 生顶小叶；小叶(1-)2(-4)对。圆锥花序顶生或腋生；花冠白色或淡紫色；雄蕊 10，花药黄色。荚果近圆形，扁平；种皮红色。花期 4~5 月，果期 10~11 月。产秦岭至长江流域各省，西至云南和贵州。

是红豆树属中分布纬度最北的种类，较为耐寒。木材坚硬细致，纹理美丽，为名贵商品材；树姿优雅，为良好的庭园树种。现大树不多，应加强保护及繁殖。乳源南方红豆杉自然保护区内有零星植株分布于东南部低山沟谷阔叶林中。

4.2.1.8 半枫荷

中国特有种，金缕梅科半枫荷属常绿乔木，原国家二级保护野生植物，现非国家重点保护植物。高可达 17 m，树皮灰色，老枝灰色，有皮孔。叶簇生于短枝枝顶，革质，叶片卵状椭圆形，上面深绿色，下面浅绿色；掌状脉。雄花的短穗状花序常数个排成总状，花被全缺，雄蕊多数，花丝极短；雌花的头状花序单生；萼齿针形，花序柄无毛。头状果序宿存萼齿比花柱短。分布于福建、江西南部、湖南南部、广西北部、贵州南部、广东、海南。

根可入药，治风湿跌打，淤积肿痛，产后风瘫等症；材质优良，旋刨性良好。因其具有枫香属和蕈树属的综合性状，对研究金缕梅科系统发育有重要的科学价值。乳源南方红豆杉自然保护区中仅野鸭塘有少量植株。

4.2.1.9 樟

樟科樟属常绿乔木，原国家二级保护野生植物，现非国家重点保护野生植物。高可达 30 m，胸径可达 3 m；树皮黄褐色，有不规则的纵裂。叶卵状椭圆形，边缘多呈微波状；离基三出脉，脉腋有腺体。圆锥花序腋生，长 3.5~7 cm；花绿白或带黄色；能育雄蕊 9，退化雄蕊 3。核果卵球形或近球形，紫黑色；果托杯状。花期 4~5 月，果期 8~11 月。分布长江流域以南各省份及台湾；朝鲜、日本、越南亦产。

木材具香气，材质细密，为上乘家具用材；树冠开展、萌生能力强，生长迅速，适应性强，是南方丘陵区最优良的绿化树种之一。乳源南方红豆杉自然保护区内仅零星植株分布于栗木岗。

4.2.1.10 任 豆

东亚特有植物，苏木科翅荚木属落叶乔木，原国家二级重点保护野生植物，现非国家重点保护野生植物。高达 33 m，胸径达 120 cm；芽密被疏长柔毛；一回羽状复叶长达 25~45 cm，叶轴及总柄具黄色柔毛；叶下面密被白色平伏糙毛。圆锥花序顶生，密被棕色或褐色糙毛；花瓣红色；子房有柄；荚果长圆形，红棕色，具翅。花期 5 月，果期 9

月。分布广西、广东、云南东南部、贵州西南部、湖南等地；越南北部也有。

任豆为单种属植物，对研究含羞草科和蝶形花亚科之间的演化关系，具有较重要的科研价值。木材轻软，可作一般家具用材；树形美观、花色艳丽，观赏价值较高，可作园林绿化树种。因长期采伐利用，资源日益减少。乳源南方红豆杉自然保护区南面边缘仅见 1 株，分布于东京洞路旁田地中。

4.2.2 保护植物分布

以上 10 种国家重点保护野生植物在保护区内的分布极广，几遍全区(附图 33)。南方红豆杉的分布范围最广，遍及中、西部低山丘陵区和东部中、低山区；其次为华南五针松，分布东部、北部和东南部中、低山区海拔较高的地带；伯乐树间断分布在大坪里东山(自命名)和上湾北部山区；闽楠分布于东南部低山区；金毛狗间断分布在野鸭塘和上湾山地阔叶林下；半枫荷仅在野鸭塘见到；大叶榉树、樟树、红豆树、任豆零星分布于曹家、栗木岗、虎头岩、上湾水电站和东京洞。

在垂直梯度上，各保护植物均有其分布的特定海拔段，表现出明显的海拔分布格局(图 4-1)。300~600 m 段主要分布有闽楠、金毛狗、樟、红豆树和任豆等；600~900 m 段主要有伯乐树、半枫荷、大叶榉树、金毛狗等；900~1500 m 段主要分布有华南五针松、伯乐树、南方红豆杉等。其中种群数量最大的几个保护植物具体海拔范围为：华南五针松分布的最低海拔为 670 m，最高海拔 1485 m，南方红豆杉分布的最低海拔 381 m，最高到 1299 m；伯乐树分布在两个海拔段，分别是东南部低山区的 686~867 m，和平里东山的 1104~1402 m；闽楠集中在东南部地山区的 341~683 m；金毛狗在野鸭塘的 714~717 m 和上湾北部 370~560 m。

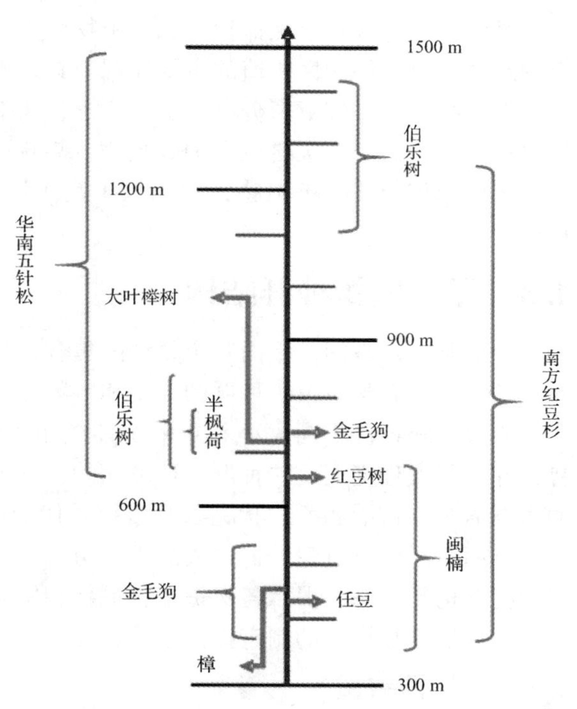

图 4-1　乳源南方红豆杉自然保护区保护植物沿海拔梯度的分布规律

就分布面积上(表 4-2，附图 34)，华南五针松面积最大，占总保护植物分布面积的 68.64%；其次为南方红豆杉，占 23.00%；依次有金毛狗、闽楠和伯乐树等。

表 4-2　乳源南方红豆杉自然保护区及其周边保护植物分布面积(不包括栽培种群)

保护植物	面积(hm^2)	比例(%)
南方红豆杉 *Taxus wallichiana* var. *mairei*	208.22	23.00
伯乐树 *Bretschneidera sinensis*	19.41	2.14
华南五针松 *Pinus kwangtungensis*	621.40	68.64

（续）

保护植物	面积(hm²)	比例(%)
闽楠 *Phoebe bournei*	23.23	2.57
金毛狗 *Cibotium barometz*	24.25	2.68
半枫荷 *Semiliquidambar cathayensis*	0.25	0.03
大叶榉树 *Zelkova schneideriana*	6.01	0.66
樟 *Cinnamomum camphora*	1.21	0.13
红豆树 *Ormosia hosiei*	1.30	0.14
任豆 *Zenia insignis*	< 0.01	—
合　计	905.28	100.00

4.2.3 小　结

乳源南方红豆杉自然保护区保护植物种类丰富，分布广泛，它们是保护区建设的主要保护对象，也是保护区价值的主要体现，具有重要的经济、科学和教育价值。值得注意的是，该保护区南方红豆杉分布范围之广泛，华南五针松群落分布面积均可与南岭国家级自然保护区和莽山国家级自然保护区媲美，甚有过之。此外，红豆树是南岭和莽山国家自然保护区内未记载的保护植物，这不仅丰富了区域植物区系，更加体现了该保护区的个性特征。

4.3 保护植物种群结构

种群是一定空间范围内某个物种的集合，具有自己独立的特征、结构和机能，是一个客观的生物生态学单位。种群的大小和年龄结构是种群内不同大小年龄个体数量的分布状况，不仅反映种群不同大小和年龄个体的组配情况，也反映了种群数量动态及其发展趋势，并在很大程度上反映种群与环境间的相互关系及其在群落中的作用和地位，结合种群的生态需求、存活和死亡状况以及繁育后代的能力，就能对种群的未来作出更好的估计；另一方面，还可以重建种群过去的干扰历史。查清保护区内保护植物的种群数量现状，分析种群结构和动态，揭示各保护植物更新和发展所面临的困境，可为保护区保护管理和保护植物种群恢复措施的制定提供依据和参考。

4.3.1 种群数量

根据调查统计，乳源南方红豆杉自然保护区范围内野生保护植物共约 75751 株，南方红豆杉种群约 34555 株(包括野生种群 1455 株和种植园人工栽培植株 33100 株)(表 4-3)。野生种群中，华南五针松种群数量最大，约 71880 株，占野生保护植物种群总数的 94.89%；南方红豆杉 1455 株，占野生保护植物种群总数的 1.92%；伯乐树约 1227 株，占野生保护植物种群总数的 1.62%，其中胸径>20 cm 的个体有 5 株，幼树幼苗约 1222 株；闽楠约 593 株，占野生保护植物种群总数的 0.78%，胸径≥10 cm 的个体有 7 株，其余均为幼树幼苗；金毛狗约 570 株，占 0.75%；半枫荷约 20 株，占 0.03%；大叶榉树、红豆树、任豆和樟仅见到零星植株。

表 4-3　乳源南方红豆杉自然保护区及其周边保护植物分布面积

保护植物	种群数量（株）	所占比例（%）	密度范围（株/hm²）	平均密度（株/hm²）
南方红豆杉 *Taxus wallichiana* var. *mairei*	1455	1.92	0.13~112.22	2.58
伯乐树 *Bretschneidera sinensis*	1227	1.62	41.09~63.45	59.25
华南五针松 *Pinus kwangtungensis*	71880	94.89	3.05~4820.94	115.67
闽楠 *Phoebe bournei*	593	0.78	3.92~12.50	5.68
金毛狗 *Cibotium barometz*	570	0.75	1.92~187.50	23.51
半枫荷 *Semiliquidambar cathayensis*	20	0.03	80	80
大叶榉树 *Zelkova schneideriana*	3	< 0.01	0.5	0.5
樟 *Cinnamomum camphora*	1	< 0.01	0.82	0.82
红豆树 *Ormosia hosiei*	1	< 0.01	0.77	0.77
任豆 *Zenia insignis*	1	< 0.01	—	—
合　计	75751	100	—	—

保护植物的种群密度在种内和种间存在显著差异。在保护区内有保护植物分布的森林斑块间，种群密度介于0.13~6896.55株/hm²，所有保护植物的平均密度为125.96株/hm²；除人为移植在房前屋后和栽培于种植园中的南方红豆杉外，野生种群中，华南五针松的种群密度最大，达115.67株/hm²(最大密度4820.94株/hm²)；其次为半枫荷，达80株/hm²(但其分布面积仅0.25hm²)；伯乐树的种群密度也较高，达59.25株/hm²，其密度变化不大，介于41.09~63.45株/hm²；金毛狗的密度变异较大，最大密度为187.50株/hm²，平均密度23.51株/hm²；闽楠的种群密度和变幅都较小，平均密度为5.68株/hm²；南方红豆杉的种群密度较小，仅2.58株/hm²，密度的变异幅度却较宽，介于0.13~122.22株/hm²之间；其余数量不足5株的保护植物，种群密度均不到1株/hm²。

4.3.1.1　南方红豆杉种群数量

南方红豆杉是乳源红豆杉自然保护区的主要保护物种，在保护区范围内共调查到南方红豆杉约34555株(其中野生1455株，种植园人工栽培植株33100株)，但在保护区外围周边，也分布有一定数量的南方红豆杉种群。结合保护区内和外围周边地区，共记录到南方红豆杉39740株。其中栽培、移植南方红豆杉33456株，包括种植园4处33100株，占栽培总数的98.94%，散种在村中房前屋后、路边等地356株，占栽培总数的1.06%；野生南方红豆杉6284株，其中分布在林中并聚集成群的植株共6077株，占野生植株总数的96.70%，散生在其他林中的散生木189株，占野生植株的3.01%，孤立在房前屋后或路边的南方红豆杉孤立木18株，占野生总数的0.29%。

本地区野生南方红豆杉主要聚集分布在各类风水林群落中，此种类型林下幼苗较多，更新较好；同时也有部分风水林中红豆杉种群退化，仅保留了一些大树，更新较差，以散生的方式存在于风水林中；也有一些植株由于各种原因孤立于林外，如调查记录的胸径最大植株，位于下圭胸径145 cm的南方红豆杉即为孤立木。

栽培南方红豆杉是保护区内南方红豆杉资源的重要组成部分，通过人为的管理对种群数量的增长有一定的促进作用。保护区中调查到较大规模的种植园4处，占总栽培数的98.94%，其中最大的一处种植有20000余株，种植园中红豆杉胸径一般在10 cm以下，是扩大保护区种群数量的一个可靠的资源库。同时散种在房前屋后及路边、田边的南方红豆杉共计356株，此类多是从山中采挖移栽，对野生资源有一定的破坏性。由于野生动植物保护有关法律法规的颁布，成体南方红豆杉采挖的情况得到了有效控制，而幼苗和小树的保护相对薄弱，大量的采种、采挖幼苗、幼树容易出现种群结构失调、种群断代的现象，对种群的健康发展十分不利。

保护区内及周边地区非孤立木的野生南方红豆杉共6266株，分布在43个自然村(或小地名)75个不同的森林斑块中，分布面积共187.67 hm^2，种群密度为33.39株/hm^2(表4-4)。其中中张种群密度最高，原因是其林下当年更新幼苗4800株；张家种群密度第二，同样也存在约1000株幼苗；去除幼苗后，两地种群数量分别为16株和128株。结合实际情况，幼苗在种群中的存活率极低，不能稳定准确反映真实情况，在排除幼苗的情况下保护区内共有非孤立野生南方红豆杉466株，种群密度为2.48株/hm^2。其中大坪里东部山区种群密度最高，为36.36株/hm^2，其次是坑子背、中张等地。密度较高的地区的特点是林分面积较小，南方红豆杉在小范围内大量存在，因此数量较多的张家等地密度较之更低。同时散生在林中的南方红豆杉密度较低，如塘蜂岩、虎头岩等地，只有少量的散生木，而该处的林班面积又较大所以密度较低。不同地区的种群密度差别较大，在保存相对完好的风水林中更新较好，密度较大，而仅剩大径级个体散生的风水林中密度相对较低。

表4-4 自然保护区内及周边地区野生南方红豆杉分种群密度

地 名	种群(株)	分布面积(hm^2)	种群密度(株/hm^2)	地 名	种群(株)	分布面积(hm^2)	种群密度(株/hm^2)
中 张*	4816	1.14	4224.56	张 家	1128	23.09	48.85
大坪里东山	60	1.65	36.36	江 背	8	4.51	1.77
坑子背	22	1.37	16.06	张仙寮*	3	1.76	1.70
石 下	15	1.22	12.30	塘头岭	3	2.53	1.19
坟 背	3	0.25	12.00	野鸭塘	20	17.28	1.16
山 窝	23	2.94	7.82	大坪头	10	8.99	1.11
中 村	5	0.67	7.46	园子背	4	3.75	1.07
中 洞	3	0.46	6.52	郑家溪	4	3.99	1.00
深 沅	20	3.86	5.18	板 泉	3	3.00	1.00
歧石村	2	0.45	4.44	鹿子丘	6	6.66	0.90
桃子杵下	4	0.96	4.17	栗木岗	1	1.21	0.83
和平村	19	4.62	4.11	塘尾角	2	2.42	0.83
大坪里	15	4.51	3.33	下西山*	1	1.23	0.81
猴 公	12	3.63	3.31	红光村	5	6.42	0.78
红云村	2	0.68	2.94	上 家	1	1.32	0.76
火烧岭*	1	0.34	2.94	泥鳅塘	1	1.64	0.61
太湖塘*	1	0.34	2.94	核桃山村	4	6.91	0.58
赖 家	13	4.79	2.71	曹 家	3	6.01	0.50
马子头	2	0.77	2.60	寨 下	1	2.74	0.36
江 家*	1	0.47	2.13	虎头岩	10	38.42	0.26
猪子峡*	6	3.19	1.88	塘蜂岩	1	4.41	0.23
岗 里	2	1.08	1.85	总 计	6266	187.68	33.39

注：带“*”的地点位于保护区外。

4.3.1.2　华南五针松种群数量

华南五针松是保护区内分布面积最广，野生种群数量最大的保护植物，广泛分布于保护区东部中山地区的山脊至山顶，从北到南均有分布。基于路线调查、样方估计以及航片、卫片的判读，保护区内共有华南五针松71880株，分布面积621.40 hm^2，种群密度115.67株/hm^2(表4-5)。

华南五针松沿山脊线从北到南连续分布，以北段观音山、中段大坪里东山为分布中心，在必背镇范围内数量减少。其生境类型多样，干扰较少，主要生长在陡峭地段，如山脊两侧、山顶崖壁，独自构成纯林或与马尾松混交，或散生在阔叶林中。沈燕等(2016)在湖南莽山对华南五针松群落进行了调查，莽山的自然条件与华南五针松在乳源南方红豆杉自然保护区的分布区域在纬度、海拔、气候等方面均非常相似，其华南五针松种群密度为60株/hm^2(利用其样地面积、总株数和相对频度反推得出)，远小于乳源南方红豆杉保护区116株/hm^2。由此可见，华南五针松在乳源南方红豆杉自然保护区资源极其丰富，保存状态极其难得。

表4-5　乳源南方红豆杉自然保护区华南五针松种群数量和密度

地　名	个体数(株)	分布面积(hm^2)	种群密度(株/hm^2)
观音山	41105	90.58	453.80
大坪里东山	23081	208.26	110.83
上　湾	1101	22.77	48.35
太湖堂	728	22.59	32.23
蓝　坑	2660	117.26	22.68
大　坑	3036	142.96	21.24
栗木岗	148	14.67	10.09
火烧岭	21	2.31	9.09
总　计	71880	621.40	115.67

4.3.1.3　其他种群数量

保护区中除南方红豆杉和华南五针松外还有8种保护植物，其中樟树、红豆树、大叶榉树、任豆4种仅在保护区内稀见(表4-6)。其中樟树仅在栗木岗毛竹林林缘1株，胸径77 cm；红豆树仅在虎头岩阔叶林中见到1株小苗，未见大树；大叶榉树在曹家风水林中发现3株，其中最大1株胸径21 cm，最小1株胸径不足1 cm；任豆仅在东京洞发现1株，生长于路边农田中。

表4-6　乳源红豆杉自然保护区保护植物稀见种

保护植物	分布地点	株　数
樟	栗木岗	1
红豆树	虎头岩	1
大叶榉树	曹　家	3
任　豆	东京洞	1

除以上4种稀见保护植物外，还有伯乐树、金毛狗、闽楠、半枫荷4种数量较多的保护植物(表4-7)。其中伯乐树1227株，分布在东部山区的沟谷地带，分布面积19.41 hm^2，

种群密度为59.25株/hm²；金毛狗在保护区必背镇范围内分布较多，在火烧岭及上湾水电站附近沟谷两侧林下或林缘均有分布，大桥镇方向在野鸭塘有发现，总株数为570株，分布总面积24.25 hm²，种群密度为23.51株/hm²；闽楠是优良的用材树种，在保护区内多有分布，但因近年来过度的人为采伐，大树少见，保护区较大的植株多为散生木或栽培，野生幼苗、幼树较多，剔除散生木和栽培，共计有闽楠132株，分布面积23.23 hm²，种群密度为5.68株/hm²；半枫荷仅在野鸭塘记录20株，分布面积0.25 hm²，种群密度80株/hm²。

表 4-7　乳源南方红豆杉自然保护区4种保护植物种群状况

保护植物	地　名	种群数量(株)	分布面积(hm²)	种群密度(株/hm²)
伯乐树	大坪里东山	1077	15.76	63.45
	火烧岭西北	150	3.65	41.10
金毛狗	火烧岭西北	40	20.82	1.92
	上湾电站	500	3.27	152.91
	野鸭塘	30	0.16	187.50
闽　楠	虎头岩	15	1.38	10.87
	火烧岭	5	0.52	9.62
	火烧岭西北	110	20.82	5.28
	上　湾	2	0.51	3.92
半枫荷	野鸭塘	20	0.25	80.00

4.3.2　种群年龄结构和种群动态

4.3.2.1　胸径和树高结构

乳源南方红豆杉自然保护区中，各保护植物的胸径和树高有显著的种间和种内变异(表4-8)。南方红豆杉最大胸径为145 cm，最小1.5 cm，平均胸径38.7 cm，胸径100 cm以上的植株共有18株，树高最高达30 m(该株胸径141 cm，分布于张家)；在移植植株中，最大胸径达25 cm，树高最大达12 m；种植园中的植株比较均一，有少量植株胸径达到14 cm，一般在4~6 cm，树高多在5 m以下，少数达到8 m高。伯乐树成年植株较少，胸径最大45 cm，树高达18 m，绝大多数植株胸径在5 cm以下，树高在5 m以下。华南五针松胸径在3~45 cm变化，平均25 cm，树高最大15 m。闽楠多小树，少数散生成年植株，胸径最大40 cm，树高多在2.5~4 m，最高达18 m。金毛狗为树状蕨类，无主干，叶基生，高在1~3 m，平均可达1.9 m。半枫荷几乎全为萌生幼树，胸径5~9 cm，树高3~5 m。大叶榉树植株较少，仅1株成年树，胸径21 cm，其余为幼树，胸径小于2.5 cm。樟仅1株胸径77 cm。红豆树未见成年树。任豆仅1株胸径20 cm的植株。

表 4-8　乳源南方红豆杉自然保护区保护植物胸径和树高基本信息

保护植物	平均胸径(cm)	最大胸径(cm)	最小胸径(cm)	平均高(m)	最大高(m)	最小高(m)
南方红豆杉 *Taxus wallichiana* var. *mairei*	38.7	145	1.5	12.5	30	2.5
南方红豆杉移植	9.7	25	2	5.3	12	2

（续）

保护植物	平均胸径（cm）	最大胸径（cm）	最小胸径（cm）	平均高（m）	最大高（m）	最小高（m）
南方红豆杉种植	7. 3	14	4	3. 8	8	2. 5
伯乐树 *Bretschneidera sinensis*	9. 1	45	1	4	18	2
华南五针松 *Pinus kwangtungensis*	25	45	3	8. 5	15	3
闽楠 *Phoebe bournei*	4. 5	40	2	3. 8	18	2. 5
金毛狗 *Cibotium barometz*				1. 9		
半枫荷 *Semiliquidambar cathayensis*	6. 6	9	5	4	5	3
大叶榉树 *Zelkova schneideriana*	6. 3	21	0. 8	4. 6	12	2
樟 *Cinnamomum camphora*	77			18		
红豆树 *Ormosia hosiei*				1		
任豆 *Zenia insignis*	20			16		

4. 3. 2. 2　南方红豆杉年龄结构和动态

南方红豆杉在保护区内有栽培和野生两种生存状况，栽培植株多在种植园中，且年龄相近，存续情况受人为干扰难以预测，故仅分析野生植株的年龄结构和种群动态。保护区内共有野生南方红豆杉 6284 株，其中张家 59 株为通过航片判读所得，无树高胸径数据，不参与计算，实际参与分析的种群数量为 6225 株，占总株数的 99. 06%。

南方红豆杉野生种群年龄结构如图 4-2 所示：Ⅰ龄级在群落中占有绝对优势，但较少能生存到Ⅱ龄，而之后各龄级相差不大，除幼树外Ⅴ龄级数量最多，超过 100 cm 的大树共有 18 株，年龄金字塔为壶形，为衰退型年龄结构。

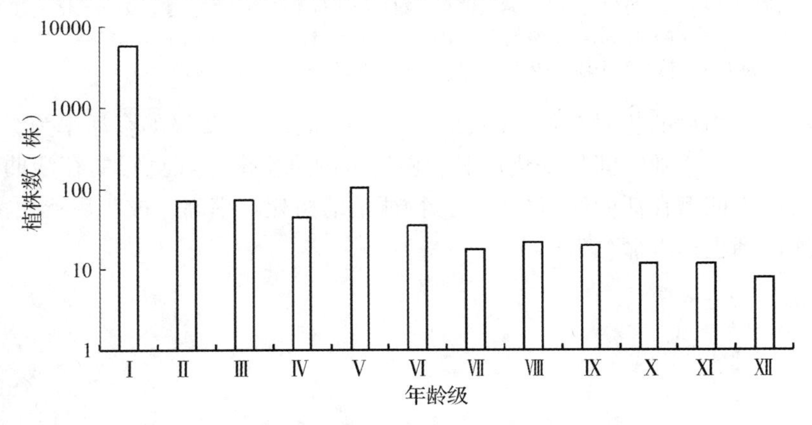

图 4-2　南方红豆杉年龄结构

根据调查数据，编制南方红豆杉野生种群静态生命表，对数据进行匀滑处理所采用的数学模型为 $y = -32.33\ln(x) + 89.798$（表 4-9）。从表中我们可以看出，胸径<1 cm 的幼苗和幼树死亡率高达 0. 98，意味着大部分的个体不能长大，原因有以下 3 点：一是南方红豆杉作为喜光树种，采取的生存策略本就是大量繁殖幼苗，只有少数能够在种内和种间竞争中胜出；二是南方红豆杉作为国家一级保护野生植物，成体植株受到当地政府有关部门和村民的自发保护，而幼苗不在此列，多有人进山挖掘、采种，当地村民也参与其中，在保护区的诸多自然村中，共统计出移栽南方红豆杉 356 株，绝大多数为Ⅱ、Ⅲ龄级，这也

导致了 30 cm 以下的几个龄级植株偏少；三是南方红豆杉多分布于风水林中，因为靠近居住区，人畜进山和其他生产活动对幼苗的伤害很大，导致能够成活的幼苗更少。除Ⅰ龄级外，其他龄级死亡率均在 0.2 左右，较为稳定，南方红豆杉的自然寿命很长，在相当长的一段时间内都保持正常生长，在Ⅺ龄级(胸径>100 cm)以上期望寿命才有较大的降低，故中龄级的南方红豆杉正值壮年，保护价值重大。因此，若要扩大种群，需要增加幼树的存活概率，可尝试对已经被毛竹占领的林分进行改造，或采取开林窗、限制人畜进山、加强查处盗挖、盗采活动等措施。

表 4-9 南方红豆杉野生种群静态生命表

龄级	A_x	a_x	l_x	d_x	q_x	L_x	T_x	e_x	K_x
Ⅰ	5802	3100	1000	978	0.98	511	610	0.61	3.82
Ⅱ	72	67	22	5	0.23	20	99	4.50	0.26
Ⅲ	73	54	17	2	0.12	16	80	4.71	0.13
Ⅳ	45	45	15	3	0.20	14	64	4.27	0.22
Ⅴ	104	38	12	2	0.17	11	50	4.17	0.18
Ⅵ	36	32	10	1	0.10	10	39	3.90	0.11
Ⅶ	18	27	9	2	0.22	8	30	3.33	0.25
Ⅷ	22	23	7	1	0.14	7	22	3.14	0.15
Ⅸ	20	19	6	1	0.17	6	15	2.50	0.18
Ⅹ	12	15	5	1	0.20	5	10	2.00	0.22
Ⅺ	12	12	4	1	0.25	4	5	1.25	0.29
Ⅻ	8	9	3	—	—	—	—	—	—

注：表中 Ax 为原始数据；a_x 为匀滑后在 x 龄级的存活数；l_x 为标准化存活数，按惯例标准化为 1000；d_x 为 x 龄级到 $x+1$ 龄级的死亡数；q_x 为 x 龄级到 $x+1$ 龄级的死亡率；L_x 为 x 龄级到 $x+1$ 龄级的平均存活数；T_x 为 x 龄级到超过 x 龄级的个体总数；e_x 为进入 x 龄级的个体期望寿命；K_x 为 x 龄级到 $x+1$ 龄级受到的阻力。

存活曲线是以物种的相对年龄(年龄级)为横坐标，以各龄级的存活率为纵坐标所绘的曲线，表示种群存活率随时间的变化情况。保护区内野生南方红豆杉的存活曲线为较典型的Ⅲ型曲线又称为凹型存活曲线(图 4-3)，特征是幼树死亡率高，成年后死亡率低而稳定，少部分个体能活到生理寿命(图 4-4)。

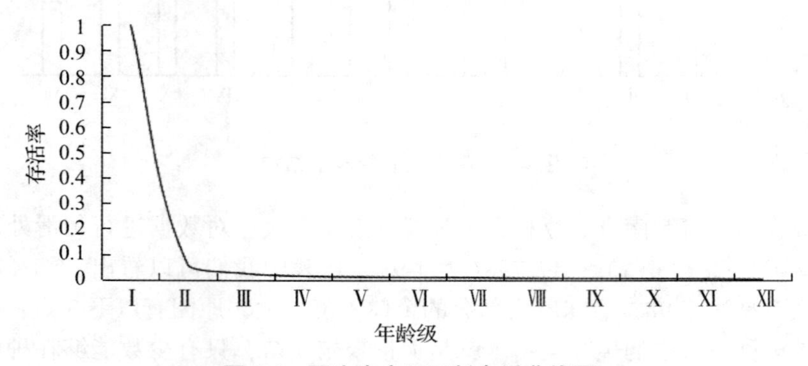

图 4-3 野生南方红豆杉存活曲线图

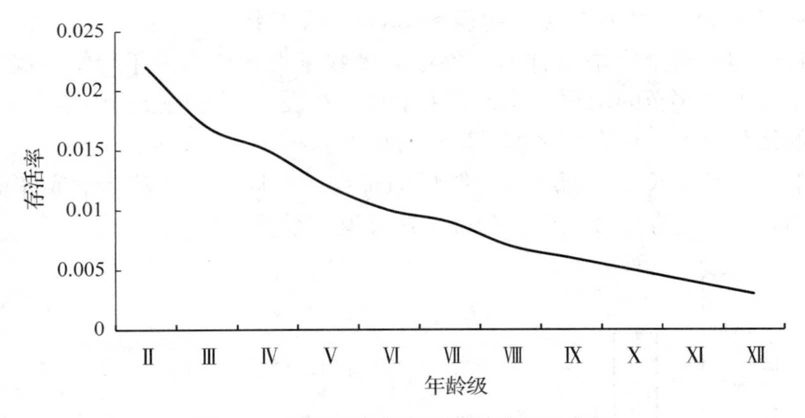

图 4-4　Ⅰ龄级外南方红豆杉存活曲线图

通过一次移动平均法，对野生南方红豆杉的种群数量做出预测(表 4-10)，结果表明现阶段南方红豆杉在无干扰情况下尚有增长的可能，而野生南方红豆杉如今的年龄结构为一壶型，在幼苗很难成活的情况下表现出衰退的现状，表明了幼苗的成活率是制约南方红豆杉种群增长的主要因素。同时由于Ⅱ、Ⅲ、Ⅳ龄级数量的不足，Ⅴ龄级在之后 6 个龄级的时间中将持续减少，可能会在产种和世代连续方面产生不利影响，导致进一步的种群衰退。

表 4-10　野生南方红豆杉种群动态变化时间序列表

龄级	原始存活数 A_x	$M_2^{(1)}$	$M_4^{(1)}$	$M_6^{(1)}$	$M_8^{(1)}$
Ⅰ	5802				
Ⅱ	72	2937			
Ⅲ	73	73			
Ⅳ	45	59	785		
Ⅴ	104	75	66		
Ⅵ	36	70	69	246	
Ⅶ	18	27	61	66	
Ⅷ	22	20	36	57	109
Ⅸ	20	21	22	39	55
Ⅹ	12	16	20	25	40
Ⅺ	12	12	17	20	27
Ⅻ	8	10	13	17	20

注：$M_2^{(1)}$、$M_4^{(1)}$、$M_6^{(1)}$、$M_8^{(1)}$分别表示对经过 2 个龄级周期、4 个龄级周期、6 个龄级周期及 8 个龄级周期(均包括调查周期)后的野生南方红豆杉数量进行的预测，原始存活数为野外调查数据。

4.3.2.3　华南五针松年龄结构和动态

华南五针松分布面积广，生境人所难及，故检尺数量较少，以样方形式估计出 1650 株用于年龄结构及动态分析。华南五针松大多分布在海拔 1000 m 以上的中山山脊至山顶地带，常年受山风影响，树高比较一致；同时由于 2008 年的冰雪灾害，多有断梢、断杆，因此同样采用胸径代替年龄的方法对华南五针松的年龄结构及种群动态进行分析。具体做法为胸径≤10 cm 为Ⅰ龄级，10 cm<胸径≤20 cm 为Ⅱ龄级，20 cm<胸径≤30 cm 为Ⅲ龄

级，30 cm<胸径≤40 cm 为Ⅳ龄级，胸径≥40 cm 为Ⅴ龄级。

华南五针松的年龄金字塔呈钟形，各年龄级数量大致相当，年龄结构稳定(图 4-9)。华南五针松生在人迹罕至的山顶，几无人为干扰，在漫长的进化过程中牢牢地占据了生态位，是山顶的优势树种，仅有少量如马尾松等的乔木树种与其构成竞争关系。但其生境的特殊性，也造成了其生长、更新都较为缓慢的特点，一旦生境被破坏，成体植株被砍伐，将很快会被山顶灌丛抢夺生存空间，种群迅速衰退，很难恢复。

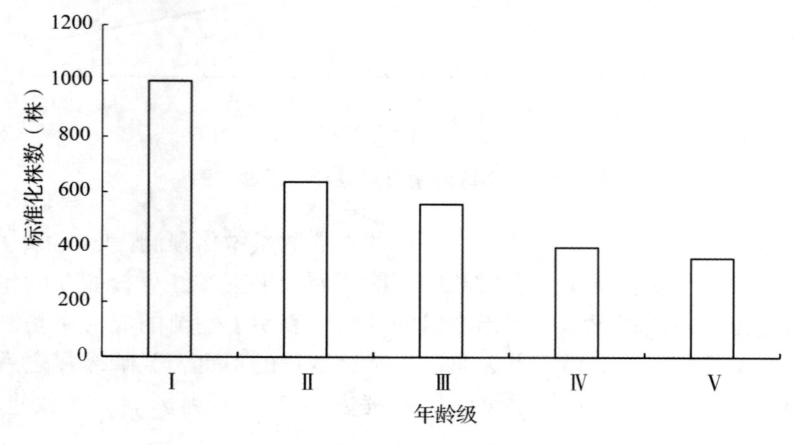

图 4-5　华南五针松年龄结构

华南五针松种群结构较为稳定，符合种群静态生命表的 3 条假设，故数据不需要匀滑处理，使用原始数据编制静态生命表(表 4-11)。华南五针松从Ⅰ龄级到Ⅱ龄级的死亡率最高，生存阻力最大，符合大多数喜光裸子植物的生存策略，即产生较多的幼苗，但幼树的淘汰率较高，从Ⅲ龄级到Ⅳ龄级次高，原因是在有限的生存空间内，成为大树的竞争加大。总体来说，华南五针松因为生长速度慢、生命周期长、种群数量变化相对较小，死亡率在各龄级之间较为稳定。华南五针松各龄级的期望寿命均较高，Ⅱ龄级期望寿命高过Ⅰ龄级，可能是Ⅲ龄级以上受自然灾害影响，数量降低为低龄级腾出了生存空间。

表 4-11　华南五针松静态生命表

龄级	A_x	l_x	d_x	q_x	L_x	T_x	e_x	K_x
Ⅰ	559	1000	363	0. 36	819	2452	2. 45	0. 45
Ⅱ	356	637	81	0. 13	597	1633	2. 56	0. 14
Ⅲ	311	556	157	0. 28	477	1037	1. 87	0. 33
Ⅳ	223	399	39	0. 10	379	559	1. 40	0. 10
Ⅴ	201	360	–	–	–	–	–	–

注：表中 Ax 为原始数据；l_x 为标准化存活数，按惯例标准化为1000；d_x 为 x 龄级到 x+1 龄级的死亡数；q_x 为 x 龄级到 x+1 龄级的死亡率；L_x 为 x 龄级到 x+1 龄级的平均存活数；T_x 为 x 龄级到超过 x 龄级的个体总数；e_x 为进入 x 龄级的个体期望寿命；K_x 为 x 龄级到 x+1 龄级受到的阻力。

华南五针松的存活曲线介于Ⅱ型曲线与Ⅲ型曲线的中间类型(图 4-6)，对Ⅱ型曲线与Ⅲ型曲线分别进行拟合检验，得出：

$$N_X = 1.0111x^{-0.634} (r = 0.9901)$$

$$N_X = -1.1708e^{-0.251x}(r=0.9762)$$

幂函数模型 r 值(0.9901)大于指数模型 r 值(0.9762)，更接近于Ⅲ型曲线，特点是前期死亡率大于后期，同时变化较小，种群数量和年龄结构都比较稳定。

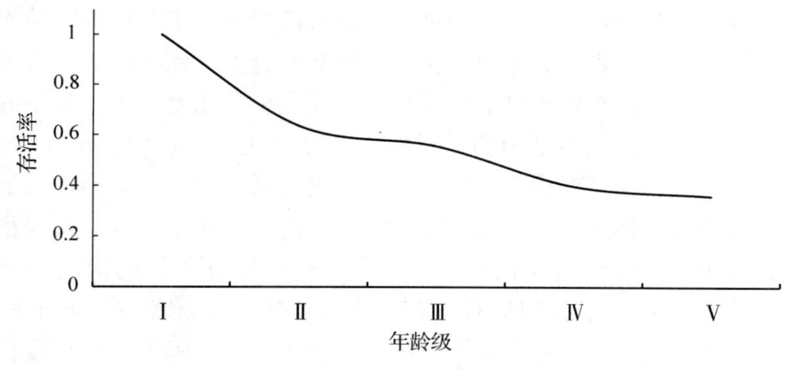

图 4-6 华南五针松存活曲线图

使用一次移动平均法得出华南五针松种群动态变化时间序列表(表4-12)，结果表明华南五针松正处在种群波动的上升阶段，Ⅳ龄级、Ⅴ龄级在自然灾害中损失较大，在之后的两个龄级周期中将会增多，而之后的龄级周期中，大树过多，不利于种群的更新，将会再次进入一个衰退期。

表 4-12 华南五针松种群动态变化时间序列表

龄级	原始存活数 A_x	$M_2^{(1)}$	$M_3^{(1)}$	$M_4^{(1)}$	$M_5^{(1)}$
Ⅰ	559				
Ⅱ	356	457			
Ⅲ	311	435	446		
Ⅳ	223	391	413	397	
Ⅴ	201	380	385	367	352

注：原始存活数 A_x 为选取的1650株华南五针松，$M_2^{(1)}$、$M_3^{(1)}$、$M_4^{(1)}$、$M_5^{(1)}$ 分别表示华南五针松在进过2个龄级周期、3个龄级周期，4个龄级周期、5个龄级周期后华南五针松的预期数量，以上皆包括调查时所处周期。

4.3.3 其他保护植物

除南方红豆杉、华南五针松外，保护区内其他8种保护植物中，樟树、任豆、红豆树、大叶榉树、半枫荷5种数量过少，无统计学意义；金毛狗为蕨类，现有数据和调查手段，不足以进行年龄结构及种群动态的分析。除此以外的伯乐树和闽楠因为调查的手段和时间问题，数据可挖掘性较差，仅进行定性描述。

保护区内的伯乐树主要分布在东部686~1402 m的山地沟谷林中，胸径3~10 cm幼苗或幼树数量较大，达1222株，占种群数量的99.59%，可见其有庞大的更新储备；缺乏10~20 cm的植株，足见幼苗到幼树的生长过程中大量死亡；20~30 cm仅3株，30~40 cm的植株缺乏；40~50 cm的植株共2株；这种年龄结构是不完整的，而且更新幼苗具有较高的死亡率，从而导致其天然更新极为缓慢。

闽楠曾广泛分布于低山341~683 m沟谷阔叶林中，但由于闽楠木材极好，有过大量采伐闽楠的历史，故保护区内大树几无，仅5株胸径10 cm以上植株，胸径40 cm的大树也仅散生在村旁路边。但因其幼树和幼苗较多，且性耐阴，如果加以保护，该种群应该会有较好的发展趋势。

4.3.4 小 结

乳源南方红豆杉自然保护区保护植物种群结构特征多样，主要保护物种南方红豆杉资源丰富而分散，在靠近居民点的风水林中保存了较多的野生资源，同时也有很多的栽培资源，就野生种群来说，存在更新不良的情况，幼苗仅在少数几处见到，挂果的野生植株也较少，同时幼树稀少，幼苗的存活阻力非常大，且存在代际不连续，年龄结构呈一壶形，为衰退型年龄结构，亟待管理和保护，同时动态预测显示，南方红豆杉远未到达其最大环境容纳量，现阶段可采取措施扩大种群数量。保护区内最多的华南五针松为稳定型年龄结构，分布在干扰较少的山区，生存状况良好，在不破坏现有条件的情况下，种群结构健康，预期乐观。伯乐树生长于山间沟谷地带，多为小树，干扰较少，处于种群的增长阶段，预期在将来会在山区沟谷地带占领一定的空间和生态位。闽楠资源在经历过大规模的采伐后更新出大量的幼苗，处于种群的增长阶段，需要加大保护力度，扩大种群规模，建立合理的种群结构。大叶榉树在风水林中更新有小树，表明其在林中有更新潜力，有建群可能，在不专门的关注之下，有可能形成小种群。金毛狗为蕨类植物，在生境不被破坏的情况下生存环境较为乐观。其他保护植物仅散生或偶见，可自然管理。总体来说，保护区内的南方红豆杉生存状况是现阶段最需要关注的，而华南五针松、伯乐树、金毛狗等仅需要防止生境破坏和采伐、采挖等，闽楠、大叶榉树等近期无法形成大规模种群，保护现有资源，扩大其种群数量是今后保护区管理的重要工作之一。

4.4 保护植物种群分布格局

种群空间分布格局对于确定种群特征，揭示种群间相互关系和种群与环境之间的相互关系具有重要作用。本书就乳源南方红豆杉自然保护区内保护植物水平分布和垂直分布格局进行分析，并结合物种组成和种群结构特征对保护植被进行区划，旨在为保护区的管理规划和政策制定提供科学依据。

4.4.1 水平分布格局

南方红豆杉种群主要分布在西部丘陵和低山区，西部因常年的人为干扰，原生植被遭到较为严重的破坏，群落外貌和结构简单。但南方红豆杉却在宅基风水林中大规模地聚集，尤其是在张家、野鸭塘、山窝、赖家等自然村。南方红豆杉的分布与村落地理位置、村民的文化信仰密切相关。除了南方红豆杉这种主要保护植物外，其他的保护植物如华南五针松、伯乐树、闽楠和金毛狗等也常聚集分布于保护区中。华南五针松集中分布于保护区东部及东北部中山海拔 670~1485 m 的山地阳坡、山脊至山顶；伯乐树聚集于和平里东山和横溪水库北面中山海拔 686~1402 m 的山地沟谷和山坡阔叶林中；闽楠集中分布于虎头岩和横溪水库北面中山海拔 341~683 m 的山地沟谷阔叶林中；金毛狗分布于横溪水库北和野鸭塘山地沟谷两侧的阔叶林林下或林缘；半枫荷、大叶榉树、红豆树、樟和任豆仅少量植株分布于野鸭塘、曹家、虎头岩、栗木岗和东京洞。因樟和任豆在 140 个网格样点中均只记录了 1 株野生个体，偶见性较大，讨论其分布格局与聚集强度没有意义，因此不进行讨论。

方差/均值(v/m)比率法判断结果显示，南方红豆杉、伯乐树、华南五针松、金毛狗、闽楠均呈聚集分布[$v/m>1$，$t>t(0.05)=1.960$]；大叶榉树也呈聚集分布[$v/m>1$，$t<t(0.05)=1.960$]；红豆树只见于两个网格中，每个网格中只有1棵，具有偶见性，所得的结果不足以说明红豆树的分布格局。各聚集强度指数与方差/均值(v/m)比率法判定的结果基本一致(表4-13)。

表4-13　乳源南方红豆杉自然保护区保护植物空间格局

植物名称	分布格局			聚集强度指数						
	v/m	t	理论分布拟合结果	K	I	m^*	m^*/m	C	GI	C_A
南方红豆杉	24.06	303.01	聚集分布	0.13	23.06	26.04	8.74	24.06	0.16	7.74
伯乐树	288.63	3345.13	聚集分布	0.01	287.63	291.22	80.99	288.63	2.05	79.99
大叶榉树	3.00	−0.55	聚集分布	0.01	2.00	2.02	95.00	3.00	0.01	94.00
红豆树	0.99	−0.12		−1.99	−0.01	0.01	0.50	0.99	0.00	−0.50
华南五针松	425.79	3895.27	聚集分布	0.03	424.79	436.49	37.30	425.79	3.03	36.30
金毛狗	153.66	2462.68	聚集分布	0.01	152.66	154.75	73.97	153.66	1.09	72.97
闽　楠	302.13	3316.31	聚集分布	0.01	301.13	305.33	72.60	302.13	2.15	71.60

4.4.2　种群聚集强度

聚集强度指数是度量一个种群分布格局的聚集程度(丛生、群集或蔓延)的重要指标，可用于比较同一种群在不同的时间或不同的生境中聚集强度的变化，或者比较不同的种群在同时、同类生境中所呈现的聚集状况。不同的聚集指标和测度指标，并不是度量同一种群聚集强度的不同方法，而是从不同的角度来度量种群的聚集特性。本节采用的7个聚集强度指数从不同角度反映了南方红豆杉自然保护区的保护植物南方红豆杉、伯乐树、华南五针松、金毛狗、闽楠、红豆树和大叶榉树的种群空间上的集聚强度(表4-13)。从表中可以看出，南方红豆杉、伯乐树、大叶榉树、华南五针松、金毛狗和闽楠的分布格局类型都为聚集分布。这也符合了大多数植物种群皆呈现聚集分布的空间分布格局类型的规律。关于v/m的值，华南五针松的最大，为425.79；其次为闽楠，v/m值为302.13；再次为伯乐树，v/m值为288.63；而南方红豆杉的v/m值只有24.06。华南五针松的平均拥挤度m^*也为最大，说明了华南五针松的聚集强度最大；而南方红豆杉的分布面积广，散生或孤立生长的南方红豆杉个体多，因此其聚集强度较低。对于格林指数GI，金毛狗的GI值最接近1，金毛狗的丛生程度较高，聚集程度高。大叶榉树的聚块性指数m^*/m最高，但因大叶榉树只见有3株，偶见性较大，不足以总结出其分布特性。伯乐树的聚块性指数m^*/m的值次之，再次之是金毛狗的聚块性指数值。上述结果说明伯乐树和金毛狗的丛生个体较多。对于红豆树，只在106和93号样格各发现1株，偶见性较大，所得结果不足以总结出其属于某一种空间格局分布类型。

4.4.3　垂直分布格局

乳源保护区内，保护植物种类的分布表现出明显的海拔梯度格局。本节着重阐述南方红豆杉、伯乐树、华南五针松、闽楠、金毛狗、半枫荷6个种群数量最大的保护植物垂直分布格局，分析时不包括胸径<1 cm的幼苗。

南方红豆杉随海拔的升高种群数量呈先升高后下降的趋势，在700~800 m海拔段种群数量达到最大；伯乐树间断分布于700~800 m和1200~1400 m海拔段，但在1200~1300 m段种群数量最高；闽楠种群数量随海拔变化呈钟形格局，在600~700 m段达最大；金毛狗随海拔升高显著减少；半枫荷则集中在700~800 m段(图4-7)。华南五针松则分布在600 m以上，随海拔的升高呈先上升后下降的趋势，在1300~1400 m段达到最大值(图4-8)。值得关注的是，中等海拔段600~800 m段保护植物种类最丰富，具有除樟树、红豆树外的所有保护植物种类。

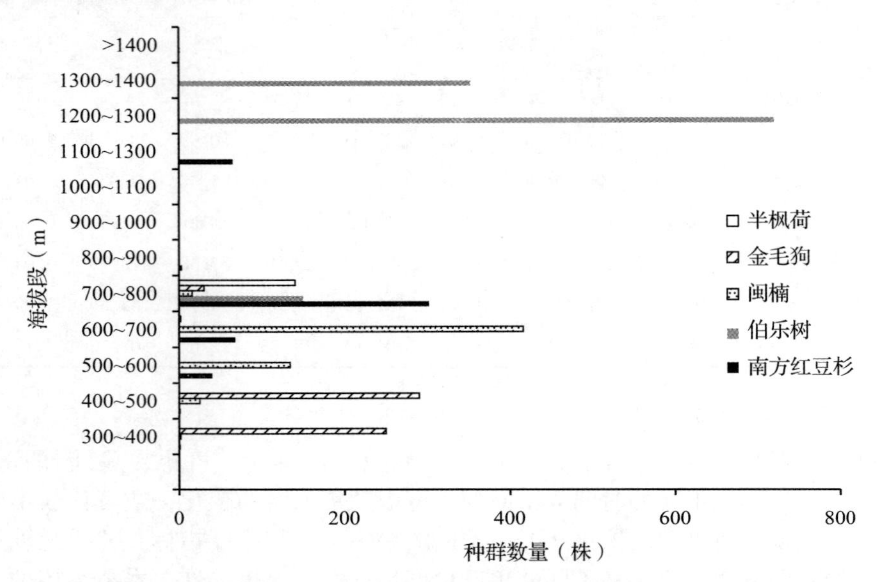

图4-7　乳源南方红豆杉自然保护区5种保护植物的垂直分布格局

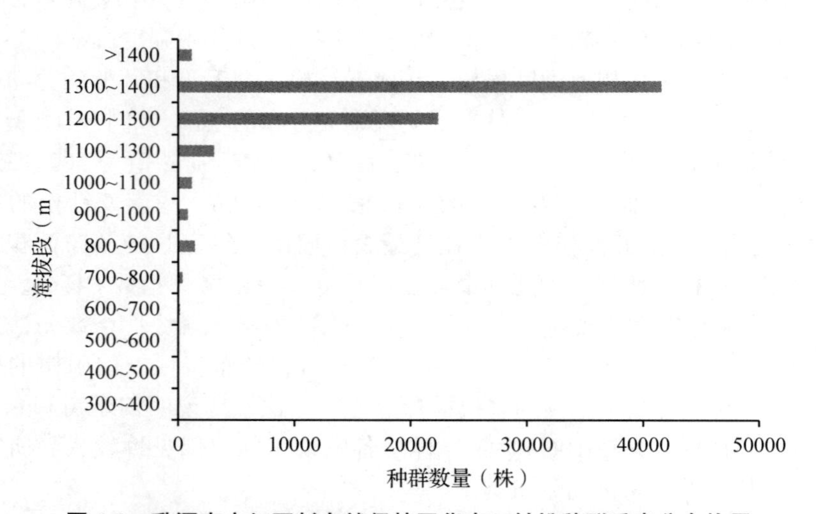

图4-8　乳源南方红豆杉自然保护区华南五针松种群垂直分布格局

4.4.4 保护植物分区

对保护植物的野生种群分布格局分析表明：所有种群均呈现出强烈的聚集格局；华南

五针松集中分布于保护区东部及东北部中山海拔 670～1485 m 的山地阳坡、山脊至山顶；南方红豆杉主要分布于保护区中、西部丘陵和低山，并在宅基风水林中聚集(尤其是张家、野鸭塘、山窝、赖家等自然村)；伯乐树聚集于和平里东山和横溪水库北面中山海拔 686～1402 m 的山地沟谷和山坡阔叶林中；闽楠集中分布于虎头岩和横溪水库北面中山海拔 341～683 m 的山地沟谷阔叶林中；金毛狗分布于横溪水库北和野鸭塘山地沟谷两侧的阔叶林林下或林缘；半枫荷、大叶榉树、红豆树、樟和任豆仅少量植株分布于野鸭塘、曹家、虎头岩、栗木岗和东京洞。

鉴于此，保护区可以自然地划分为 5 个区(图 4-14)：①观音山—栗木岗中山区；②火烧岭低山区；③和平风水林区；④虎头岩风水林区；⑤中西部丘陵风水林区。观音山—栗木岗区位于保护区东部，面积 3185. 6 hm^2，中山地貌，保护植物有华南五针松、伯乐树、南方红豆杉和樟；火烧岭低山区位于保护区东南部，面积 793. 10 hm^2，低山地貌，保护植物有华南五针松、伯乐树、闽楠、金毛狗和红豆树；和平风水林区位于保护区北部，面积 853. 34 hm^2，呈低山丘陵地貌，保护植物多呈古树群保存于风水林中，有南方红豆杉、半枫荷、金毛狗和大叶榉树；虎头岩风水林区位于保护区南部，面积 369. 87 hm^2，风水林中保存有小面积原生林群落，古树多见，保护植物有南方红豆杉、闽楠和红豆树；中西部丘陵风水林区位于保护区中西部广大低山丘陵区，村庄密集，保护植物多散生于风水林中，主要为南方红豆杉。

4.4.5 小　结

自然界中大部分物种都呈聚集分布，在本次的调查研究中也体现了这一规律，不同的保护植物形成了聚集强度各异的空间分布格局。造成物种分布格局差异的原因有很多，但总结起来可以归为两点：一是物种自身的生物学特性，二是物种所处的环境。生物学特性包括植物种子的扩散机制、植物的萌生能力、植物耐阴性、植物抗不良生境的能力等。物种所处的环境对植物的生长发育有着极其重要的影响。这种环境因素包括人为的干扰、天灾的危害、所处地理位置的水热条件和肥力条件等。人为的干扰影响着植物的生长史，常见的干扰类型有采挖、剥皮、生产经营活动、人畜干扰、祭祀活动等。南方红豆杉常常存在于村边风水林中，多见于房前屋后、池塘边、寺庙旁、堂屋前，或者它是吉祥的化身，或者它受到神灵的庇护，多多少少地受到了当地村民的保护。同时，民间传闻其有抗癌、壮阳的作用，一部分人就铤而走险，进行违法犯罪活动，将树干剥皮、采伐、盗挖，对南方红豆杉种群造成了不可估量的消极影响。华南五针松常见于高海拔地区，山下的村落中难得一见，这是一种中性偏喜阳的树种，山区华南五针松则受人为的干扰比较少，多为自然环境的作用，环境中的土壤、水分、地形等因子对其影响巨大，同时高处不胜寒，屹立于山顶之上的华南五针松要经受风、雨、雪、霜的重重考验。华南五针松就是在这种环境下聚集。闽楠则相反，闽楠是一种喜阴树种，在山狗心原始林中也发现其有群落存在，这种生境荫蔽、水分充足，没有阳光的直接暴晒，闽楠的长势良好。伯乐树有多株幼树长于阔叶林中，也见有大树的存在，不过也是难得一见，在东部的观音山—栗木岗中山区有其踪迹存在。在山区的伯乐树，也主要靠其自然更新、自然繁殖后代，人为的干预较少。据资料记载，广东连州田心省级自然保护区的伯乐树种群主要分布于梅树冲村、平溪洞至近天光顶、田心村等各地段，是目前国内所报道的最大种群之一，推测其可能是现代分布中心之一，本保护区与其纬度相似，侧面佐证了南岭一线可能为其现代分布中心。金毛狗的从生指数高，从生于保护区中，生于火烧岭的沟谷林下，除了易受自然因素影响，其独特的如“金毛狗”一样的外貌及其独特的功用，易遭人为的砍伐和采挖。3 株大叶榉树见于风水林中，受人畜干扰较大，其为散生木的形式，个体少，繁育后代艰难，种群很难复壮。红豆杉主要生长在沟谷阔叶林下，干扰类型主要是人类的生产活动和放牧等，发现的个体均为幼树。还有 1 株樟树，胸径 77 cm，高 18 m，孤独地长于栗木岗的风水林中，与毛竹共存，易受人畜的干扰，但干扰强度较弱，同时在其附近也发现有更新的幼苗，这棵“一树独大”的樟，难以延续其后代。综上所述，保护植物种群的空间分布格局的形成原因是多种多样的，有生物本身的因素，有环境作用的因素，还有人类的干扰。同时，物种的空间分布格局总是与取样面积(空间尺度)有着密切的关系，在一种取样面积(空间尺度)中探讨植物种群的空间分布格局很难说清分布格局形成的原因和生态过程。未来可以继续监测样地，补充完善更多的数据，在多尺度、多因子条件下对群落种群格局的形成过程和机制开展深入的分析。

4.5 保护植物生境特征及其受威胁因素

生境是指物种或物种群体赖以生存的生态地理环境。近一个世纪以来，由于生境的丧失，野生生物的分布范围急剧减少，种群数量不断下降，许多动植物的生存面临严重威胁，有效保护生物多样性已经成为人类目前所面临的重大课题。研究与评价野生生物的生境特征、破碎化程度与隔离状态是认识和了解野生生物种群趋势与受威胁的重要手段，同时还是制定合理的保护措施的科学基础。乳源南方红豆杉县级自然保护区地质起源古老、生境类型多样、植被类型丰富，目前已发现国家重点保护野生植物 10 种，因漫长的进化过程及其与当地自然环境长期相互作用，各自有着独特的环境需求，并在适宜的生境中聚集分布。同时，保护区所在区域人类历史悠久、人类活动频繁，保护植物种群受到不同程度的影响，生境片段化、破碎化严重，保护植物种群呈现出孤立、散生、群落等生存状态。调查保护区内保护植物的生境特征，揭示保护植物种群生存面临的主要威胁因素，对实现现有种群的有效保护和扩大其种群数量等方面具有重要意义。

4.5.1 生境及所在群落特征

复杂的地形地貌是造就复杂生境网络的先决条件，从而为形态各异和多样的物种提供高度异质的生长环境，可以间接反映物种的生境条件。一般来看，随海拔的升高气温逐渐降低，海拔越高，气温越低；坡度越大，土壤越浅，土壤水分和养分含量越低；坡向是光照和太阳辐射强弱的反映指标，北坡光照条件较南坡差；坡位亦是土壤水分和养分、光照、太阳辐射以及气候条件的综合反映，坡位越靠上，光照条件越好，温度越低，但土壤水分和养分越低；山地地貌的生境类型较丘陵地貌更为复杂，沟谷地带较山坡、山脊和山顶更为湿润和温暖。从乳源南方红豆杉自然保护区内保护植物分布点的地形、地貌以及所在植被类型的分析可以看出(表 4-14)，各保护植物对生境都有独特的需求。

4.5.1.1 南方红豆杉生境

南方红豆杉为阴性树种，天然分布于我国黄河以南大部分省份，喜温暖湿润的气候，通常生长于山脚腹地较为潮湿处。自然生长在海拔 1000 m 或 1500 m 以下的山谷、溪边、缓坡腐殖质丰富的酸性土壤中，要求肥力较高的黄壤、黄棕壤，中性土、钙质土也能生长。耐干旱瘠薄，不耐低洼积水。对气候适应力较强，年均气温 11~16℃，最低极值可达 -11℃。在乳源南方红豆杉保护区内的分布范围广泛，从海拔 381 m 到 1229 m 的垂直梯度

表 4-14　乳源南方红豆杉自然保护区保护植物生境特征

保护植物	海拔(m)	地　形	坡　向	坡　位	坡度(°)	植被类型
南方红豆杉	381~1299	山地、丘陵	无、东至北	下坡至中坡	0~45	毛竹林、南方红豆杉林、三尖杉林、栲类林、农田植被等
伯乐树	686~1402	山地、沟谷	西、南	中坡至上坡	20~45	润楠林、水青冈林、雷公鹅耳枥林、交让木林、润楠林、青冈林等
华南五针松	670~1485	山地、山脊至山顶	东至北	上坡	25~75	华南五针松林、杜鹃矮林、马尾松林、栲类林等
闽　楠	341~683	山地、沟谷	东、南	下坡至中坡	0~45	栲类林、粉单竹林、枫香树林
金毛狗	370~717	山地、沟谷	南、西北	下坡	5~20	灌丛、栲类林
半枫荷	685~733	低山、丘陵	东北至西南	下坡至中坡	20~30	半枫荷灌丛、南方红豆杉林
大叶榉树	706	丘陵	西南	上坡	15	锐齿槲栎林
樟	480	山地	南	下坡	25	毛竹林
红豆树	653	沟谷	东	下坡	35	栲类林
任　豆	427	沟谷	无	平	0	农田植被

上均可见到，垂直跨度达 848 m，在坡度 45°以下的各种坡向上均可生长，但集中于保护区的中、西部的低山、丘陵区。成土母岩为石灰岩和沙砾岩，土壤主要为红色石灰土；土壤厚 30~50 cm，有时可达 100 cm；表层土壤一般呈酸性或中性，下层土壤呈碱性。气候上，南方红豆杉主要分布区气候温和，夏无酷暑、冬无严寒，据大桥和红云气象资料显示，南方红豆杉分布区域年均气温 15. 9℃ ~19. 8℃，7~8 月气温最高，12 月至次年 2 月气温最低，其最热月的平均气温为 23. 8℃ ~28. 6℃；最冷月的平均气温为 4. 9℃ ~11. 4℃；平均无霜期 248~277 天；年降水量 1493. 5~2720. 5 mm。

南方红豆杉在保护区内主要呈现出古树群落、散生木和孤立木生长。除了大坪里东部中山区海拔 1089~1229 m 以上的沟谷地带的群落外(据和平村向导介绍，约 60 株)，其余植株均生长于海拔 800 m 以下的石灰岩丘陵区的村庄风水林中，其中群落分布在野鸭塘、和平村张家、大坪里、山窝、赖家、深沅几个自然村落的风水林中，其余多系零星植株散生于毛竹林和阔叶林林缘或林中，亦有部分植株在村口、路旁、屋旁孤立生长。这些风水林可划分为宅基风水林、寺庙风水林(当地主要为小型土地庙)和坟墓风水林，宅基风水林又可划分为龙座林(位于村后山)、水口林(位于两侧主要出水口)、垫脚林(位于村前)以及宅基林(房屋周围)。南方红豆杉主要生长在宅基风水林中，尤其龙座林最多，植株数量占总野生种群数量(胸径>3 cm)的 54. 95%；其次为水口林，占总数量的 15. 70%；垫脚林中有 15. 70%；而宅基林中仅 2 株野生植株，所占比例较小；同时寺庙风水林中亦有 2. 07%的野生植株分布。就面积而言，有野生南方红豆杉种群的龙座林最高，占 54. 80%，其次为垫脚林 26. 80%和水口林 13. 45%(图 4-9)。

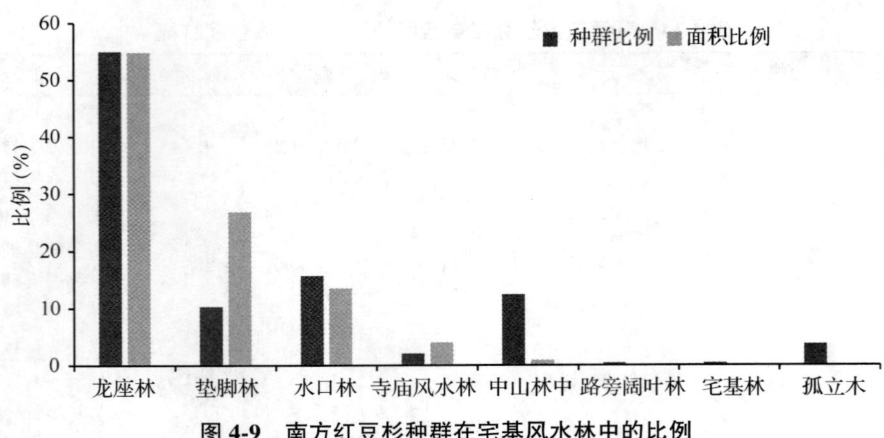

图 4-9　南方红豆杉种群在宅基风水林中的比例

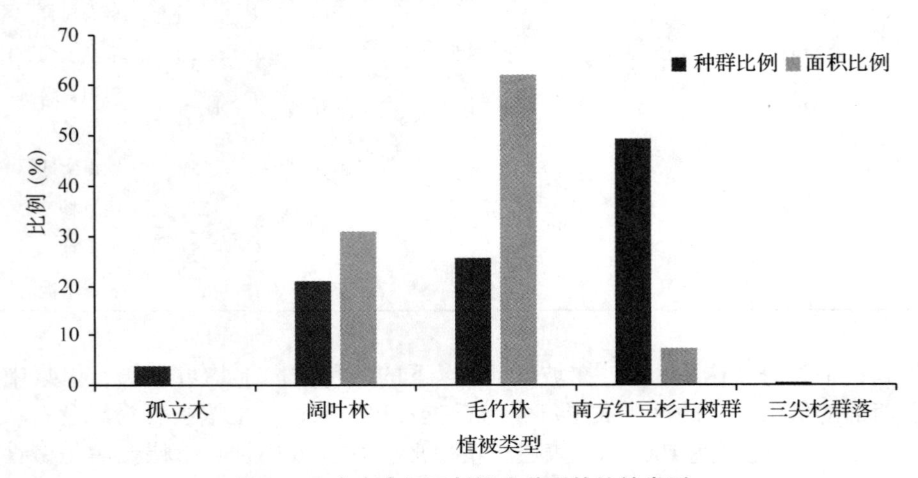

图 4-10　含南方红豆杉野生种群的植被类型

从野生南方红豆杉种群所在植被类型上看(图 4-10)，其种群集中生长于古树群中，共占总株数的 49. 17%，但其面积仅 13. 54 hm^2，占总面积的 7. 24%。毛竹林是野生红豆杉种群生境中，面积最大的植被类型，共 116. 03 hm^2，占南方红豆杉野生种群所在斑块总面积的 61. 82%，共有胸径 3 cm 以上的野生植株 124 株，占总株数的 25. 62%。阔叶林以栲类林为主，面积也较大，共 21. 07 hm^2，占总面积的 30. 90%，共有野生植株 102 株，占总株数的 21. 07%。还有一类特殊的植被群落——三尖杉群落中亦有少量散生植株，拥有南方红豆杉的该群落仅 1 处，即和平村的石隆水口二祠祠堂后的风水林，面积仅 0. 06 hm^2。散生木生长点往往为农田植被或无植被生长，所占种群比例较小，仅 3. 72%。

南方红豆杉各种坡向上均能生长，说明其对光照条件和太阳辐射的要求不甚严格，但其种群在东北坡上比例显著高于其他坡向(图 4-11)。在种群个体数量的比例上，生长于北坡、东北坡和西北坡的日照时数最少，太阳辐射最低，共有占野生种群 39. 88%的植株；东坡和西坡日照时数和太阳辐射中等，共有 26. 45%的野生种群，东南坡和西南坡日照时数较多，太阳辐射较高，共有 11. 16%的野生种群；南坡日照时数和太阳辐射最高，野生种群有 9. 05%。由此可以看出，随着日照时数的增加和太阳辐射的增强，南方红豆杉种群数量

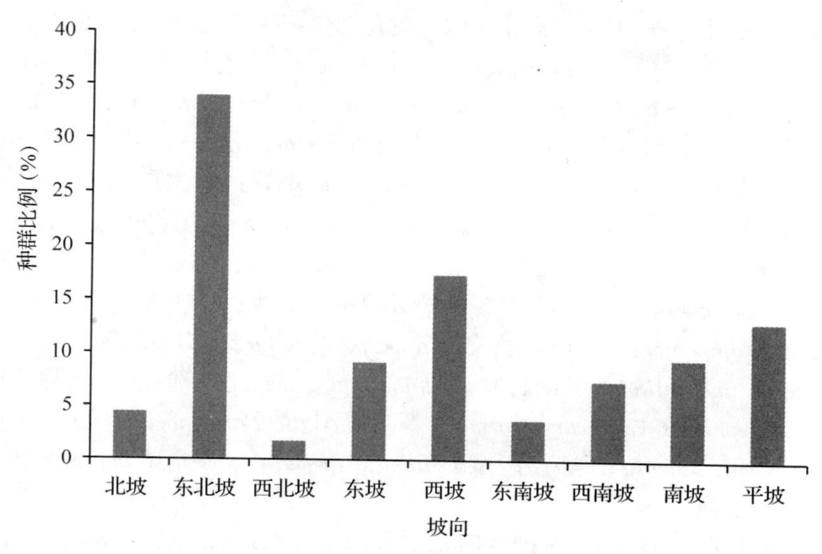

图 4-11　南方红豆杉种群在各坡向上的比例

呈逐渐减少的变化趋势，这与南方红豆杉的耐阴习性有关，其生长较喜阴湿而温暖的环境。

在乳源红豆杉自然保护区中，南方红豆杉种群有 75.83%的植株生长在丘陵区的风水林中或山地林中，有 18.18%的种群生长在林缘，房前屋后和村边路旁的孤立木共占 5.99%(图 4-12)。森林一般具有郁闭、湿润、腐殖质较厚、土壤肥沃等生境特征，能够更好地满足南方红豆杉种群生长条件，所以比例显著高于其他生境类型；林缘光照较强，空气稍干燥，土壤条件以及其他生境条件受干扰强烈，植株数量急剧减少；房前屋后和村边路旁均是受人为干扰最为强烈的地方，生境条件恶劣，仅见少数孤立木生长。

含有南方红豆杉的植被群落中，根据物种组成可划分为若干个群系或群丛，主要为毛竹林、南方红豆杉林、罗浮锥林、甜槠林、青冈林、鹅耳枥林、三尖杉林等。总体来看，乔木层主要有毛竹、枫香树、玉兰、椤木石楠 *Photinia davidsoniae*、黑壳楠、粤北鹅耳枥 *Carpinus chuniana*、灯台树 *Bothrocaryum controversa*、刺楸 *Kalopanax septemlobus*、密果吴萸

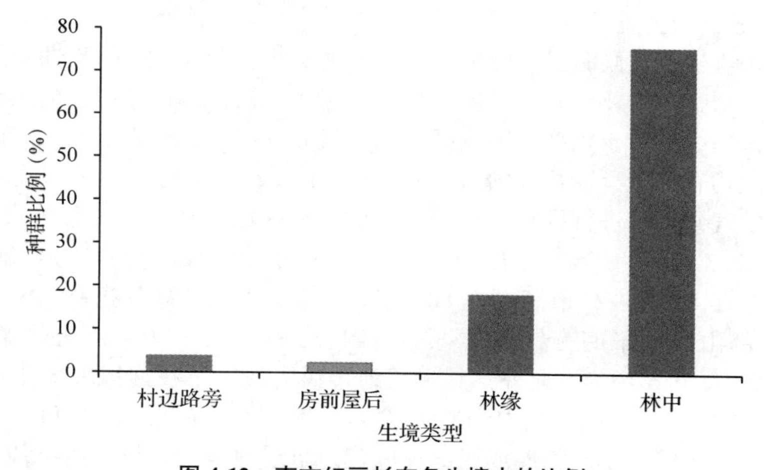

图 4-12　南方红豆杉在各生境中的比例

Evodia compacta、深山含笑 *Michelia maudiae*、黄连木、灰岩润楠 *Machilus calcicola*、油柿 *Diospyros oleifera*、毛豹皮樟 *Litsea coreana* var. *lanuginose*、水青冈、罗浮锥 *Castanopsis fabri*、青冈、圆果化香树 *Platycarya longipes*、珊瑚树 *Viburnum odoratissimum*、白檀 *Symplocos paniculata*、翅荚香槐 *Cladrastis platycarpa*、大果冬青 *Ilex macrocarpa*、朴树 *Celtis sinensis*、白栎 *Quercus fabri*、红楠 *Machilus thunbergii*、粉椴 *Tilia oliveri* 等；灌木层主要有白簕 *Eleutherococcus trifoliatus*、短萼海桐 *Pittosporum brevicalyx*、卫矛 *Euonymus alatus*、六月雪 *Serissa japonica*、三尖杉 *Cephalotaxus fortunei*、油茶 *Camellia oleifera*、木莓 *Rubus swinhoei*、马比木 *Nothapodytes pittosporoides*、华南青皮木 *Schoepfia chinensis* 等；草本植物盖度 0~30%，主要有麦冬 *Ophiopogon japonicus*、阔叶山麦冬 *Liriope platyphylla*、竹叶草 *Oplismenus compositus*、求米草 *Oplismenus undulatifolius*、淡竹叶 *Lophatherum gracile* 和一些蕨类植物；层间植物有杠香藤 *Mallotus repandus* var. *chrysocarpus*、绿叶爬山虎 *Parthenocissus laetevirens*、常春藤 *Hedera nepalensis* var. *sinensis*、香花崖豆藤 *Millettia dielsiana*、凌霄 *Campsis grandiflora* 等。

4.5.1.2 伯乐树生境

实地调查中发现，伯乐树在保护区内主要有两个分布地段：大坪里东山 1104~1402 m 的海拔段、大湾北部 686~867 m 的海拔段。所有种群均生长于阔叶林中，但两个地段的环境条件和伴生植物显著不同。在大坪里东山，伯乐树生长于西坡和东坡沟谷、坡地甚至山脊的阔叶林中，大树零星分布，幼树和幼苗在林下密度较高，土层厚度可达 60 cm，亦有植株生长于峭壁石缝中；腐殖质厚达 20 cm；坡度一般在 20°~35°；主要的森林植被类型有雷公鹅耳枥林、水青冈林、甜槠林、交让木林以及杜鹃矮林等，伴生树种有雷公鹅耳枥 *Carpinus viminea*、水青冈、光叶水青冈、猴头杜鹃、交让木 *Daphniphyllum macropodum*、甜槠 *Castanopsis eyrei*、东方古柯 *Erythroxylum sinensis*、金叶含笑、桂南木莲 *Manglietia conifera*、大叶新木姜子 *Neolitsea levinei*、篌竹 *Phyllostachys nidularia*、香粉叶 *Lindera pulcherrima* var. *attenuata* 等。在大湾北部主要分布于南坡沟谷及沟谷两侧的密林中，坡度亦在 20°~35°，土层较为浅薄，一般厚 10 cm 以内，砾石或大石头较多，一些植株亦在峭壁石缝中生长。主要植被类型有猴欢喜林、美叶柯林、栲类林、润楠林等；伴生树种主要有猴欢喜 *Sloanea sinensis*、美叶柯 *Lithocarpus calophyllus*、米槠 *Castanopsis carlesii*、栲 *Castanopsis fargesii*、刨花润楠 *Machilus pauhoi*、华南五针松、贵定桤叶树 *Clethra cavaleriei* 等。

4.5.1.3 华南五针松生境

华南五针松喜生于气候温湿、雨量充沛、土壤浅薄、排水良好的酸性土及多岩石的山坡与山脊上，常与阔叶树及针叶树混生。其耐瘠薄，在悬岩、石隙中也能生长。在保护区内，华南五针松集中分布于东部中山地区，在海拔 670~1485 m 的东坡、东南、南坡和西南坡以及山脊上均有分布，往往在海拔 1000 m 以上多石的山脊、山顶和陡坡地段组成纯林。基于红云的气候因子进行推算，华南五针松分布区域 1 月平均气温约-1.3~2.5℃，7 月平均气温约 22.3~25.0℃，年均温 10.0~15.9℃；年均降水量可达 1800~2000 mm 以上；坡度较陡，一般在 40°左右，最高可达 80°，甚至在垂直的崖壁石缝中。根据大湾北部山区和大坪里东部山区的华南五针松群落样地调查，土层厚在 0~30 cm，腐殖质厚 20~30 cm，群落郁闭度 0.5~0.9。此外，其生长地带风力较大，在迎风坡的崖壁上常常形成树形奇特的“旗形树”，当地百姓称此树为“迎客松”。除了在陡峭山坡和耸立的崖壁上呈纯林外，亦在地势稍缓、土层稍厚或局部环境较为温暖的地段，与其他树种一起共建森林群落或散生于阔叶林中。其中常见的伴生树种有马尾松 *Pinus massoniana*、甜槠 *Castanopsis eyrei*、疏齿木荷 *Schima remotiserrata*、交让木、猴头杜鹃 *Rhododendron simiarum*、金毛柯 *Lithocarpus chrysocomus*、光叶水青冈 *Fagus lucida*、云山青冈 *Cyclobalanopsis sessilifolia*、凤凰润楠 *Machilus phoenicis*、深山含笑 *Michelia maudiae*、金叶含笑、毛桃木莲 *Manglietia moto*、大果马蹄荷 *Exbucklandia tonkinensis*、亮叶厚皮香 *Ternstroemia nitida*、杨梅 *Myrica rubra*、短尾越橘 *Vaccinium carlesii*、灯笼花 *Agapetes lacei* 等。

从种群比例(图 4-13)和分布面积(图 4-14)上看，保护区内的华南五针松阳坡(东南坡、西南坡和南坡)高于阴坡(北坡、东北坡和西北坡)，在西坡(半阳坡)和东坡(半阴坡)最为集中。西坡和东坡的分布面积共有 379.66 hm^2，占其分布总面积的 61.10%，生长着 87.78%的种群数量；其次是东南坡和西南坡，面积共 119.18 hm^2，占分布总面积的 19.18%，拥有 5.87%的种群；南坡分布面积 84.35 hm^2，占 13.57%，分布 1.82%的种群；北坡、东北坡和西北坡共 11.81 hm^2，占 1.90%，仅有 0.78%的种群。结果说明华南五针松属中性树种，在阳光充足的地带生长较好，但更喜半阴半阳的生境条件。

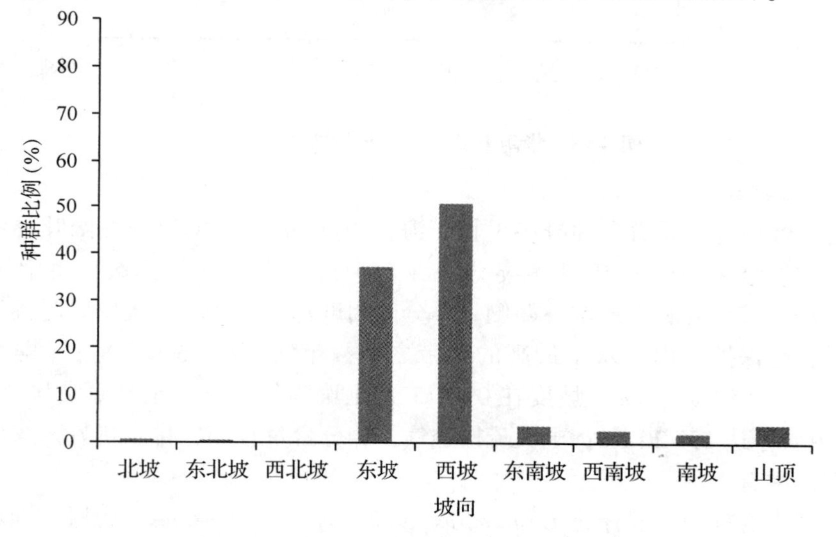

图 4-13　华南五针松在各坡向上种群比例

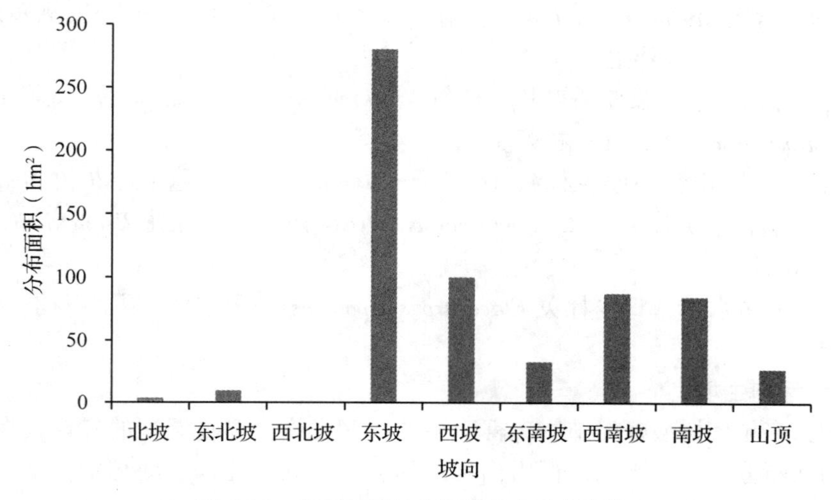

图 4-14　华南五针松在各坡向上分布面积

同时，华南五针松在海拔梯度上，随海拔的升高，其种群数量逐渐增加，并与海拔之间存在显著的幂函数关系(图4-15)。加之其分布区趋于坡度均较高，且处于上坡位、山脊和山顶，说明华南五针松种群更趋于土层浅薄、辐射较高、气候温凉的生境条件。

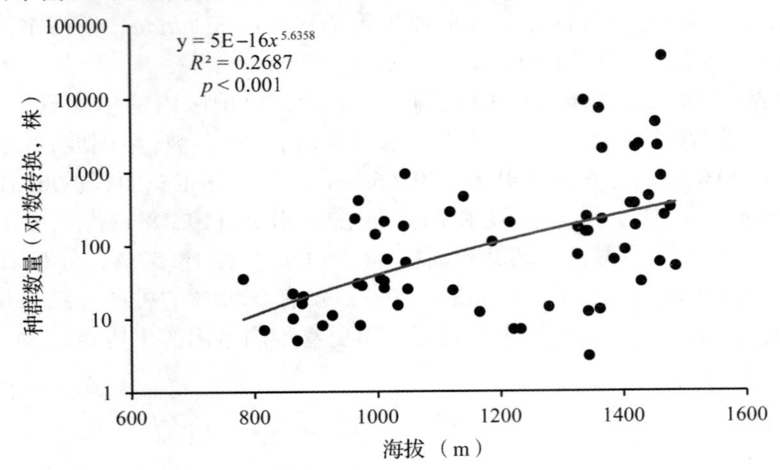

图 4-15　华南五针松种群与海拔之间的关系

4.5.1.4　闽楠生境

闽楠为阴性树种，其野生种群多生长于海拔 1000 m 以下山地沟谷阔叶林中。在乳源南方红豆杉自然保护区内，闽楠主要分布在保护区的东南部低山区，集中于南坡海拔 341~683 m 的沟谷阔叶林中或沟谷两侧。林分郁闭度达 0.6~0.8；气候温暖潮湿，分布区域迎西南风，是保护区内降水量最高的地带之一，年均气温 16.0℃左右(据大桥记录估算)，湿度高可达 80%~90%；坡度在 0°~45°；土壤为红色石灰土和页黄壤，土层厚 5~60 cm，腐殖质厚达 15~20 cm；土壤疏松透气，养分含量较高，排水良好。含闽楠种群的森林主要建群种有：

大湾北部沟谷林中：罗浮锥 *Castanopsis fabri*、钩锥 *C. tibetana*、栲树、刨花润楠、木荷 *Schima superba*、小果山龙眼 *Helicia cochinchinensis*、猴欢喜、华南青皮木 *Schoepfia chinensis*、深山含笑 *Michelia maudiae*。在峭壁石缝中还有华南五针松、凤凰润楠、疏齿木荷 *Schima remotiserrata* 等伴生。

大湾村风水林中：主要有香叶树、慈竹 *Neosinocalamus affinis*、枫香树、岭南花椒 *Zanthoxylum austrosinense*、南方红豆杉等。

虎头岩水口林(山狗心原生林)：笔罗子 *Meliosma rigida*、毡毛泡花树 *Meliosma rigida* var. *pannosa*、青冈、赤皮青冈 *Cyclobalanopsis gilva*、钩锥、山桂花 *Bennettiodendron leprosipes*、水青冈等。

虎头岩坟墓风水林：日本杜英 *Elaeocarpus japonicus*、珊瑚树、樗木石楠、枫香树、灯台树、白檀等。

4.5.1.5　金毛狗生境

金毛狗为多年生树型蕨类植物，喜明亮的散射光线、温暖湿润的气候，喜酸性土壤，在保护区内间断分布于大湾北部低山沟谷地带和野鸭塘高丘沟谷灌丛中。生境温暖湿润，在沟谷两侧向上延伸不超过 10~20 m，坡度一般在 10°~20°，光照相对较强，土层厚 10~

40 cm，土壤 pH 值低于 5，土壤较为疏松，腐殖质厚 5~10 cm。在金毛狗的分布地点，通常为草本层优势种或共建种。在低山沟谷阔叶林中，金毛狗所在群落乔木层主要树种有罗浮锥、钩锥、栲树、鹿角锥、猴欢喜、刨花润楠、东方古柯、小果山龙眼、小花木荷、罗浮槭 *Acer fabri*）等；灌木层有长蕊杜鹃 *Rhododendron stamineum*、日本粗叶木 *Lasianthus japonicus*、日本五月茶 *Antidesma japonicum*、枇杷叶紫珠 *Callicarpa kochiana*、长柄紫珠 *Callicarpa longipes*、常山 *Dichroa febrifuga*、心叶毛蕊茶 *Camellia cordifolia*、毛果巴豆 *Croton lachnocarpus*）等；草本层有中华锥花 *Gomphostemma chinense*、福建观音座莲 *Angiopteris fokiensis*、狗脊 *Woodwardia japonica*、里白 *Diplopterygium glaucum*、卷柏 *Selaginella* sp. 和短肠蕨 *Allantodia* sp. 。在山坡沟谷次生灌丛中，亦生长于有水流淌的地带，但林冠低矮，金毛狗一般均可到达林冠甚至高于林冠，阳光直射。灌木层主要有黄檀 *Dalbergia hupeana*、山槐 *Albizia kalkora*、野桐、篌竹 *Phyllostachys nidularia*、卫矛 *Euonymus alatus*、紫弹树 *Celtis biondii* 等；草本层有芒、乌毛蕨 *Blechnum orientale* 和鳞毛蕨属 *Dryopteris* 多种。

4.5.1.6 其他保护植物生境

除了上述 5 种种群数量较大的保护植物外，保护区内还有 5 种国家重点保护植物仅见少量植株，生境较为单一，分别简述如下：

半枫荷仅见于野鸭塘，或零星伴生于南方红豆杉林林缘，或为高丘山坡次生灌丛优势种。坡度在 20°~30°之间，土层厚达 50 cm，腐殖质厚 5 cm，光照较强。以其为优势的次生灌丛中，灌木层伴生有山鸡椒、山槐、杉木、冬青 *Ilex chinensis*、油桐 *Vernicia fordii*、檵木、盐肤木 *Rhus chinensis*、马尾松等；草本主要有淡竹叶 *Lophatherum gracile*、芒萁 *Dicranopteris pedata* 和狗脊等。

大叶榉树仅见于曹家村后风水林林缘，零星植株伴生于锐齿槲栎林中，岩石裸露，土层浅薄，坡度 15°，群落郁闭度 0.7。乔木层优势种为锐齿槲栎 *Quercus aliena* var. *acutiserrata*、川黔紫薇 *Lagerstroemia excelsa*、黄连木、黑壳楠、香港四照花 *Cornus hongkongensis* 等；灌丛层主要有白簕 *Eleutherococcus trifoliatus*、檵木、黄荆 *Vitex negundo*、青灰叶下珠 *Phyllanthus glaucus*、八角枫 *Alangium chinense*、北江十大功劳 *Mahonia fordii* 等；草本层有板凳果（*Pachysandra axillaris*、山麦冬等。

樟树仅发现于栗木岗村后风水林林中，坡度 25°，土层厚 60 cm，腐殖质厚 8 cm，呈伴生状态生长于毛竹林。

红豆树则零星分布于虎头岩山狗心原生林中和大湾电站的沟谷阔叶林中，林内温暖湿润，土层厚达 50 cm，腐殖质厚 15 cm。其所在群落郁闭度 0.7~0.8，乔木层主要为粤北鹅耳枥、水青冈、钩锥、罗浮锥、笔罗子和大果冬青 *Ilex macrocarpa*，亦有闽楠伴生；灌木层主要有闽楠、山桂花、紫花含笑 *Michelia crassipes*、厚叶红淡比 *Cleyera pachyphylla*、小花八角枫 *Alangium faberi* 等；草本层种类较少，主要为蜘蛛抱蛋 *Aspidistra* sp. 。

任豆仅见 1 株生长于村边路旁的农田中，与楝 *Melia azedarach* 伴生。

4.5.2 受威胁因素

4.5.2.1 生境破碎化和居群隔离

生境破碎化会导致原生境总面积减小，产生隔离的异质种群，从而影响种间基因交流、种群存活率，使得种群变小、密度降低，影响植物的繁殖成功，威胁植物种群的生存和维持，是导致生物多样性下降与物种濒危、灭绝的主要原因之一。从谷歌卫星地图和实际调查结果可以看出，区域景观主要由农田、村庄、公路、河流、湖泊、村旁风水林、草地、石山灌丛、山地天然次生林、人工林等构成，除了东部山区天然次生林连片分布外，广大中西部低山丘陵区农田、村庄、公路等纵横交错，植被以大面积的次生草丛为主，兼具较大面积的石灰岩山地次生灌丛，而森林则主要围绕村庄周边，植物的生境破碎化极为显著。而国家一级重点保护植物南方红豆杉则主要分布在村庄风水林中，呈群落、散生或孤立生长状态，居群间相距甚远，严重被隔离，传粉必然受阻，严重影响居群间的基因交流。受生境破碎化影响的保护植物还有红豆树(间断分布于虎头岩和上湾)、金毛狗(间断分布于野鸭塘和上湾北部沟谷)、任豆(单株孤立于路旁)、大叶榉树(零星生长于曹家风水林林缘)以及闽楠(人工林和农田、村庄隔离，间断分布于虎头岩、太湖堂、火烧岭和上湾北部山区沟谷)。

4.5.2.2 资源的掠夺式经营

人类掠夺式的生产经营活动是导致植物濒危甚至灭绝的诸多因素中最为直接的原因。乳源南方红豆杉自然保护区虽已成立多年，但由于多种原因，一直以来基本处于开放的管理模式，资源保护力度有限，部分种群出现数量下降、分布区缩小的情况。就南方红豆杉而言，因其能够提取抗癌药物紫杉醇，资源短缺，且市场需求量大，被誉为“植物黄金”，被世人开发利用；同时该树种还是优良的用材和园林绿化树种。早年间，由于供需矛盾激化，一些人在巨额商业利润的驱使下，置国家法令于不顾，入山盗伐，大肆掠夺，致使生境遭到严重破坏，南方红豆杉的野生种群数量日趋减少；再者一些跟风群体，多采挖野生植株栽植于自家田地或房前屋后，致使在野外南方红豆杉幼树幼苗少见，种群更新后备力量薄弱。这种现象在保护区各村庄均存在，共统计了村民移植种群 356 株，胸径目前 2～25 cm，这种行为极大地影响了南方红豆杉种群的天然更新。因南方红豆杉主要是利用树皮和枝叶，偷盗剥取南方红豆杉大树树皮、从树干一侧小块切取到树干全剥的情况都有发生。调查中亦发现有的树干惨遭剥皮的现象(野鸭塘)，导致植株生长不良甚至死亡，如和平村、张家、下圭、石下寨和猪子峡等地均有剥皮死亡的枯立木(死亡植株平均胸径 44 cm，最大 80 cm)。

受巨大经济价值驱使而导致种群数量下降的树种还有闽楠，通过访问当地长期从事森林采伐工作的村民，2012 年左右就有人前去大量收购闽楠木材，近年来甚至采挖树根成风，直接导致上湾北部山区包括火烧岭东部山区的闽楠成年植株快速消失，所以调查中发现的闽楠种群中，胸径在 15 cm 以上植株仅 5 株，且有两株分布在路边，其余多为幼树或幼苗。红豆树所遭遇的情况亦如闽楠，因其优良的木材而较早遭到掠夺，目前仅见零星幼苗或幼树存于阔叶林中，连同任豆、樟、大叶榉树等，在保护区内均处于极度濒危状态，甚至有消失的风险。

华南五针松分布地带地势陡峭、地理位置偏远，其种群得到了有效保存，成为保护区内种群数量最为庞大的保护植物。不过，在调查中发现，受 20 世纪 80 年代砍阔栽针林地经营理念影响，在和平里东山的东坡和观音山等地出现从山脚到山脊均栽种杉木人工林的现象。这些人工林已趋于成熟，在多年放弃经营的地块，一些华南五针松植株进入杉木林生长，其种群得到了一定的恢复。

金毛狗为传统著名中药材，其利用方式为采挖鳞茎以入药，几乎所有村民均认识该物种并知道利用价值，其种群遭受的不合理利用不言而喻。

4.5.2.3　干扰频繁且强度大

乳源南方红豆杉自然保护区位于乳源北部喀斯特地貌区，其中西部低山丘陵地貌约占保护区总面积的60%，该区域人类活动历史悠久，据访问，当地人口较多的自然村均有100~300年的迁居历史。为了满足日常生活中的燃料和木材需求，当地均有樵采的习惯，由于缺乏控制和良好的生态意识，较多石山已成次生灌丛或草地；另有一个植被退化的人为原因：为了防止鸟类危害农作物，当地人放火烧山，破坏鸟类栖息生境，从而达到防治的目的，进而形成了保护区中东部丘陵地带大面积草坡的植被现状。同时，多年来祭祀或游客游玩中，不慎或故意火烧草坡的行为时有发生，亦是区域草地(草坡)长期存在的主要原因。

该保护区的开放性很强，区内村寨、居民较多，交通较为发达，农业生产对区内天然植被的干扰频繁，且强度较高。当地居民除了对南方红豆杉有所认识和了解以外，少有人对其他保护植物有所了解，生活生产中的人畜活动有意无意对保护植物的种群造成了不可换回的破坏。同时，近年来因经济利益驱使，保护区东南部低山的中下坡位开发成了一定面积的桉树人工林、茶园等，还有部分杉木人工林，这些行为对原生植被的破坏也是较难逆转的，对保护植物的生境和种群数量干扰极强。

除了人类活动的干扰外，保护区内的自然干扰也时有发生，其中最大的自然干扰为2008年遍及我国南方的冰雪灾害，此次灾害致使保护区内森林大面积受损，林木均受到断杆、断梢、枝叶折断、倒伏等损害，冰雪灾害后萌生能力强的林木得到一定的自然恢复，受损严重或萌芽能力弱的植株死亡，保护植物也在所难免。调查中发现，南方红豆杉的大树多有断杆、断梢、倒伏和枝叶折断等现象，均属于此次冰雪灾害的影响。同时，在和平里东山的伯乐树分布地带的森林中至今还可见一定数量的枯立木，不过该区域森林林窗的出现为伯乐树种群的扩散提供了机会和空间，因此调查中发现了大量的伯乐树幼树幼苗，有的植株围绕着枯立木生长就是见证。除了极端气候事件的严重干扰外，季节性干旱事件亦对保护植物种群有显著影响，在上湾北部山脊和山顶就有华南五针松因干旱而小面积死亡的现象。

4.5.2.4　种群竞争能力弱

种群竞争是导致物种濒危的重要因素之一，就保护区内已发现的10种保护植物而言，其竞争主要表现在光和空间的争夺。其中南方红豆杉是典型的阴性树种，南方红豆杉植物野生种群多以散生立木生存于毛竹林和阔叶林中，仅少数几处有小面积群落存在，其多处于中层林冠，下层树苗喜阴，忌晒，幼树和成树上层林冠郁闭度0.5~0.6，长势较好，随着郁闭度的增加，长势渐弱。相对而言，幼树、成树忌密闭，幼苗忌日晒。在同一群落生境下，种群异龄个体对光照的要求各异，势必导致种群整体竞争力降低。在群落生境的构建中，往往处于被动适应的地位，加之其生长极其缓慢，在对空间的利用无论是地上还是地下都不具备优势，一旦竞争力较强的物种(如枫香树、罗浮锥、毛竹、青冈、灰岩润楠等)数量增加时，渐及“他疏”，最后使其退出原来生境，这正好可以用来解释保护区内现存野生种群多散生于毛竹林或阔叶林林缘的种群生存状态。

伯乐树对养分条件的要求较高，主要分布在阳坡土壤较为肥沃的中山沟谷地带，成年植株往往散生于阔叶林中，主要是因为其幼苗到成年个体的生长过程中，因阔叶林过于郁闭，得不到充足的光照而大量死亡。华南五针松喜光，耐瘠薄土壤，主要在中山山脊至山顶聚集分布，亦有大量植株散生阔叶林中，亦会因对光照的竞争力弱，而遭到淘汰。

4.5.2.5 种群缺乏更新能力或天然更新缓慢

南方红豆杉的幼苗和幼树均少见，其幼苗在张家、中张的毛竹林中有大量生长，而在张家和上湾等地仅在母树树冠下方有少量发现；所有分布点的幼树都几乎未见，说明其种群更新能力弱，尤其是在幼苗到幼树的过程中大量死亡，导致其天然更新乏力。此外，南方红豆杉种子坚果状，种皮厚，处于深休眠状态，自然条件下经两冬一夏才能萌发；即便发芽，其幼苗的抗逆性差，成活率极低。这两方面的生物学特性导致其天然更新缓慢。

华南五针松生长环境较为恶劣，温度较低、风速较大、辐射较强。其种子具有翅膀，能飞籽成林，成年植株萌芽能力差，更新主要靠种子繁殖。但因其为喜光树种，阔叶林或华南五针松林林下缺乏其种子发芽和幼苗生长的光照条件，幼苗少见，更新能力较差。同时由于气候温凉，土层浅薄、土壤肥力低，华南五针松生长缓慢，从幼苗到幼树再到成年个体的过程较为漫长，在较多生境中更新缓慢甚至失败。由于其自身生物学特性和生境中面临的各种挑战，华南五针松在阔叶树占优势的群落仅见成年树散生，而在华南五针松群落少见幼树或幼苗，更新能力缺乏或缓慢。

伯乐树为喜光树种，在较多的分布地点观察和研究发现，其1年生更新幼苗的死亡率高是其天然更新困难的主要原因之一。保护区保存着大量的幼苗和幼树，但成年植株仅见5株，种群结构不完整，幼树到成年树难以过渡，更新能力较弱。

4.5.3 小 结

生境条件是物种自身生物学特性及生态学特性与区域自然条件长期相互作用的产物，决定物种的种群生活状态和发展命运。乳源南方红豆杉自然保护区内的10种国家重点保护植物各自表现出独特的生态适应性，分布在各自适宜的生境中。因自身生物学特性、环境变化的不稳定性以及人类活动等方面干扰所带来的威胁，使得保护植物种群均受到不同程度的威胁并面临发展困境。要保护好保护区内现有保护植物种群，并促进其健康、稳定发展，扩大其种群数量，完善其种群结构，认清各保护植物的生境条件，群落中种间相互作用，以及种群受威胁因素，依据自然规律客观地制定保护和种群恢复措施，对保护植物的有效保护至关重要。

4.6 保护植物种群恢复及保护建议

4.6.1 存在主要问题

(1)保护区范围内交通便利，开放性强，保护管理难度大。乳源南方红豆杉自然保护区位于乳源西北部岩溶地貌地区，境内有京珠高速公路和平汝公路贯穿南北而过，内部有县道、乡道以及村道连接其中的40多个自然村落，交通极为便利，从各处均可进入保护区内部；只有东部、东南部和北部山区相对封闭，虽为陡峭山区，但其背临乐昌，与保护区为一整体，两县的百姓均可借助山路进入保护区。总体来说，保护区的开放性较强，不利于保护管理。

(2)资金短缺，保护管理设施缺乏。该保护区建设以来，一直处于代管状态，经费极其紧张，只有几个护林员简单巡视，以维系日常保护工作，几乎没有基础设施建设，在很大程度上制约了保护区的保护、发展。

（3）缺乏专业人才，本底认识不清。现有管理人员事务繁杂，生态学、植物学、动物学等专业人才缺乏，难以开展专题性的科研考察和资源监测工作。加上资金短缺，待遇低，生活和工作条件艰苦，难以引进所需人才。因此，建立以来，只识得南方红豆杉，不知其他保护植物以及森林群落，导致保护区内资源本底不清楚，制约了对保护区价值的清晰认识和管理政策的制定。

（4）保护区内村落众多，人口密度较高，保护意识低下，教育和管理难度极大。由于历史原因，保护区内有大量的村民居住，这些农民的生产经营活动和日常生活会给整个保护区的管理工作带来极大的不便，增加了护林防火的难度。而且多数百姓对保护区建立的意义和植物保护相关法律法规不清楚，致使闽楠在2012年左右被大肆采伐。

4.6.2　种群恢复和保护建议

鉴于以上问题以及保护植物自身生物学和生态学特性，特提出如下种群恢复和保护建议：

（1）做好资源本底调查，明晰保护区的价值和定位。保护区多样性不仅在于保护植物种类，更在于形形色色的各类植物、动物、昆虫、真菌等，还有由这些生物类群以及自然环境构建的各类生态系统。本次仅对保护植物的种类组成、种群结构和分布格局进行了详细的调查，但其他生物类群及生态系统的结构尚不清楚，无法全面评价保护区的价值及其在区域中的定位。

（2）建立专门的保护、监测站点，并配备适宜的专业人才和基础设施。建立保护管理站、点，引进相应的专业人才，同时给予相应的项目资金投入，建设保护和监测设施，以利于保护工作的有效开展。

（3）加强自然保护相关法律法规的宣传教育。提高公众的自然保护意识，举办相关的自然科普宣教活动，是自然保护区的管理义务和职责；同时对公众进行自然保护相关法律法规的宣传教育，增强其对破坏保护植物所带来危害的认识。

（4）根据保护植物种群所面临的威胁和其生态需求采取有针对性的恢复保护措施。保护植物区划出的5个区中，每个区的保护植物种类及其面临的威胁各不相同，应采取有针对性的措施：对观音山—栗木岗中山区和火烧岭低山区建议禁止采伐和狩猎活动的发生，并对伯乐树等种群实施适当的人为干预，促进其种群从幼苗幼树向成年树的过渡，扩大其种群；华南五针松种群稳定，禁止人为破坏；禁止砍伐和采挖闽楠、金毛狗、红豆树等保护植物的现有植株，促进其在原地更新。对和平风水林区、虎头岩风水林区和中西部丘陵风水林区，建议保护和恢复风水林，禁止采挖野生幼苗和幼树、严厉处罚盗挖、剥皮和砍伐等破坏风水林中林木和保护植物的行为，同时适度改造毛竹林，促进南方红豆杉等保护植物的天然更新；对孤立木要设置围栏进行保护。

（5）因势利导，守护和恢复风水林群落。保护区内村落众多，其主要保护对象南方红豆杉多分布于村落附近、房前屋后、路旁、庙宇附近的风水林中，而这些风水林或者孤立古树正是当地村落沧桑历史变迁的第一见证者，早已融入村落、庙宇文化中，与当地百姓相互依存，是乳源县珍贵的自然遗产和文化遗产。保护好保护区内野生南方红豆杉资源，既是对区域自然遗产的保护，也是对村落与红豆杉之间生态文化的传承和升华，对推动现代生态文化和精神文明建设有着重要作用。但随着社会经济的发展，保护区内古村落的年轻人多外出打工，目前多数自然村中仅留下老人和小孩，古村荒废；同时又有部分农民返回老家兴建房屋，这些新屋多选址古村口，或随意建造，建筑风格与古村风格格格不入，严重影响村落的完整性。再者，年轻人对自古以来约定俗成的风水文化和不破坏风水林的村规民约置之不理，取材于村旁风水林中，造成大量的资源破坏，无疑会对保护区造成重大影响。

鉴于此，特别建议采取适当的政策和措施保护和恢复风水林，让风水林文化为自然保护做出应有的贡献。对于保护植物种群相对集中的地方，建议建立风水林保护小区作为保护区核心区的一部分，如：野鸭塘小区、张家小区、和平里小区、曹家小区、和平小区、山窝小区、赖家小区、深沅小区、虎头岩小区(包括园子背和虎头岩)、坑子背小区、石下寨小区等。

Chapter 5
第5章
动物多样性

本综合科学考察包括脊椎动物种类及其资源现状的基本调查，对自然保护区内野生脊椎动物的区系特征和生物多样性均做了较为详细的分析。经初步整理，在自然保护区内共记录到脊椎动物190种，隶属5纲30目79科。其中：鱼纲4目6科12种；两栖纲1目6科19种；爬行纲2目11科24种；鸟纲16目44科113种；哺乳纲7目12科22种。

5.1 动物区系

5.1.1 陆生脊椎动物区系分析

在动物地理上，自然保护区属东洋界华中区的南缘和华南区的北缘交汇地带。动物区系上以东洋界种类为主，区系成分相互渗透，呈现出明显的过渡性。

自然保护区陆生脊椎动物区系成分见表5-1。

表5-1 广东乳源南方红豆杉县级自然保护区陆生脊椎动物区系成分表

动物地理分区		有该属性的物种数	属性数的比例(%)
古北界	东北区	73	8.65
	华北区	116	13.74
	蒙新区	85	10.07
	青藏区	66	7.82
东洋界	西南区	151	17.89
	华中区	175	20.73
	华南区	178	21.09

通过聚类分析，自然保护区陆生脊椎动物中华中区和华南区成分最高，其次是西南区和华北区，东北区、蒙新区、青藏区成分较低，自然保护区内陆生脊椎动物区系成分比例见图5-1。

由以上数据分析不难看出，自然保护区脊椎动物区系成分以东洋界为主要成分(59.72%)，古北界成分中又以华北区成分和东北区成分较高，这与乳源的地理位置和环境特点有着直接关系，中国东部季风区的鸟类渗透到这里比西部高原干旱地区来得容易，

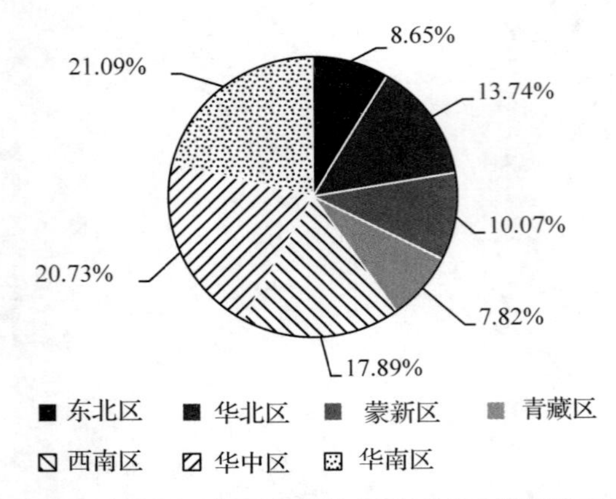

图 5-1　广东乳源南方红豆杉县级自然保护区陆生脊椎动物区系成分图

这也印证了张荣祖和郑作新先生们的中国动物分布理论，也支持将该自然保护区划属东洋界—华南区—闽广沿海亚区。

5.1.2　鱼类区系分析

中国淡水鱼类地理区划，依李思忠(1981)的标准，共分为 5 区，21 亚区，即北方区(包括额尔齐斯河亚区、黑龙江亚区)；宁蒙区(包括内蒙亚区、河套亚区)；华西区(包括准噶尔亚区、伊犁额敏亚区、塔里木亚区、藏西亚区、青藏亚区、陇西亚区、康藏亚区、川西亚区)；华东区(包括辽河亚区、河海亚区、江淮亚区)；华南区(包括怒澜亚区、珠江亚区、海南岛亚区、浙闽亚区、台湾亚区、南海诸岛亚区)。自然保护区属于武江流域水系，是珠江水系北江干流上源之一，因此自然保护区的水系属于华南区的珠江亚区。

利用归类统计法，将物种的区系成分分割统计，发现自然保护区的鱼类隶属 5 区 13 亚区，各区和亚区所占的比重归纳成下表(表 5-2)。

表 5-2　广东乳源南方红豆杉县级自然保护区鱼类各区所占比例

淡水鱼类区系区		有该属性的物种数	属性数的比例(%)
北方区	额尔齐斯河亚区	1	1. 20
	黑龙江亚区	2	2. 41
华西区	准噶尔亚区	3	3. 61
	伊犁额敏亚区	1	1. 20
	塔里木亚区	2	2. 41
	陇西亚区	3	3. 61
	川西亚区	4	4. 82
宁蒙区	河套亚区	3	3. 61
华东区	辽河亚区	7	8. 43
	河海亚区	7	8. 43
	江淮亚区	10	12. 05
华南区	怒澜亚区	4	4. 82
	珠江亚区	11	13. 25
	海南岛亚区	9	10. 84
	浙闽亚区	9	10. 84
	台湾亚区	7	8. 43

如前所述，中国的淡水鱼类属于5区21亚区，自然保护区的鱼类不含有内蒙亚区（宁蒙亚区）、藏西亚区（华西亚区）、青藏亚区（华西亚区）、康藏亚区（华西亚区）和南海亚区（华南亚区）成分。该自然保护区的鱼类主要由华南区和华东区成分构成，其次是华西区成分，宁蒙区和北方区的成分最少。

利用聚类统计法统计获得，自然保护区鱼类的华南区和华东区成分最高，其次是西南区，以后逐次是华西区，以宁蒙区、北方区成分最低，与归类法统计结果一致。由此可见，自然保护区的鱼类区系，具有较强的华南区系和华东区系双重特征。其区系成分的比例见图5-2。

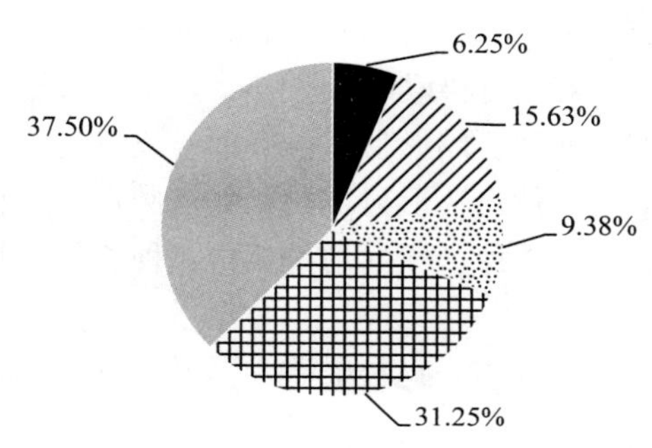

图5-2 广东乳源南方红豆杉县级自然保护区鱼类区系成分图

5.2 动物资源调查方法

参照《内陆水域渔业自然资源调查试行规范》《全国动物物种资源调查技术规定（试行）》等调查方法，采用分层抽样，按照保护区不同生境类型分别布设样线或样点。根据生境类型和地形设置样线，各样线互不重叠。沿着固定的线路行走，并记录样线两侧所见到的动物。每条样线长度不小于1 km，观测时行进速度通常为1.5~3 km/h。样线长度以确保该样线的调查在当天能够完成为原则，原则上调查时间控制在3 h内。

对于集群繁殖栖息的动物调查使用直接计数法进行调查。通过访问调查、历史资料查询等确定动物集群地的位置以及集群时间，并在地图上标出。在动物集群时间对所有集群地进行调查，直接计数动物种类、数量。也可采用可变半径样点法进行水鸟或其他集群动物的观测，调查半径根据现场具体情况变化。

根据各样线和样点上观察记录的陆生野生动物实体或痕迹数，利用数理统计和GIS空间分析技术估算调查区域内各物种的野生种群数量。

5.3 动物物种及其分布

据初步调查统计，自然保护区现已记录陆生脊椎动物178种，隶属4纲26目73科。其中：两栖纲1目6科19种；爬行纲2目11科24种；鸟纲16目44科113种；哺乳纲7目12科22种。另有鱼类12种，隶属于4目6科。

5.3.1 哺乳类

据实地考察、访问调查和参考有关资料，自然保护区有22种哺乳动物，隶属7目12

科，占整个自然保护区178种陆生脊椎动物物种总数的12.36%。其中：劳亚食虫目1科2种、翼手目2科3种、灵长目1科1种、食肉目2科3种、偶蹄目2科2种、啮齿目3科10种、兔形目1科1种。

自然保护区内大型哺乳动物，如赤麂、野猪，主要分布在自然保护区东部瑶山北段，海拔较高的林区。小型哺乳类在自然保护区内的分布主要依据其生境类型分布在不同环境，如鼠类主要分布于自然保护区内的居民区附近，松鼠类主要分布于自然保护区内的林区，蝙蝠类主要分布于自然保护区内的山体崖壁及洞穴内。

5.3.2 鸟　类

据实地考察、访问调查和参考有关资料，自然保护区有113种鸟类，隶属16目44科，占整个自然保护区178种陆生脊椎动物物种总数的63.48%。其中：鸡形目1科3种、雁形目1科2种、鸊鷉目1科1种、鸽形目1科2种、夜鹰目1科2种、鹃形目1科6种、鹤形目1科4种、鸻形目1科1种、鹈形目1科6种、鹰形目1科3种、鸮形目1科1种、犀鸟目1科1种、佛法僧目2科3种、啄木鸟科2科4种、隼形目1科1种、雀形目27科73种。

自然保护区内鸟类组成非常丰富，鸟类物种总数约占全国鸟类物种总数的7%。

5.3.3 爬行类

据实地考察、访问调查和参考有关资料得知，自然保护区有24种爬行类，隶属2目11科，占整个自然保护区178种陆生脊椎动物物种总数的13.48%。其中：龟鳖目1科1种、有鳞目10科23种。

5.3.4 两栖类

据实地考察、访问调查和参考有关资料，自然保护区有19种两栖类，隶属1目6科，占整个自然保护区178种陆生脊椎动物物种总数的10.67%。其中：无尾目6科19种。

5.3.5 鱼　类

据实地考察、访问调查和参考有关资料，自然保护区有12种鱼类，隶属4目6科，占整个自然保护区171种脊椎动物物种总数的7.02%。其中：鲤形目2科7种、鲇形目2科2种、鲈形目1科2种、合鳃目1科1种。

自然保护区内鱼类主要分布于横溪水库北端小部分、清源水库、磨石岭水库、大坪头水坝、大坪几水坝和红云村水坝，以及磨石岭溪、杨溪河大桥段、横溪和深水河等溪沟河流中。由于自然保护区内除了横溪水库外，其他水库和河流都属较小水域，其中的鱼类资源不甚丰富。

5.4 珍稀濒危及特有动物

5.4.1 珍稀濒危及特有的陆生脊椎动物

目前，自然保护区分布有陆生国家重点保护野生动物11种，全部为国家二级，分别是：藏酋猴、白鹇、褐翅鸦鹃、松雀鹰、黑鸢、普通鵟、斑头鸺鹠、红隼、画眉、红嘴相思鸟和虎纹蛙。另外有广东省重点保护物种7种，分别为：红背鼯鼠、黑水鸡、红嘴相思鸟、黑尾蜡嘴雀、棘胸蛙、沼水蛙和黑斑侧褶蛙。

自然保护区内分布有《中国物种红色名录》物种有 16 种，保护等级全部为近危（VU）；世界自然保护联盟（IUCN）濒危物种红色名录收录物种有 2 种，保护等级为近危（VU）；濒危野生动植物种国际贸易公约（CITES）附录Ⅱ收录物种 13 种，附录Ⅲ收录物种有 2 种；国家保护的有重要生态、科学、社会价值的陆生野生动物有 120 种。

5.4.2　珍稀濒危及特有的鱼类

自然保护区内无珍稀濒危鱼类。自然保护区内有福建纹胸鮡 *Glaptothorax fokiensis* 为中国特有种，但该物种在中国分布于长江及长江以南的各个水系，因此不属于狭窄分布的特有动物。

5.4.3　重要物种介绍

5.4.3.1　藏酋猴

藏酋猴属灵长目猴科猕猴属，是体型较大的一种猕猴，为国家二级重点保护野生动物，也是 CITES 附录Ⅱ的物种。主要分布于中国的华南及西南地区，以及孟加拉国、柬埔寨、印度等国。藏酋猴体形粗壮肥大，体重 10~25 kg。体毛丰厚，深灰或棕黑色，头顶及面颊生有长毛，面部裸露区较小，仅在眼鼻周围无毛。栖息于山地森林中，群居，树栖，也常下地觅食。以树叶、野果及昆虫等为食。妊娠期约为 6 个月，约 5 岁性成熟。

据大桥管理站工作人员及护林员反应，自然保护区内村庄及大桥镇附近的居民区内偶尔有 2~3 只猴子出没，每次逗留时间较短。依据提供的视频和照片，我们鉴定为藏酋猴，且每次到村庄附近活动的猴子都为雄性，因此我们推断，这些藏酋猴以南岭国家级自然保护区为主要活动区，而乳源南方红豆杉县级自然保护区内的藏酋猴是游离在大种群之外的雄性个体，本自然保护区不是藏酋猴的主要活动区。由于本次记录为访谈信息，藏酋猴在自然保护区内的种群数量尚不清楚。

5.4.3.2　白　鹇

白鹇属鸟纲鸡形目雉科鹇属，别名银雉、白雉，是中外驰名的观赏鸟，也是我国特产雉类，为国家二级重点保护野生动物。我国浙江、江西、福建、安徽、广东、广西、海南及西南地区等分布较为广泛，缅甸、老挝等东南亚国家也有分布，为广东省留鸟。除西江以南的地区外，广东省各地山区均有分布。1989 年被定为广东省的“省鸟”。雄鸟体大，尾长而白，背白，头顶黑，脸颊裸皮鲜红色，腿红色。雌鸟上体橄榄褐色至栗色，下体具褐色、杂白色或皮黄色细纹，具暗色冠羽及红色脸颊裸皮，脚粉红色。白鹇主要栖息于海拔 600~1400 m 暖温带常绿阔叶林、落叶阔叶混交林、灌木丛、竹林及针阔混交林中，坡度为 30°~45°。喜栖息于有树林的山地，多在竹林、草丛间活动。白天午间大都隐匿于山林深处，早晨和黄昏才出来觅食，没有固定的居住地，常常无定向漫游，夜晚多栖宿于树枝上，飞翔能力不强。白鹇的食物以果实、种子和昆虫为主，有时吃叶芽和花瓣。其繁殖期在 3~5 月。经华南濒危动物研究所研究人员的多年努力，白鹇已能人工繁育，并建立有数百只个体的人工种群。

自然保护区内白鹇主要分布在自然保护区东北侧的山林中，在观音山附近调查到实体。

5.4.3.3　虎纹蛙

两栖类动物极易受环境中诸多因素的影响而导致野生资源量急剧下降。虎纹蛙属两栖纲无尾目蛙科虎纹蛙属，在我国分布于华东、华中、华南及西南地区，在国外还见于南亚和东南亚一带。虎纹蛙属珍稀濒危野生两栖类、国家二级重点保护野生动物。虎纹蛙吻端钝尖，下颌前缘有两个齿状骨突。背面皮肤粗糙，背部有长短不一、一般断续排列成纵行的皮肤棱，其间散有小疣粒。趾、指末端钝尖，胫跗关节前达眼部或肩部，趾间全蹼。背面黄绿或灰棕色，散有不规则的深色斑纹，四肢横纹明显。

虎纹蛙常生活于丘陵地带海拔 900 m 以下的水田、沟渠、水库、池塘、沼泽地等处，以及附近的草丛中。白天隐藏于水域岸边的洞穴内，夜间外出活动，跳跃能力很强。虎纹蛙的食性分析表明，虎纹蛙主要以动物为食，且大部分是农林害虫，因此虎纹蛙是比较稳定可靠的生物防治能手，是农林害虫的重要天敌。虎纹蛙是一种有益的蛙类，应加强保护。

虎纹蛙作为一种经济动物，已经能够进行人工养殖。过度捕猎、贸易、栖息地破坏和污染导致该物种野生种群数量减少。在我国南方诸省，虎纹蛙被作为主要的食用蛙类，每年的猎捕量非常巨大，虽然有人工养殖的个体大量出现在市场上，但是由于野生个体的价格高，因而遭到大量猎捕，野外已经非常少见了。非法猎捕与市场贸易是导致该物种濒危的主要原因。目前，虎纹蛙处于濒危的边缘，需要加强对虎纹蛙的保护，严禁捕猎，同时需要保护好栖息地。

自然保护区内虎纹蛙主要分布于水田、沟渠、水库等湿地附近，在自然保护区内的种群数量较少。

Chapter 6 第6章
自然遗迹

自然遗迹又叫自然遗产，是大自然发展变化留下的具有特定科学文化价值的旧迹。包括从审美或科学角度看具有突出普遍价值的，由物质和生物结构或这类结构群组成的自然景观，如石芽、溶洞等；从科学和保护角度看具有突出普遍价值的地质和地貌结构以及明确划为受到威胁的动物和植物生息区，如典型的地质剖面、冰川遗迹、火山遗迹、大熊猫生长繁殖地等；从科学、保存或自然美角度看，具有突出普遍价值的天然名胜区或明确划分的自然区域，如各种名山、古树名木等。本次考察的自然遗迹主要是地质遗迹。

6.1 自然遗迹形成条件与过程

6.1.1 形成条件

可溶性岩石是喀斯特地貌形成的根本条件，自然保护区内喀斯特地貌分布广泛，最主要的是这里有其发育的主体。大量的碳酸盐岩、硫酸盐岩和卤化盐岩在流水的不断溶蚀作用下，在地表和地下形成了各种奇特的喀斯特景观。从溶解度上看，卤化盐岩>硫酸盐岩>碳酸盐岩；由于碳酸盐岩种类较多，其各类岩石溶解度随着难溶性杂质的多少而定，石灰岩>白云岩>泥灰岩。从岩石结构分析，结晶质岩石晶粒愈大溶解度愈小，等粒岩比不等粒岩溶解度要小。

形成喀斯特地貌，岩石需要具有一定的孔隙和裂隙，它们是流动水下渗的主要渠道。岩石裂隙越大，岩石的透水性越强，岩溶作用越显著。在溶洞中，岩溶作用愈强烈，溶洞越大，地下管道越多，喀斯特地貌发育越完整，并且形成一个不断扩大的循环网。

流水的动力作用是喀斯特地貌形成的重要条件。水的溶蚀能力来源于二氧化碳（CO_2）与水结合形成的碳酸（H_2CO_3），二氧化碳是喀斯特地貌形成的功臣，水中的二氧化碳主要来自大气流动、有机物在水中的腐蚀和矿物风化。流动的水溶蚀性更强烈一些，因为水中的二氧化碳需要得到及时的补充，水的溶蚀作用才能顺利进行，水的溶蚀能力才得以巩固加强。同时，流动的水带动河底砂砾对岩石进行机械侵蚀，这样更有利于岩溶作用的深入。

自然保护区内有大量的可溶性岩石存在，特别是中西部地区，以泥盆纪、石炭纪的泥质岩、隐晶质灰岩、白云质灰岩、泥质碎屑岩为主，为喀斯特地貌的发育提供了良好的条件。自然保护区属中亚热带湿润季风气候区，气候界于岭南、岭北之间，冬季常受北方冷空气影响，夏季常受南海暖湿气流影响，雨水充沛，降水集中，为喀斯特地貌的发育提供了较好的气候条件。

6.1.2 形成过程

中国现代喀斯特是在燕山运动以后准平原的基础上发展起来的。老第三纪时，华南为热带气候，峰林开始发育；华北则为亚热带气候，至今在晋中山地和太行山南段的一些分水岭地区还遗留有缓丘—洼地地貌。而当时长江南北为荒漠地带，是喀斯特发育较弱地区。新第三纪时，中国季风气候形成，奠定了现今喀斯特地带性的基础，华南保持了湿热气候，华中变得湿润，喀斯特发育转向强烈。尤其是第四纪以来，地壳迅速上升，喀斯特地貌随之迅速发育，类型复杂多样。随冰期与间冰期的交替，气候带频繁变动，但在交替变动中气候带有逐步南移的特点，华南热带峰林的北界达南岭、苗岭一线。

这一界线较现今热带界线偏北约 3~4 个纬度，可见峰林的北界不是在现代气候条件下形成的。中国东部气温和雨量虽是向北渐变，但喀斯特地带性的差异却非常明显。这是因为冰期与间冰期气候的影响，间冰期时中国的气温和雨量都较高，有利于喀斯特发育。而冰期时寒冷少雨，强烈地抑制了喀斯特的发育，但越往热带其影响越小。在热带峰林区域，保持了峰林得以断续发育的条件，从华中向东北影响越来越大，同时，喀斯特作用的强度向北迅速降低，类型发生明显变化。广大西北地区，从第三纪以来均处于干燥气候条件下，是喀斯特几乎不发育地区。

自然保护区位于南岭南侧，是华南地区喀斯特地貌的一部分，其地貌形成过程与华南版块地貌发育是一致的。

6.2 自然遗迹类型与分布

自然保护区的地质遗迹主要有基础地质大类地质遗迹(如褶皱)、地貌景观大类地质遗迹[碳酸盐(岩溶)地貌，即喀斯特地貌]和地质灾害大类地质遗迹(如滑坡)，具体分类如表 6-1 所示。

表 6-1 广东乳源南方红豆杉县级自然保护区自然遗迹分类表

分布分类		主要类型	研究价值与意义
基础地质大类地质遗迹	构造剖面	褶皱	不具有典型代表性，具有一定研究价值和意义
	重要岩矿石产地	矿业遗址	
地貌景观大类地质遗迹	碳酸盐(岩溶)地貌	石峰、崖壁、巷谷、顺层岩槽、额状岩槽、崩积巨石等	代表性意义，具有一定的科学研究价值和观赏价值
	水体地貌	河、潭、泉、湖、瀑布、冰臼、顺层凹槽、浅穴、壶穴等	不具有典型代表性，具有一定研究价值和意义
地质灾害大类地质遗迹	地质灾害遗迹	滑坡	不具有典型代表性，具有一定研究价值和意义

6.2.1 自然遗迹类型

6.2.1.1 构造剖面

(1)褶皱。据《乳源瑶族自治县志》等资料显示，自然保护区内构造剖面包括褶皱与断裂，但实地调查发现类型主要为平卧褶皱，为背斜侧倾形成。位于红云村南国赏雪山庄西侧 200 m 处，东经 113°07′12″，北纬 25°02′20″，海拔约 815 m。山体开挖后出露，高约为 4 m，宽约为 6 m，倾侧方向为 90°东向(图 6-1)。

图 6-1 红云村平卧褶皱

(2)向斜。实地考察的向斜位于自然保护区南侧边缘，柯树下村东侧，是梅花大桥向斜的北段，东经 113°09′01″，北纬 25°02′11″，海拔高度约为 845 m。大桥向斜是瑶山复式背斜的西冀一部分，对自然保护区地质地理都有很大的影响。从大坪几的山上向南望，可以看到大桥向斜的枢纽部，呈现龙骨状，当地称为“油子龙排”(图 6-2，图 6-3)。

图 6-2 位于自然保护区南侧边缘、柯树下村东侧向斜，梅花大桥向斜枢纽部

(油子龙排，无人机航拍照片)

图 6-3　位于自然保护区南侧边缘、柯树下村东侧向斜
（油子龙排，谷歌地球视图）

6.2.1.2　喀斯特地貌

（1）石峰。自然保护区内海拔较高的石峰较多，但由于岩溶台地夷平面本身海拔较高，加之受构造作用影响，岩层多倾斜，因此石峰的相对高差较小，险峻的石峰较少。较有特点的石峰有人公石（图 6-4，图 6-5），亦常见阶梯状山峰，如核桃山村西北侧山峰（图 6-6），其他石峰多为包状草甸山峰。

图 6-4　人公石西侧

图6-5　人公石南侧

图6-6　核桃山村西北侧阶梯状山峰

（2）石芽。石芽是地表水沿碳酸盐岩表面裂隙溶蚀所成沟槽间的脊状岩体，是岩溶区平缓岩层坡面上常见的一种岩溶地貌，是地表露出顶端尖、下部粗的锥形岩体。

实地调查发现的石芽位于红光村西南约 1 km 处（图6-7），357 县道旁，东经 113°07′38″，北纬 25°03′29″，海拔约为 806 m。石芽遍布西向及东北向山坡，排列相对有序。

图 6-7 红云村石芽

（3）岩槽。外业调查发现自然保护区内岩槽主要有 4 处，分别是郭家岩（自命名）、塘峰岩和岐石洞（自命名）、曹家小型岩洞。

郭家岩位于三元村郭家以西约 600 m 处村道旁，东经 113°06′32″，北纬 25°01′51″，海拔高度为 742 m，为额状岩槽，是由岩层崩落形成，槽长约 25 m，高约 6 m，具有一定观赏价值（图 6-8）。

图 6-8 郭家岩

塘峰岩位于塘峰岩村，东经113°05′32″，北纬25°02′44″，海拔高度约为747 m，额状岩槽，是由岩层崩落形成。槽内形成较深洞穴，洞口高8～12 m，宽约40 m，深10～20 m，洞外为崖壁，观赏价值较高(图6-9)。

岐石洞位于岐石村以北约600 m处，357县道旁，东经113°08′50″，北纬25°05′31″，海拔高度为795 m，额状岩槽，是由岩层崩落形成。洞口宽8～10 m，高3～5 m。洞口位于山腰，有村民建瓦舍于上(图6-10)。

图6-9　塘峰岩

图6-10　岐石洞

曹家小型岩洞位于曹家东侧山间小径旁边，洞口高约 0.5 m，宽约 1 m，深约 1.5 m，为岩层崩落、溶蚀形成(图 6-11)。

图 6-11　曹家小型岩洞

(4)洼地。喀斯特洼地(岩溶洼地)，周围有石山环绕，呈圆形、椭圆形或不规则形，面积大小不一，深浅也不一，深约 10～100 m。洼地底部常有漏斗、落水洞和竖井。

调查发现的洼地位于老鲤塘，该处地形较高，周围石山环绕，形成多处洼地。老鲤塘洼地东经 113°09′36″，北纬 25°04′11″，洼地底部海拔高度约为 777 m，洼地周边最低缺口处海拔高度约为 788 m，高差约为 11 m(图 6-12)。

图 6-12　老鲤塘洼地

6.2.1.3　水体地貌

(1)河流。自然保护区内较大的明河为寨下溪(自命名)，发源于羊古脑、连九塘、大坡头等地，沿自然保护区东部山地与中部台地交界的北西向至近东西向断裂向南流入横溪水库。河床宽 4~10 m，水体较浅，清澈见底(图 6-13)。

图 6-13　寨下溪

(2)湖库。自然保护区内湖库较多，多为人工拦蓄而成，实地调查的有清源水库、横溪水库等(图 6-14)。

图 6-14　清源水库

(3)凹槽。和平村侵蚀凹槽位于和平村以西约 200 m 处，948 乡道旁。为流水侵蚀、溶蚀形成，凹槽深 15～30 cm(图 6-15)。

图 6-15 和平村侵蚀凹槽

张家千年南方红豆杉附近凹槽，位于张家千年南方红豆杉树脚下，为流水侵蚀、溶蚀形成，凹槽深约 15 cm(图 6-16)。

图 6-16 张家千年南方红豆杉附近凹槽

(4)壶穴。自然保护区范围内沿寨下溪流域多处发现壶穴遗迹。地点主要在曹家东侧山里、横溪水库 930 乡道旁。壶穴因河水急流中常有涡流伴生，砾石便挖钻河床，河流中断层、岩性不同或是跌水的下方在水流的磨蚀作用下，往往形成很深的坑穴。

曹家东侧山壶穴位于山腰处，仅有少量分布，疑为地貌发育较早的时期，经河流冲蚀形成。该壶穴直径约 20 cm，深约 15 cm(图 6-17)。

图 6-17　曹家东侧山壶穴

横溪水库北 930 乡道壶穴，位于山腰处，未发现成群分布，疑为地貌发育较早的时期，经河流冲蚀形成。该壶穴直径约 15 cm，深约 30 cm(图 6-18)。

图 6-18　横溪水库 930 乡道旁壶穴

6.2.1.4　其他自然遗迹

自然保护区内的其他自然遗迹主要包括地质灾害(图 6-19)、天坑、崖壁(图 6-20)和矿业遗址(图 6-21)，4 类遗迹发现不多，地质灾害约有 3 处，其中两处疑为人为滑坡；崖壁多见植被覆盖，特征不甚明显；矿业遗址为曹家南侧铅锌矿遗址，目前已无开采。

图 6-19　大坪里东侧山体滑坡

图 6-20　平头寨山脚崖壁

图 6-21　曹家南侧铅锌矿矿洞

6.2.2　自然遗迹分布

6.2.2.1　自然遗迹及其中心坐标

自然保护区自然地理与地质遗迹考察共记录自然遗迹 45 处，所有遗迹中心纬度为北纬 25°00′43″~25°09′04″，经度为东经 113°04′54″~113°14′44″，具体自然遗迹类型、名称及中心坐标见表 6-2。

表 6-2　广东乳源南方红豆杉县级自然保护区自然遗迹中心坐标

序号	地　点	类　型	名　称	东　经	北　纬
1	红云镇和平村	凹槽	和平村侵蚀凹槽	113°09′21″	25°06′06″
2	红云镇和平村	凹槽	张家千年南方红豆杉附近凹槽	113°09′36″	25°06′36″
3	红云镇和平村	地质灾害	大坪里东侧山体滑坡	113°10′44″	25°06′20″
4	红云镇石下寨	地质灾害	大坪几山体滑坡	113°07′00″	25°01′48″
5	红云镇鸭丝角	地质灾害	红云村西侧山体滑坡	113°08′32″	25°03′08″
6	必背镇上湾村	河流	寨下溪	113°12′27″	25°02′28″
7	红云镇和平村	壶穴	曹家东侧山壶穴	113°10′07″	25°05′58″
8	必背镇上湾村	壶穴	横溪水库 930 乡道旁壶穴	113°13′16″	25°02′16″
9	必背镇上湾村	湖库	横溪水库	113°13′09″	25°02′07″
10	红云镇三元村	湖库	磨石岭水库	113°05′30″	25°04′41″
11	红云镇鸭丝角	湖库	大坪几水库	113°08′18″	25°03′01″
12	红云镇老鲤塘	湖库	大坪头水库	113°08′35″	25°04′20″
13	红云镇岐石村	湖库	清源水库	113°08′05″	25°05′34″
14	红云镇红云村	湖库	红云村水库	113°07′18″	25°02′41″

（续）

序号	地 点	类 型	名 称	东 经	北 纬
15	红云镇红云村	矿业遗址	红光村采石旧址	113°07′29″	25°03′40″
16	红云镇和平村	矿业遗址	曹家南侧铅锌矿矿洞	113°09′51″	25°05′48″
17	红云镇和平村	石峰	曹家东侧山石峰	113°10′08″	25°05′51″
18	红云镇老鲤塘	石峰	老鲤塘石峰	113°09′25″	25°04′12″
19	红云镇三元村	石峰	阶梯石峰	113°05′59″	25°03′22″
20	红云镇深渊村	石峰	柯树下石峰	113°08′33″	25°02′36″
21	红云镇鸭丝角	石峰	大坪几石峰	113°08′41″	25°03′04″
22	红云镇岐石村	石峰	岐石村南侧石峰	113°08′43″	25°04′60″
23	必背镇上湾村	石峰	栗木岗人公石	113°12′20″	25°03′17″
24	红云镇红云村	石芽	红云村小石芽	113°07′17″	25°03′39″
25	红云镇老鲤塘	洼地	老鲤塘喀斯特洼地	113°09′17″	25°04′19″
26	红云镇老鲤塘	洼地	老鲤塘喀斯特洼地	113°09′23″	25°04′07″
27	红云镇和平村	崖壁	平头寨山脚崖壁	113°10′22″	25°05′49″
28	红云镇岐石村	崖壁	和平村崖壁	113°09′07″	25°05′60″
29	红云镇和平村	崖壁	曹家东侧山崖壁	113°10′08″	25°05′57″
30	红云镇坝里	崖壁	坝里崖壁	113°08′57″	25°07′46″
31	红云镇三元村	崖壁	深窝崖壁	113°05′05″	25°03′15″
32	红云镇老鲤塘	崖壁	南头冲道路崖壁	113°08′52″	25°04′39″
33	红云镇三元村	崖壁	山窝崖壁	113°04′39″	25°04′08″
34	红云镇三元村	崖壁	山窝崖壁	113°04′53″	25°03′43″
35	红云镇和平村	崖壁	平头寨崖壁	113°11′14″	25°05′36″
36	红云镇和平村	崖壁	羊古脑崖壁	113°11′03″	25°06′12″
37	红云镇和平村	崖壁	大坪里崖壁	113°10′28″	25°06′22″
38	红云镇和平村	崖壁	曹家南侧崖壁	113°09′52″	25°05′46″
39	红云镇红云村	崖壁	马头下崖壁	113°06′21″	25°02′23″
40	红云镇和平村	岩槽	曹家小型岩洞	113°10′07″	25°05′60″
41	红云镇三元村	岩槽	郭家岩	113°06′12″	25°02′00″
42	红云镇三元村	岩槽	塘峰岩	113°05′13″	25°02′54″
43	红云镇岐石村	岩槽	岐石洞	113°08′29″	25°05′41″
44	红云镇红云村	褶皱	红云村平卧褶皱	113°06′52″	25°02′28″
45	大桥镇	褶皱	油子龙排	113°09′01″	25°02′11″

* 投影坐标系统采用：WGS_ 1984_ Web_ Mercator_ Auxiliary_ Sphere

6.2.2.2 自然遗迹分布

调查结果显示，自然保护区自然遗迹在全区均有分布，但各类自然遗迹体量都比较少，少见有桂林喀斯特地貌的奇峰异石。从行政区划上看，自然遗迹主要分布在红云镇，必背镇和大桥镇有少量分布。从地层看，自然遗迹主要分布在石炭纪地层中，其次为泥盆纪，寒武纪地层有少量分布(附图 36)。

6.3　自然遗迹的价值意义

6.3.1　自然遗迹评价方法

自然遗迹具有不可再生性、整体性、不可复制性、不可移植性、复杂多样性及科学性等特点，不可再生性和永续使用价值是自然遗迹最根本、最本质的自然属性，自然遗迹的这一属性决定了它的真正价值所在。

自然保护区包含 3 大类自然遗迹：基础地质大类自然遗迹、地貌景观大类自然遗迹和地质灾害大类地质遗迹。借鉴自然遗迹评价内容和国家地质公园的定量评价指标，可运用层次分析法(AHP)按上述地质遗迹景观划分类型进行分类评价。具体的评价方法是将评价因素归并为 3 个层次：总目标层、综合评价层、评价因子层。以不同层次间的因素构成多目标决策树，以突出保护区自然遗迹的科学价值和独特性，评价指标及权重参照《中国国家地质公园建设工作指南》，选取自然遗迹资源属性、资源价值、可开发保护性 3 个方面作为评价的综合层，然后再将这 3 个评价方面进一步细分为 13 个评价因子(表 6-3 至表 6-5)，并按照各评价因子的重要程度，对各因子进行赋分。其中自然遗迹的资源属性权重占总分的 36%，自然遗迹的资源价值权重占总分的 44%，自然遗迹的资源可开发条件权重占总分的 20%。评价结果分为特级、重要和一般 3 个等级，即≥90 分为特级，80~89 分(含 80 分)为重要，80 分以下为一般。

表 6-3　自然遗迹资源属性评价

因子等级	资源属性			
	典型性	稀有性	系统完整性	自然性
A 级	10	10	8	8
B 级	8	8	6	6
C 级	6	6	4	4
D 级	4	4	2	2

表 6-4　自然遗迹资源价值评价

因子等级	资源价值			
	科学价值	美学价值	科普教育价值	旅游开发价值
A 级	14	10	10	10
B 级	13	8	8	8
C 级	10	6	6	6
D 级	7	4	4	4

表 6-5　自然遗迹可开发条件评价

因子等级	可开发条件				
	生态环境	可达性	基础服务设施	可保护性	安全性
A 级	4	4	4	4	4
B 级	3	3	3	3	3
C 级	2	2	2	2	2
D 级	1	1	1	1	1

具体赋分标准见表6-6，从最终综合评分可看出，保护区内自然遗迹基本为一般等级，仅有塘峰岩和油子龙排2个遗迹为重要等级。

表 6-6 广东乳源南方红豆杉县级自然保护区自然遗迹评价结果

名　称	资源属性	资源价值	可开发条件	综合评分
和平村侵蚀凹槽	14	19	10	43
张家千年南方红豆杉附近凹槽	14	19	10	43
大坪里东侧山体滑坡	14	19	9	42
大坪几山体滑坡	14	19	9	42
红云村西侧山体滑坡	14	19	9	42
寨下溪	14	19	13	46
曹家东侧山壶穴	14	19	10	43
横溪水库930乡道旁壶穴	22	28	13	63
横溪水库	14	23	11	48
磨石岭水库	14	19	11	44
大坪几水库	14	19	11	44
大坪头水库	14	19	11	44
清源水库	14	23	14	51
红云村水库	14	19	11	44
红光村采石旧址	14	19	11	44
曹家南侧铅锌矿矿洞	14	19	11	44
曹家东侧山石峰	14	19	11	44
老鲤塘石峰	14	19	11	44
阶梯石峰	20	26	13	59
柯树下石峰	14	19	11	44
大坪几石峰	14	19	11	44
岐石村南侧石峰	14	19	11	44
栗木岗人公石	30	27	13	70
红云村小石芽	28	34	17	79
横溪水库930乡道旁小型天坑	16	19	11	46
老鲤塘喀斯特洼地1	14	19	11	44
老鲤塘喀斯特洼地2	14	19	11	44
平头寨山脚崖壁	14	19	11	44
和平村崖壁	14	19	11	44
曹家东侧山崖壁	14	19	11	44
坝里崖壁	14	19	11	44
深窝崖壁	14	19	11	44
南头冲道路崖壁	14	19	11	44
山窝崖壁1	14	19	11	44

（续）

名　称	资源属性	资源价值	可开发条件	综合评分
山窝崖壁 2	14	19	11	44
平头寨崖壁	14	19	11	44
羊古脑崖壁	14	19	11	44
大坪里崖壁	14	19	11	44
曹家南侧崖壁	14	19	12	45
马头下崖壁	14	19	11	44
曹家小型岩洞	14	19	11	44
郭家岩	26	22	14	62
塘峰岩	30	37	14	81
岐石洞	28	23	15	66
红云村风化背斜	20	24	14	58
油子龙排	28	37	17	82

6.3.2　自然遗迹价值

6.3.2.1　科学价值

南岭构造带发育在强烈褶皱变形的基底之上，发育了华南地区最大规模的早中生代花岗岩和裂谷盆地。基底由变质的新元古代—奥陶纪复理石—火山岩系和未变质的晚泥盆世—早三叠世沉积岩系所组成(附图 37)。自然保护区位于大东山与武江之间的瑶山山脉之中，北部有寒武纪地层的苦竹坳、羊古脑等山峰，东部有泥盆纪地层的平头寨、人公石等山峰，中西部则多是有石炭纪地层的交错峰岭，其地层的演化、构造的形成都有一定的科学研究价值。

从地貌发育上来看，自然保护区包括了两个发育阶段，中西部是广东山区的第三级(高程 600～780 m)夷平面，地貌发育程度较高；东部是第四级(高程 1000～1350 m)夷平面，地貌发育程度相对较低。两级地貌沿北西向至近东西向断裂区分明显，断裂的西侧多为台地，断裂的东侧则为山地。自然保护区中西部虽同为第三级夷平面，其地貌特征也有明显区别，中部多为丘峰地貌，而西部则多为南北向丘岭地貌。中西部岩石多为竖向或倾斜层理，说明该区域曾经不断地受到造山作用的挤压，在大陆即将形成时或历时较长的大陆时期内侵蚀作用较大。地貌的发育形成过程在科学研究和科普教育上都有其价值意义(附图 38)。

自然保护区南部的梅花大桥向斜是一个标准的向斜的枢纽，特别是在大坪儿可以一览向斜的全貌，有着很高的教学和科普价值；其形似龙骨，具有旅游开发的潜力。

自然保护区内沿寨下溪(北西向至近东西向断裂)一带，偶然发现有壶穴(或为冰臼，有待深入考证)，该类冰川流水地貌一般出现在山间河谷，但该处却出现在山腰，说明该区域在地层演化、发育早期可能就经历了流水(冰川)侵蚀。在垂直方向上，该处是否记录了流水(冰川)地貌的侵蚀过程，仍然有待进一步探讨研究。

6.3.2.2　美学价值

自然保护区内石峰、石芽、岩槽、洼地、凹槽、湖库等景观比其他南方丘陵山区更具特点，有一定的美学价值。红光村西南的小石芽，虽然体量相对较小，但各种形状怪石排列有序，从山脚至山腰蔓延，仿如巨石攻山，甚有气势。塘峰岩村塘峰岩，经溶蚀后，下部巨石崩落，形成岩洞，洞周陡崖峭壁，洞内宽若厅堂，远观岩洞，其险峻亦让人惊叹。清源水库交通相对便利，入到水库东望，水与山相映，山峰独立，有小桂林之美。因此自然保护区内的自然遗迹亦有一定的美学价值。

6.3.2.3 生态旅游价值

自然保护区内地质景观资源相对较多，尽管规模不大，但类型丰富，空间上集中在约为 100 km^2 的区域内，资源相对集中，各向车程时间较短，与自然保护区内的南方红豆杉古树名木、背夫岩洞居所、下坑石拱桥、核桃山普陀仙庙、老虎部纳凉避雨亭等古建筑资源进行整合规划，可提升生态旅游价值。

Chapter 7

第7章 旅游资源

时代在发展，社会在进步，人们不仅仅停留在对物质的追求上，更渴望精神层次的提高，因而，人们的消费开始逐渐转向文化和精神方面，尤其是人们对旅游的喜爱和重视，这也促使一些地区的经济得到快速发展，同时也能解决当地的一些就业问题。

乳源瑶族自治县，地处南岭山脉南麓，位于广东省北部、韶关市西部，全县总面积2299 km^2，现辖9个镇(其中3个瑶族镇)，102个村(居)委会，总人口23.2万，其中瑶族人口约2.5万，是全国12个瑶族自治县之一。乳源也是美国、法国、越南、老挝等海外瑶族同胞的祖居地，被誉为“世界过山瑶之乡”。县境内有着丰富的旅游资源，如自然旅游资源和人文旅游资源，县境内自然旅游资源特别丰富，如广东大峡谷、南岭国家森林公园、天景山仙人桥、广东第三大湖南水湖等都拥有独特的自然特征。其中就人文旅游资源而言，主要有民歌舞蹈、宗教信仰以及乳源过山瑶等房屋建筑等，它们都融入当地的旅游景观之中，其中较有代表性的旅游景点有必背瑶寨，千年古刹云门寺、西京古道等。目前，旅游业已成为乳源县的支柱产业，先后获得中国最佳民族生态旅游名县、中国最佳民族生态旅游目的地等称号。

以《旅游资源分类、调查与评价》(GB/T 18972—2017)为标准，自然保护区内现有风景资源(景点)41处，其中：一级景点2处，二级景点10处，三级景点29处。旅游资源丰富，具有较高的观赏价值。

7.1 自然旅游资源

自然保护区所在区域属中亚热带山地丘陵季风区，其景观资源是山地丘陵自然景观的典型代表。自然保护区范围内自然景观多样，人文旅游资源丰富。在生态保护第一的原则下，将生物多样性和景观多样性保护与社会经济发展有机结合，最终实现生态、环境、社会、经济的可持续发展。

7.1.1 地文景观

自然保护区地处南岭山脉中段南麓，属石灰岩地区，中山、低山和丘陵占自然保护区面积的80%以上，地势东北高，西南低，自东北向西南倾斜。最高峰为平头寨(图7-1)。由北向南的高山有苦竹坳、观音山、寨子里、桶子山、羊古脑等。帽峰、红薯寮、罗群寨均分布在自然保护区外围边缘带。

自然保护区内兼有中山、低山、丘陵和峡谷等地貌，悠久的地质历史和多样性地形地貌形成了山峰景观、丘陵山地地貌景观、沟谷景观和溶洞景观等地文景观(图 7-2)。

图 7-1 自然保护区东部平头寨

图 7-2 塘峰岩

图 7-3　磨石岭水库

7.1.2　水体景观

自然保护区内水体相对较少，河流景观仅有磨石岭河、杨溪河大桥段、横溪和深水河等小型河流。水库景观以较大的横溪水库为主，以及清源水库、大坪头水库、大坪儿水库、红云村水库和磨石岭水库等小型库塘(图 7-3)。自然保护区内水体两边均为密林覆盖，山峰雄伟，森林茂密，水流潺潺，共同组成了一幅自然画卷。

7.1.3　生物景观

自然保护区的地带性森林景观是典型的亚热带常绿阔叶林景观。以壳斗科、樟科、茶科、金缕梅科、木兰科的常绿阔叶物种为森林的建群种和优势种。山地垂直分布的森林景观分布明显，海拔 600 m 以上为山地常绿阔叶林景观，伴随出现一些暖湿性的落叶树种，如金缕梅科的缺萼枫香、壳斗科的亮叶水青冈，桦木科的拟赤杨、鹅耳枥、光皮桦等。海拔 900~1373 m 出现常绿与落叶混交林景观和山地矮林景观。

7.1.3.1　森林资源

自然保护区内有极其丰富的森林景观资源，其中包括天然常绿阔叶林景观、亚热带常绿阔叶林景观、亚热带常绿针叶林景观、竹林景观、常绿阔叶灌丛景观以及自然保护区内特色的风水林景观。

另外自然保护区内还有一些具有较高观赏价值和科普价值的植物景观，如南方红豆杉、华南五针松、伯乐树等，其中位于和平村张家的千年红豆杉，树龄达 2000 多年，胸径 140 cm 左右，高约 35 m，冠幅达 20 m，生长茂盛，科普和观赏价值极高(图 7-4)。

图 7-4 自然保护区和平村张家后山千年红豆杉

7.1.3.2 动物资源

广东省省鸟——白鹇景观。根据初步考察，自然保护区内白鹇见于山地沟谷旁，坡度较平缓、人为活动较少处，乔木主要以黧蒴、木荷、细柄蕈树、红锥等树种为主，并有少量枫香、毛竹林、铁冬青等，林下灌丛较少，在黄昏和早晨偶见白鹇在沟谷边觅食。白鹇是珍稀雉类，又名白雉，属鸡形目雉科鸟类，属国家二级保护野生动物，为广东省省鸟。白鹇自古就是名贵的观赏鸟，唐代诗人李白曾写下“请以双白璧，买君双白鹇。白鹇白如锦，白雪耻容颜”的名句。清朝文官的官服上，五品官的图样便是白鹇。白鹇羽毛素雅，体态优美娴雅，极具观赏价值。由于鸟类资源具有特殊性，建议仅仅开展远距离观赏和科普活动。

7.1.4 天象景观

自然保护区属中亚热带季风气候类型，全年气候温和、光能充裕、雨量丰沛，霜期短。年平均气温 15.9~19.8 ℃，比广州市区同时间的温度低 5~6 ℃，比从化、增城等地的温度低 4~5 ℃，是珠三角地区理想的避暑地带之一。自然保护区内春夏秋冬四季较为分明，也是南方体验季相变化的胜地。

7.2 人文旅游资源

自然保护区内有西京古道遗迹和乳北人民抗征队会议旧址等一系列历史遗迹，同时还有粤北客家一些特有的风俗活动，一同构成了自然保护区特殊的人文旅游资源。

7.2.1 西京古道遗迹

西京古道位于乳源瑶族自治县大桥镇，分布在石角塘、大桥、红云等村，始建于东汉建武 2 年，唐代至清代曾多次修缮。西京古道包括古道和古亭，是过去两千年里，沟通中原与岭南一带的交通要道，北接湖南的骡马古道，南通广州。西京古道乳源北段由县城西大富桥上腊领过风门关，途径龙溪、大桥均丰、白牛坪、乐昌出水岩、梅花、老坪石等地。乳源今保存完好的古道有：梯云领段约 3 km，猴子岭段约 2. 5 km，古道路面或用石板铺筑，或凿山开石成(如梯云岭路面)。古路普遍宽 1 m 以上。西京古道中古亭建于清代，有梯云岭亭、猴子岭心韩亭、红云仰止亭。西京古道对促进当地民族的融合和社会经济发展发挥了重要作用，也是乳源现存古驿道中，年代最早、保存较完整的古道。

自然保护区内主要的古道线路是从猴子岭分岔左行经云山脚、三元、核桃山、沙坪(今乐昌市辖)至宜章县境，西京古道如一棵参天大树，支线纵横交织，形成网状。

自然保护区内有老虎冲纳凉避雨亭、三元村寿德亭、红云村乐善亭、猴子岭心韩亭和红云仰止亭 5 个古亭，都是西京古道途中专供行人歇息的“凉亭”。这些凉亭有风火山墙式和拱券式两种造型，形成它独特的建筑特色，有别于名山胜地和园林别墅里常见的通透式风景亭(图 7-5，图 7-6)。

图 7-5　老虎冲纳凉避雨亭

图 7-6　三元村寿德亭

独特的建筑造型和特有的驿道文化相融合，西京古道是旅游、考古、科研、挖掘客家历史文化不可多得的珍贵实物资料，也是中小学生、青少年爱国主义教育基地。

7.2.2 乳北人民抗征队会议旧址

位于大桥镇核桃山村。该旧址为清代建筑，坐西向东，二进院落二层楼房，砖木结构，灰瓦面，悬山式顶，面积约 264 m^2。该旧址原为上江村书房，1949 年初，乳宜边人民抗征队扩分为宜章人民抗征队和乳北人民抗征队后，乳北人民抗征队(代号为“洪炉队”)以核桃山等地为据点，在梅花、秀水、云岩、清源、大桥等地区进行活动，发展组织，扩大队伍。是当时抗征队多次秘密开会商讨开展乳北地区武装斗争的活动场所，具有一定的历史研究价值和爱国主义教育价值。

7.2.3 节庆活动

(1)扛阿公。又名“六月六洗菩萨节”，是当地由古至今仅次于春节的最隆重节日，2015 年 6 月被正式列入韶关市非物质文化遗产名单。“扛阿公”仪式大约从上午 8~9 时开始，由族中男性长者带领一对男性青壮年准时从祠堂门坪出发至水口庙迎阿公，到达水口庙之后，先供奉阿公，再把阿公接下来至水口庙左边的小溪把阿公抹干净，再把阿公接上轿，开始步行游田段，同时进行祈祷。游完后把阿公摆放在祠堂中厅接受敬奉。整个过程中伴随着鞭炮声、敲锣打鼓声，传统韵味浓厚。下午 2 点，再把阿公扛回水口庙，阿公归位。

为了村里最隆重的“扛阿公”仪式，外出工作的人们陆续提前回乡。当天一早，全村的男女老少天还未亮就早早起身穿上了新衣服，准备好了各种各样的三牲祭品、时鲜水果。随着喧天的锣鼓声、鞭炮声在村中四处响起，乡亲们齐聚于宗祠前，举着彩旗、扛着大椅，浩浩荡荡地前往明朝古庙——水口庙中迎“阿公”。据介绍，“扛阿公”民俗活动已有 240 多年的历史，期间一度中断了 70 多年，一直到 2012 年才得以恢复。

(2)舞狮头。“舞狮头”即舞狮，是粤北节日庆典中民间传统的舞蹈形式。有瑞狮和醒狮 2 大类，分别代表温文、威武 2 种艺术风格。一般由 2 人合作操舞狮头狮尾，1~2 人扮演“佛面”，以扇子或彩球逗引狮子。表演多以攀高“采青”为高潮。

7.3 借景景观资源

自然保护区周边景观资源丰富，包括南岭国家森林公园和南水湖国家湿地公园等。

7.3.1 南岭国家森林公园

南岭国家森林公园距自然保护区约 23 km，是 1993 年经林业部批准成立的国家森林公园，也是广东省最大的自然保护区。公园位于南岭山脉的核心，其中石坑崆海拔 1902 m，是“广东第一峰”，石韭岭海拔 1888 m，为“广东第二峰”，四周群峰高耸，分布错落有致。山间树木连成一片，望不到边，古老的树木长得很高。林间有松柏绿树，还有各种动物；南岭箭竹，各种奇怪花草，遍布于公园之间。自山脚而上，常绿阔叶林、针阔混交林、高山矮林形成 3 个垂直景观带。南岭国家森林公园也是中国亚热带常绿阔叶林中心地带，这里大片原始森林保存着最完整的自然生态系统，有超过二千种植物，这里是“广东物种宝库”“南岭生物多样性最丰富之地”。2012 年南岭国家森林公园成为国家 4A 级旅游景区。

7.3.2 南水湖国家湿地公园

南水湖国家湿地公园距自然保护区约28 km，南水湖是广东第二大淡水湖，面积宽广，湖光山色，风景优美，具有较高的美学观赏价值。南水河古称洲头水，洲头夕照，自古就是乳源八景之一，如今的平湖夕照使南水湖更添妩媚。飞舟快艇，遨游其间，赏心悦目之余，又可舒怀解忧，是人们回归自然，亲山近水的好地方。清晨云蒸霞蔚，中午碧波荡漾，黄昏流光溢彩，实乃人间之天堂。垂钓于南水湖上，品尝当地特色湖鲜更是一大乐事。在水库西北一个面积约一万亩的半岛上，建有中国南方第一个狩猎场。

7.4 旅游资源分类与评价

7.4.1 定性评价

自然保护区内的风景资源可以概括为：自然保护区内郁郁葱葱，浪绿波翠；东部山地中覆盖着天然次生常绿阔叶林，负氧离子含量丰富。千年古木苍翠，峡谷幽深，溪流幽碧。

7.4.2 定量评价

采用直观比较法对自然保护区内现有景点的欣赏价值、科学价值、游憩价值、生态特征、环境质量以及景点的面积、体量、空间、容量等内容进行定量评价。以《旅游资源分类、调查与评价》(GB/T 18972—2017)为依据，结合实地调查以及对当地相关资料的整理分析，自然保护区的风景资源可分为一级、二级和三级。其中，一级景源应具有名贵、罕见、国家重点保护价值和国家代表性作用，在国内外著名和有国际吸引力；二级景源应具有重要、特殊、省级重点保护价值和地方代表性作用，在省内外闻名和有省际吸引力；三级景源应具有一定价值和游线辅助作用，有市县级保护价值和相关地区的吸引力。

经综合分析，自然保护区共有森林风景资源(景点)41处，其中：一级景点2处，二级景点10处，三级景点29处(表7-1)。

表7-1　广东乳源南方红豆杉县级自然保护区现有森林风景资源分级评价表

景点级别		一级景点	二级景点	三级景点
自然风景资源	地文资源	—	平头寨	观音山、丘陵山地地貌 横溪峡谷、塘峰岩、崖壁景观
	水文资源	—	横溪水库	磨石岭水库、赤溪水景观 磨石溪景观、杨溪河景观
	生物资源	千年南方红豆杉	南方红豆杉景观、华南五针松景观、伯乐树景观、风水林景观	天然常绿阔叶林景观、亚热带常绿与落叶阔叶混交林景观、杉木林景观、亚热带常绿针叶林景观、竹林景观、常绿阔叶灌丛景观、白鹇景观
	天象资源	—	—	四时之景(春、夏、秋、冬)、云山雾海、日出夕阳

（续）

景点级别		一级景点	二级景点	三级景点
人文风景资源	历史遗迹与古今建筑	西京古道	深渊村余氏祠堂、三元村寿德亭、乳北人民抗征队会议旧址	客家民居、背夫岩洞居所、核桃山普陀仙庙、深渊石拱桥、接龙桥、红云村乐善亭、猴子岭心韩亭、红云仰止亭、老虎冲纳凉避雨亭
	民俗风情	—	扛阿公	舞狮头
	旅游商品	—	—	客家山水酿豆腐
合计	41	2	10	29
可借景观资源		南岭国家森林公园、南水湖国家湿地公园		

7.5 旅游资源开发现状及其对环境的影响

自然保护区目前还保持着比较独特的山地原始风貌，垂直自然带保存比较完整，为野生动植物提供了良好的栖息环境。自然保护区范围内尚未有大规模的旅游开发活动，旅游基础设施也较为薄弱。仅在自然保护区边界周围开展了少量的农家乐和户外探险旅游活动，旅游规模较小，主要以观光游览为主，客源市场以本地游客为主，且游客都集中在节假日和双休日。

目前，自然保护区内及周边地区旅游资源的开发力度较小，对自然保护区的生态环境影响较小。但是，随着自然保护区实验区及周边地区办公、生产生活基础设施和一些经营项目的进一步开展，游客数量会逐渐增加，自然保护区内环境压力也会不断加大。

Chapter 8
第8章 社会经济状况

8.1 自然保护区社会经济状况

自然保护区所属的乳源瑶族自治县是广东省韶关市辖县，位于广东省北部、韶关市区西部，是广东省3个少数民族自治县之一。全县辖乳城镇、桂头镇、大桥镇、大布镇、洛阳镇、一六镇、必背镇、游溪镇、东坪镇等9个镇，其中必背镇、游溪镇、东坪镇为瑶族镇。乳源县共102个村委会，13个社区居委会，行政区域面积2299 km^2。

自然保护区位于乳源县大桥镇和必背镇境内。其中大桥镇涉及核桃山、中冲、红光、岐石、和平、红云、三元、塘峰岩、柯树下、深渊和岩口村11个行政村，必背镇涉及横溪和王茶村2个行政村。

自然保护区范围共涉及58个主要农村居民点(自然村)，常驻农村人口2476户，12354人。人口以汉族人口为主，少数民族37人，占总人口的0.3%，说明自然保护区虽然在乳源瑶族自治县内，但少数民族很少。

自然保护区所在乳源县位于广东省北部山区，是经济欠发达地区，而自然保护区位于乳源县的山区，自然保护区内居民经济主要以种植业、养殖业以及外出务工为主，自然保护区内没有工业。

8.2 周边地区社会经济概况

自然保护区所在地周边为广东省北部南岭山脉南坡，是广东经济欠发达地区，群众主要经济来源为种植业、养殖业以及外出务工。

根据《乳源瑶族自治县2020年国民经济和社会发展统计公报》，2020年全年乳源瑶族自治县地区生产总值95.1亿元，同比增长2.3%。其中：第一产业8.7亿元，第二产业44.0亿元，第三产业42.4亿元。三次产业结构比例为9.1∶46.3∶44.6。全县城乡居民人均可支配收入23544元，增长6.7%。随着社会经济的快速发展，自然保护区所在乡镇城乡居民收入和生活水平有了一定的提高。

8.3 产业结构

自然保护区内农民人均年收入5277元，其中：种植业收入1166元，养殖业收入595

元，务工收入3516元。种植业、养殖业、务工收入分别占总收入的22.1%、11.3%、66.6%。外出务工人口8774人，占总人口的71.0%，由此可见，自然保护区居民大部分在外务工，自然保护区居民的主要收入来源也是外出打工。共有贫困户175户(占总户数的7.1%)511人(占总人口的4.1%)，主要致贫原因是缺劳力、因病、残疾、因学、五保，总体而言，自然保护区内的贫困发生率不高，脱贫任务不重。自然保护区内共有耕地面积21985亩，其中水田面积14310亩，人均水田面积为0.78亩(不到1亩)。

关于非农产业情况(矿、乡镇村企业等)，大桥镇红光行政村有外地人投资的茶叶基地180亩，2018年开始种茶叶。必背镇横溪村2012年外地人投资种茶叶，共投资300万元，种植了110亩。其他11个行政村无任何非农产业。

8.4 土地资源与利用现状

自然保护区总面积10464.64 hm^2，其中，林地总面积7694.31 hm^2，占保护区总面积的73.53%；耕地总面积1970.80 hm^2，占保护区总面积的18.83%；草地总面积450.76 hm^2，占保护区总面积的4.31%；住宅用地总面积117.12 hm^2，占保护区总面积的1.12%；水域及水利设施用地总面积62.84 hm^2，占保护区总面积的0.60%；交通运输用地总面积44.48 hm^2，占保护区总面积的0.43%；园地总面积26.49 hm^2，占保护区总面积的0.25%；其他土地面积87.31 hm^2，占保护区总面积的0.83%，详见表8-1。

表8-1 广东乳源南方红豆杉县级自然保护区内土地资源与利用情况一览表

序号	功能分区	林地	耕地	园地	草地	住宅用地	工矿仓储用地	交通运输用地	水域及水利设施用地	其他土地	总计
1	核心区(hm^2)	2202.08	304.53	0.32	4.74	15.58	8.84	—	10.21	26.88	2573.18
	占比(%)	21.04	2.91	—	0.05	0.15	0.08	—	0.10	0.26	24.59
2	缓冲区(hm^2)	3064.33	500.07	1.10	368.02	23.51	0.10	0.12	32.84	49.59	4039.68
	占比(%)	29.28	4.78	0.01	3.52	0.22	—	—	0.31	0.47	38.59
3	实验区(hm^2)	2427.9	1166.2	25.07	78.00	78.03	1.59	44.36	19.79	10.84	3851.78
	占比(%)	23.20	11.14	0.24	0.75	0.75	0.02	0.42	0.19	0.10	36.81
4	总计(hm^2)	7694.31	1970.8	26.49	450.76	117.12	10.53	44.48	62.84	87.31	10464.64
	占比(%)	73.53	18.83	0.25	4.31	1.12	0.10	0.43	0.60	0.83	100.00

Chapter 9
第9章

自然保护区管理和保护规划

9.1 基础设施

乳源南方红豆杉县级自然保护区于2004年获批复建设，建立自然保护区管理站，组建了专门的自然保护区管理队伍。2014年事业单位分类改革，将自然保护区管理站调整为在乳源县大桥镇林业工作站挂牌。由县林业局保护办、自然保护区所在的林业站共同对自然保护区进行保护、管理。

自然保护区无专门的自然保护区管理工作用房及相关工作所需设施设备，自然保护区相关保护、管理工作由林业站工作人员兼任。林业站配备有一辆皮卡车和一辆摩托车，在自然保护区内和平行政村张家自然村设有一块标牌。目前的巡护路网主要由自然保护区内通往各村的水泥路以及废弃的乡道土路和通往山林的徒步小道构成。

乳源县将自然保护区纳入封山育林区进行封育管理，并按照每333 hm^2 左右林地配备一名专职护林员的标准组建了专职护林员队伍，自然保护区的管理和巡山护林工作得到进一步规范。保护范围内的护林员25名，巡护频率平均每周达到1次以上，基本可实现对自然保护区巡护范围全覆盖。

9.2 机构设置

自然保护区成立之初，管理机构设置为广东乳源南方红豆杉县级自然保护区管理站，股级事业单位，隶属乳源县林业局管辖，编制3人，与大桥镇林业站合署办公。2014年，自然保护区管理站编制收归大桥镇林业站，由林业站人员兼任自然保护区管理工作。林业站有退休职工3人，在编在岗职工10人。自然保护区管理站下面没有设管护点，没有专人管护，由每村护林员兼管自然保护区。

9.3 保护目标

9.3.1 重点保护野生红豆杉与华南五针松种群，促进种群健康发展

对保护区内野生红豆杉种群及其自然生境实施重点保护，目标是保证其野生种群及其生境不被破坏，采取适当的人工措施，促进其种群自然演替、健康发展。保护区内野生南

方红豆杉主要聚集分布在各类风水林群落中，此种类型林下幼苗较多，更新较好。但也有部分风水林中红豆杉种群退化，仅保留了一些大树，更新较差，以散生的方式存在于风水林中。成体植株的保护相对较好实施，重点要加强对采种、幼苗移种的管理、控制，避免出现因大量采种、采挖幼苗、幼树造成的种群结构失调、种群断代的现象，影响野生红豆杉自然种群的健康发展。华南五针松种群目前生长发展状态良好，需要继续加强对其生境的严格保护以保证其自然种群的持续健康发展。

9.3.2 有效保护亚热带中山森林生态系统，充分发挥生态功能

对保护区内的典型森林生态系统、珍稀濒危动植物及其栖息环境进行严格保护，防止植被破坏，使珍稀濒危野生动植物种群数量不再减少，森林生态系统能得以顺利进行演替，森林群落结构更趋合理，充分发挥保护区在维持生物多样性、涵养水源等方面的生态功能。

9.4 保护规划

9.4.1 管护基础设施建设与保护工程规划

保护区管护系统以管理站为核心，承担自然保护区内资源管理、生物多样性保护以及巡护、监测监控等工作的具体管理与执行。建设内容主要包括管理站、管护点等。

规划新建保护区管理站办公楼1座，建设地点在原红云镇林业站位置。根据保护区周边村庄分布特点、交通条件和管理管护范围等，规划共建设保护区保护管护点5个，分别挂靠于所处的行政村村委会，充分吸收当地干部与居民参与保护区管理，形成良性的社区共管模式。建设地点初步选定在红光、三元、核桃山、深渊、栗木岗5个村委。每年根据工作实际需要给每个管护点配备相应设备。明确已划定的自然保护区周界和功能区界，安装界碑、界桩和标识牌，醒目地标明自然保护区边界和各功能区界，为依法加强自然保护区的保护管理奠定基础。

开展野生红豆杉专项保护规划，根据分布特点，聚集分布区主要采取相应封育措施，对于散生在其他林中的中、幼龄红豆杉苗木，采取适当的人工措施(如：混生在竹林中的红豆杉，可适度进行竹鞭清理等促进红豆杉的更新)，改善其生存条件，促进其种群自然演替、健康发展；积极引导或者依托相关科研院所展开合作，共同研究红豆杉科学繁育措施。开展森林防火规划，增加防火设施及设备。开展有害生物防治规划，加强外来入侵物种监测，控制外来入侵种进入保护区。

9.4.2 内部管理规划

保护管理实行自然保护区管理站与管护点两级保护管理体系，实行站长负责制。管护点要做好日常巡护和生态监测工作记录，并及时整理归档，保护点设施要做到基础设施齐全、功能齐备。

(1)管理站：建设地址为原红云林业站旧址。直接负责保护区管理工作，负责执行国家和地方有关保护的相关政策、法律和法规；制定保护区管理的规章、制度，并依法管理；统筹协调保护区规划、建设、保护与管理工作。对保护管理点工作的部署、监督、检查，协调与保护区周边社区的关系，同时，也参与部分巡护工作。

(2)管护点：共设立5个管护点，分别是红光管护点、三元管护点、核桃山管护点、

深渊管护点、栗木岗管护点。管护点是保护区内自然资源保护管理的最基本单元，主要职责是护林防火，保护野生动植物及其生境不受破坏；管护人员负责巡山护林，禁止一切进入保护区盗伐珍稀树种、采挖、狩猎等破坏生境的活动，对保护区发生的违法行为应及时上报，并协助查处。

9.4.3　社区工作与宣教工作规划

9.4.3.1　保护区社区共管规划

(1)建立保护区联合保护委员会。保护区管理部门应协调当地政府、行政村干部与村代表等相关人员组建保护区联合保护委员会，委员会主要负责社区事务的上传下达，保护区与社区矛盾与纠纷的调解，保护区政策法规的宣传等事宜，采取委任与部门推荐的方式任命管委会委员。

(2)在社区中聘用护林员。护林员是资源保护的最前线工作人员，是资源保护的主要力量。因此，规划从保护区社区中特别是相关利益者中聘用对保护区地形地貌、自然状况等方面比较了解的社区群众作为护林员，并给予一定的待遇。保护区应制定护林员聘用、培训、薪级与淘汰制度，并严格执行。在社区中聘用护林员，一方面可以提高社区的生活水平和质量，另一方面也是周边社区群众参与保护工作的重要环节。

(3)帮助发展社区经济。保护区应通过组织和提供技术服务等形式，帮助群众提高生活水平，改变当地群众长期以来靠山吃山的生活方式。保护区组织和协调相关部门，为群众提供致富信息，开展技术培训，调动和吸引群众参与自然保护工作，为自然保护区的保护、发展和建设创造良好的社会环境。

9.4.3.2　宣教工作规划

(1)对外宣教。保护区宣传教育的对象可分为内、外两方面。对内，就是指对保护区职工的宣传教育。要使每个职工懂得自己所在自然保护区的重要价值，明确自己所担负的重任。保护区目前经济文化比较落后，工作生活条件艰苦，这就要把宣传教育工作放在首位，提高广大职工的认识，增强信心和工作责任感。对外，就是对社会的宣传，也是保护区宣教工作的重点。对外宣传教育的主要对象包括各级领导干部、社区群众、旅游者、广大中小学生。通过发动群众、宣传群众，使之自觉地、积极地加入自然保护行列中来。

对外宣传。通过电台、电视台、报刊、网络等媒体对保护区建设和保护管理情况进行宣传报道，使人们加深对保护区的感性与理性认识，更多地认识和了解保护区在珍稀动植物保护、改善生态环境、促进地方经济发展中的重要地位和作用，从而吸引他们前往参观、考察，进一步提高保护区的知名度和影响力。

对参观者的宣传教育。在自然保护区各交通要道口、入口、保护管理站(点)等人为活动多的地方设置醒目的永久性宣传教育或警示碑(牌)、导览解说牌，宣传国家有关法律、法规、自然保护知识、自然保护区管理办法以及进入自然保护区应遵守的行为规范等。通过对保护区的介绍，让参观者了解保护区在改善生态环境以及推进区域经济发展中所起的重要作用，理解建立保护区的重要意义，增强自然保护和爱护环境的意识。通过对区内典型生态环境、珍稀濒危动、植物物种等进行介绍，提高人们自然保护的主动性和热爱自然、探索自然的兴趣。

(2)社区宣教。充分利用广播、报刊、宣传栏、宣传牌等媒介，宣传《中华人民共和国森林法》《中华人民共和国野生动物保护法》《中华人民共和国自然保护区条例》《中华人民共和国野生植物保护条例》等法律、法规，提高干部群众保护意识。对来保护区参观人员，也可通过印制保护生物多样性等相关宣传材料开展宣传教育，教育来访者热爱保护区、支持保护区工作。此外，聘请相关技术人员在周边社区举办科技知识培训班，进行实用新技术培训，引导和帮助当地发展经济，提高周边居民的生活水平和生活质量。

(3)培训。保护区的职业培训主要规划以下几项：

一是新任职人员的岗位培训：对新接收的院校毕业生和新招收的合同工，进行岗前培训和就业培训。

二是专业技术人员的继续再教育：制订继续再教育计划，鼓励职工参加高等院校函授学习，自学考试，攻读高等级学位等，提高专业技术人员的业务水平。

三是管理人员和工人培训：定期选派人员参加对口工种、专业的技术培训，并定期举办林政、森防、野生动植物保护等专业培训班。

四是社区居民(含护林员)培训：进行野生动植物保护和政策性法规培训，使他们掌握最基本的自然保护知识，并通过他们向村民传授自然保护常识，提高村民自然保护意识。

9.5 科研监测工作规划

作为县级自然保护区，受限于人员、经费的短缺，规划期内不宜设置专业性过强的科研监测项目，主要规划建设一条教育径，以及配备摄像机、照相机、手持 GPS、计算机、复印机、投影机等设备以及制作标本的药物、资料与标本存放柜、实验工作台与办公用具等。

9.5.1 教育径建设

拟选定在和平村建设一条 2~3 km 的教育径。在原有道路基础上，结合生态旅游线路以及动植物分布情况，设置各种形式的科普宣传牌介绍自然景观、地质地貌、野生动植物知识等。

9.5.2 野生动植物动态监测

以保护野生动植物资源和生态环境为宗旨，计划开展以自然环境调查和野生动植物调查等为主的常规性科研工作，同时加强对外交流与合作，陆续开展原生栖息地保护与恢复等工作。

9.6 资源合理开发利用规划

西京古道穿越保护区的部分生态旅游线路属于西京古道的一条支线：猴子岭—沙坪镇支线。该线路总长约 8 km，是古代乳源西京古道猴子岭段经宜乐古道通往湖南郴州宜章县的通道之一。本次规划立足生态文明大战略，借势文化旅游的发展热潮，顺应国家政策导向，依托山水生态背景，深挖文化资源，打破乳源以往的生态旅游形态，开发深度体验、创新感知的文化旅游，构建人文生态共存的大南岭文化生态旅游区。以“南岭印象”为主题，依托临近的南岭国家森林公园、银山南岭温泉度假村、一峰生态园、通天箩等丰富的旅游资源，通过现有景区提升和新景区开发的有效结合，充实南岭揽胜、森林休闲、南岭部落、南岭观音、文化休闲、生态度假等产品，共同支撑“南岭印象”品牌建设。

项目建设中，加强对原生环境的恢复、维护和保育，不进行大规模的改造；禁止建设危及保护主体安全的设施。允许在限定条件下进行与自然保护不冲突、符合自然保护区总体规划的低强度开发建设。

9.7 保护区周边污染治理与生态保护建议

(1)建设现代农业体系，构建循环经济产业。大力发展现代农业，结合城乡一体化建设，推动发展生态型农业和都市型农业，加速传统农业向现代农业转变。通过资源综合利用、节约资源能源、加强产业关联、延伸产业链、加强废弃物的综合利用和治理，构建循环经济产业体系。

(2)加强污染源控制，防治土壤污染。加强农用化学品环境监管，合理使用化肥和农药，严格规范兽药、饲料添加剂的生产和使用，强化畜禽养殖污染防治，全面推进废弃农膜回收利用，从严控制污水灌溉和污泥农用，控制农业生产过程环境污染。严格执行国家和省有关高毒农药、禁限用农药使用管理规定，开展高效低毒农药及生物农药试验和示范推广，大力推广绿色防控技术和专业化统防统治，加强有机氯农药替代技术和替代药物的推广。科学施用化肥，提高肥效、减少施用量，禁止使用重金属等有毒有害物质超标的肥料，畜禽养殖粪污经无害化处理检测达到相关标准后方可还田利用。制定污水灌溉管理办法，严格控制污水灌溉，禁止在农业生产中使用含重金属、难降解有机污染物污水以及未经检验和安全处理的污水处理厂污泥、清淤底泥、尾矿等，防止污染土壤。

(3)执行镇环保政策，完善垃圾回收体系。结合大桥镇环境保护相关规划，新增一定数量生活垃圾回收站，完善垃圾回收体系。

(4)强化养殖业监管，防止饮用水源污染。强化畜禽养殖业环境监管，切实加大畜禽养殖业执法力度，定期组织开展全县畜禽养殖业污染防治专项执法检查，查处畜禽养殖业的各种违反环保法律法规的行为，重点加强对饮用水源保护区等禁养区的监管，禁止在保护区内新建养殖场。

(5)加强环保舆论导向，完善宣教体系建设。强化环境保护舆论引导，完善环境新闻发布制度，及时准确发布环保重点工作和回应公众关注热点。加大环境新闻报道力度，树立正确积极的环境舆论导向，主要报纸、广播电台、电视台及新闻网站应积极开设环保专栏，普及环保科学知识和法律法规，解读环境形势政策，曝光剖析环境违法案例。推动环境专业媒体与新媒体融合发展，积极推动新媒体主动参与环境保护宣传教育。

加强环保宣教机构的规范化建设，强化宣教人员及办公设备、摄像器材等配置。提高环境教育水平，促进环境保护和生态文明知识进课堂、进教材，提高全民环境文化教育水平。深入推进环保进企业、进社区、进乡村、进家庭，充分发挥环境日、世界地球日、国际生物多样性日等重大环保纪念日的平台作用，精心谋划策划，开展好各项环保公益活动。

Chapter10
第10章

自然保护区评价

10.1 自然保护区管理历史沿革

乳源瑶族自治县人民政府于2004年同意设立广东乳源南方红豆杉县级自然保护区。

2004年8月，乳源县政府同意设立广东乳源南方红豆杉县级自然保护区管理站，办公地点设在红云林业站，编制3人。

2005年3月，乳源县政府批准自然保护区为股级事业单位，直接上级为乳源县林业局。

2005年5月，原红云镇合并于大桥镇，自然保护区管理站和大桥镇林业站合署办公。大桥镇林业站共有职工5人，没有设专职岗位负责自然保护区的管理工作，自然保护区的管理成为林业站综合职能的一部分。

2014年，自然保护区编制收归大桥镇林业站，由林业站人员兼任自然保护区管理工作。

10.2 主要保护对象动态变化评价

乳源南方红豆杉县级自然保护区以南方红豆杉和华南五针松等植物原生群落及其生境为主要保护对象。

10.2.1 南方红豆杉

南方红豆杉是自然保护区的主要保护树种。南方红豆杉分布地域狭窄，生长条件苛刻，生长十分缓慢，被称为植物界的“活化石”，有“植物黄金”之称，现已被列为国家一级重点保护野生植物。

自然保护区自建立以来，虽然机构不健全，但保护宣传力度相当大，且由于南方红豆杉主要呈片状或散生状分布于村边风水林中或居民区房前屋后，受到老百姓自发保护，因此自然保护区内南方红豆杉的数量较多，在自然保护区范围内共调查到约1455株。

早期老百姓在山中采挖南方红豆杉的情况时有发生，散种在房前屋后及路边、田边的南方红豆杉共计356株，此类多是从山中采挖移栽，对野生资源有一定的破坏。由于野生动植物保护有关法律法规的颁布，成体南方红豆杉采挖的情况得到了有效控制，而幼苗和小树的保护相对薄弱，大量的采种、采挖幼苗、幼树容易出现种群结构失调，种群断代的现象，对种群的健康发展十分不利。

10.2.2　华南五针松

华南五针松为中国特有树种，松科松属常绿乔木，国家二级重点保护野生植物。高可达30 m，胸径1.5 m，不规则的鳞片，小枝无毛，针叶5针一束，先端尖，边缘有疏生细锯齿，腹面有白色气孔线。球果常单生，熟时淡红褐色，微具树脂，种鳞楔状倒卵形，鳞盾菱形，种子椭圆形或倒卵形，4~5月开花，球果第二年10月成熟。分布于湖南南部、贵州独山、广西、广东北部及海南五指山。

华南五针松是保护区内分布面积最大，野生种群数量最大的保护植物，广泛分布于保护区东部中山地区的山脊至山顶，从北到南均有分布。基于路线调查、样方估计以及航片、卫片的判读，保护区内约有华南五针松71880株，分布面积621.40 hm^2，种群密度115.67株/hm^2。

华南五针松沿山脊线从北到南连续分布，以北段观音山、中段大坪里东山为分布中心，在必背镇范围内数量减少。其生境类型多样，干扰较少，主要生长在陡峭地段，如山脊两侧、山顶崖壁，独自构成纯林或与马尾松混交，或散生在阔叶林中。沈燕等(2016)在湖南莽山对华南五针松群落进行了调查，华南五针松在莽山与在乳源南方红豆杉自然保护区两个地方的分布区域，纬度、海拔、气候等自然条件方面都非常相似，其华南五针松种群密度为60株/hm^2(利用其样地面积、总株数和相对频度反推得出)，远小于乳源南方红豆杉保护区的种群密度(116株/hm^2)。由此可见，华南五针松在乳源南方红豆杉县级自然保护区的资源极其丰富，保存状态极其难得。

10.3　管理有效性评价

自然保护区自建立以来，未成立专门的自然保护区管理局，仅设一个自然保护区管理站，且与大桥镇林业站合署办公。大桥镇林业站共有职工10人，但没有专人负责自然保护区的管理工作，林业站下面也没有设管护点，没有专人管护，仅由每个村的护林员兼管巡护自然保护区的工作。自然保护区的基础设施建设也十分欠缺。自然保护区没有进行详细的总体规划及范围和功能区边界矢量化工作，因此自然保护区的范围界线及功能区划也不甚清晰。自然保护区还未进行过系统全面的本底资源调查，管理机构对自然保护区的资源情况掌握不完全。

因此，本次综合科学考察旨在摸清自然保护区的本底资源情况，合理区划自然保护区的范围及功能分区，科学规划自然保护区的保护与恢复工程、科研与监测工程、宣传与教育工程、基础设施及配套工程和社区可持续发展工程。

10.4　社会效益评价

广东乳源南方红豆杉县级自然保护区位于广东省北部，南岭山脉脚下，南岭国家森林公园旁，每年有大量游客前来观光旅游。

自然保护区是一个天然的宣传教育基地，通过图片、标本、画册、录像和天然动植物园等直观工具和媒体向自然保护区、周边社区人们以及游客介绍自然保护知识、珍稀动植物物种以及生物多样性保护的重要性，建立自然保护区的目的和意义，促进国家环保法律法规知识的普及和实施，培养人们热爱自然、保护生物多样性和自己家园的思想意识，从而使环境保护的各项活动变成他们的自觉行动。

自然保护区具有丰富的物种资源和基因资源(特别是珍稀濒危动植物资源)，是大中专院校和科技工作者理想的教学和科研场所。具体表现为：①可为不同层次的学生提供自然教育和生物教育实践的场地；②可为科研单位开展教学、实习、自然科学研究提供很好的基地。另外，自然保护区的建设、完善和发展还会吸引更多的中、外专家学者来自然保护区考察、参观、交流和科研，从而有利于提高自然保护区的科研水平和质量，并促进自然保护区管理水平的进一步提高。

10.5 经济效益评价

自然保护区在保护好生物多样性的同时，可促进以南方红豆杉为代表的珍稀植物的繁育壮大，同时，通过人工培育以及自然资源保护措施，可以不断提高南方红豆杉资源的总量。南方红豆杉全身是宝，其药用价值、美学价值和木材本身的经济价值都很高，在国家法律许可和不影响自然保护区内南方红豆杉物种资源量的前提下，可适度开发南方红豆杉产品，也可为山区群众提供一条脱贫致富的好途径，因此，进行南方红豆杉资源保护和人工培育开发和利用，必将取得显著的经济效益。主要体现在以下几个方面：

(1)物种资源持续利用所产生的经济价值。种质资源是重要的自然资源，自然保护区的建设将使部分物种资源得到保护或保存，生态系统趋向于平衡，继而为人类持续利用，最大限度地发挥其经济价值。一些目前尚不能有效利用的物种资源，随着科学技术的完善和发展，也将逐渐发挥其潜在经济价值。更为重要的是自然保护区内包括南方红豆杉在内的各类物种资源，是大自然遗存下来的宝贵的种质财富，在长期的进化过程中，对自然保护区的特有环境形成了高度的适应，含有大量特异的遗传物质，是其他物种所不能取代的。

(2)与自然协调发展对社会经济发展的巨大促进作用。人类正在为对生态环境的破坏付出惨重的代价。温室效应、环境污染、病害频生等生态灾难不仅威胁着地球的健康，也正直接让人们付出经济代价。如过度砍伐森林，水质及环境污染给人类带来的疾病将消耗大量宝贵资源，物种灭绝可能带来的食物资源短缺等。为解决这些问题，人类都将付出较正常过程更多、更大的代价。相反，自然保护区的建设将促进人与自然的协调发展，使人类能够以最小的代价，获得自然界最高的回报。

(3)旅游价值。自然保护区位于南岭山脉南麓，广东武江水系的上游。自然保护区特殊的地理位置和气候，是南方红豆杉重要分布区，加之自然保护区内地质地貌奇特，是粤北优质的旅游胜地。

(4)人文/美学价值。自然保护区地貌多样，中西部主要为发育良好的岩溶地貌，峰丛林立，洞穴众多，星罗棋布。立于峰顶，群峰、盆地尽收眼底，美不胜收；东南部、东部至北部为中山地貌，山体连绵起伏，沟谷纵横，壁高千仞，华南五针松立于山间或崖壁，俨然一幅幅自然山水画，蔚为壮观。村落古老，风水林围绕，古树参天，幽静祥和，犹如世外桃源；物种丰富，万木林立，色彩斑驳，物随景易，景象万千，进出林间，让人目不暇接，可叹大自然之神奇。

丰富的自然景观资源，与自然保护区周边南岭国家森林公园、西京古道、南水湖湿地公园、必背瑶寨等旅游资源交相辉映、相得益彰，使生态、人文/美学价值得到综合体现。

10.6　生态效益评价

(1)野生动植物有效保护，生物多样性更为丰富。广东乳源南方红豆杉自然保护区生态系统的稳定对南岭山地森林及生物多样性生态功能区边缘区域野生动植物物种及其栖息地的保护具有十分重要的意义。通过加强自然资源管护和野生动植物的保护，以及划定高保护价值生态区域等保护措施，使野生动植物保护能力增强，为国家重点保护野生动植物特别是南方红豆杉、华南五针松等的栖息地和分布区提供了强有力的支撑，使其抵抗人为和自然灾害的能力增强，保证了良好的繁衍栖息环境，对保护该地区完整的生物基因库，进一步保护并丰富区域生物多样性具有重要的意义，其生态效益无法衡量。

(2)生态防护效能增加，区域生态屏障安全。通过实施划片保护和森林病虫害的防治等保护措施，使森林质量得到提高，林木生长健壮，可有效减弱风蚀，减少地表径流，降低流速，增加下渗，防止水土流失，增强水源涵养能力。改善自然保护区石灰岩石漠化程度，为自然保护区居民生产生活以及区域经济的快速发展提供了安全的生态屏障。

(3)森林覆盖率提高，碳储备能力增强。通过封山育林、人工造林和人工促进天然更新等措施，使自然保护区森林面积大为增加，森林覆盖率提高，也将使区域森林的碳储备能力增强。

(4)涵养水源、保持水土，改善地方生态环境。自然保护区东部丰富的森林植被类型，可以大大减缓土壤冲击力、地表径流，防止水土流失，同时对降水创造良好的储存条件，具有很高的蓄水能力。森林土壤的自然过滤和离子交换作用能起到水质净化作用。植被的蒸腾作用能增加空气中水汽含量，可降低气温，增加降水，使区域生态环境得到有效改善。同时植物具有净化空气的功能，植被吸收二氧化碳、释放氧气，调节气候、美化环境等功能的作用尤显重要，这些对游人的身心健康大为有益。

10.7　综合价值评价

本次科考共发现维管束植物 212 科 788 属 1608 种，其中国家一级重点保护野生植物 1 种，国家二级重点保护野生植物 8 种，其种类数量约占广东省国家重点保护野生植物种类的 14%。自然保护区内南方红豆杉种群数量庞大，在全自然保护区范围内共调查到南方红豆杉约 34555 株，胸径 100 cm 以上的植株共有 18 株，其中最大胸径为 145 cm，树高最高达 30 m，由此来看自然保护区内古树群落众多，是目前发现的种群数量最为庞大的地区之一。另外该地区也是华南五针松种群数量和连片分布面积较大的区域，该分布规模与南岭自然保护区乳阳片区小黄山段相当(据古炎坤等报道该片华南五针松林是目前国内保存最好的一片原始林)，足见自然保护区的珍稀性。同时，自然保护区内还分布有伯乐树、大叶榉树、红豆树等保护植物。考察还记录到脊椎动物 5 纲 30 目 79 科 190 种，如此高的动物多样性说明多样的植物种类和植被类型，也为动物提供了良好的栖息环境。

广东乳源南方红豆杉县级自然保护区是以南方红豆杉和华南五针松等植物原生群落及其生境为主要保护对象的自然保护区。自然保护区地处南岭山地，是中国具有国际意义的 14 个陆地生物多样性关键地区之一。自然保护区内兼有中山、低山、丘陵和峡谷等地貌，悠久的地质历史和多样性的地形地貌造就了自然保护区复杂多样的生境条件，加之亚热带季风湿润气候和多变的山地气候，为丰富多彩的生物物种提供了繁衍生息的优越环境，栖息有丰富的珍稀濒危动植物资源，自然保护区具有极高的保护价值。

主要参考文献

蔡波，王跃招，陈跃堂，等，2015. 中国爬行动物分类厘定[J]. 生物多样性，23(3)：365-382.

曹照忠，王发国，叶育石，等，2008. 广东乳源瑶族自治县的蕨类植物调查[J]. 安徽农业科学，36(18)：7629-7631.

陈邦余，1990. 广东山区植物区系[M]. 广州：广东科技出版社.

丁晨，沈方，2003. 中国喀斯特地貌的形成机制及分布[J]. 唐山师范学院学报(5)：72-73.

段代祥，陈贻竹，叶华谷，赵南先，2005. 广东省乳源县野生维管植物资源调查[J]. 广东林业科技，21(1)：48-51.

费梁，叶昌媛，江建平，2012. 中国两栖动物及其分布彩色图鉴[M]. 成都：四川科技出版社.

傅立国，1999. 国家重点保护野生植物名录(第一批)[J]. 植物杂志(5)：4-11.

广东省科学院丘陵山区综合科学考察队，1991. 广东山区地貌[M]. 广州：广东科技出版社.

蒋志刚，2016. 中国哺乳动物多样性及地理分布[M]. 北京：科学出版社.

蒋志刚，刘少英，吴毅，等，2017. 中国哺乳动物多样性(第2版)[J]. 生物多样性，25(8)：886-895.

李超荣，龚粤宁，卢学理，等，2012. 广东南岭自然保护区陆栖脊椎动物物种多样性调查[J]. 韶关学院学报，33(4)：55-57.

李鑫，周爱国，孟耀，等，2015. 广西罗城地质公园地质遗迹特征及综合评价[J]. 安全与环境工程，22(1)：26-32.

廖文波，张宏达，1994. 广东蕨类植物区系的特点[J]. 热带亚热带植物学报，2 (3)：1-11.

聂延秋，2017. 中国鸟类野外识别手册[M]. 北京：中国林业出版社.

彭和求，2011. 地质遗迹资源评价与地质公园经济价值评估[D]. 北京：中国地质大学.

曲利明，2014. 中国鸟类图鉴[M]. 福州：海峡出版发行集团.

权擎，唐璇，吴毅，等，2018. 南岭山脉及周边鸟类β多样性分析[J]. 热带地理，38(3)：321-327.

乳源瑶族自治县地方志编纂委员会，2011. 乳源瑶族自治县志[M]. 北京：中华书局.

史密斯，解焱，2009. 中国兽类野外手册[M]. 长沙：湖南教育出版社.

王发国，陈振明，陈红锋，等，2013. 南岭国家级自然保护区植物区系与植被[M]. 武汉：华中科技大学出版社.

王剀，任金龙，陈宏满，等，2020. 中国两栖、爬行动物更新名录[J]. 生物多样性，28(2)：189-218.

吴征镒，周浙昆，孙航，等，2006. 种子植物分布区类型及其起源和分化[M]. 昆明：云南科技出版社，4.

吴征镒. 中国种子植物属的分布区类型[J]. 云南植物学研究，1991(增刊).

邢福武，陈红峰，王发国，等，2012. 南岭植物物种多样性编目[M]. 武汉：华中科技大学出版社.

徐剑，2005. 南岭山脉中段两栖爬行动物生物多样性及区系特征[C]. 南京：中国动物学会两栖爬行动物学分会2005年学术研讨会暨会员代表大会论文集.

叶华谷，彭少麟，2006. 广东植物多样性编目[M]. 广州：世界图书出版社.

叶华谷，邢福武，廖文波，等，2019. 广东植物图鉴(上、下册)[M]. 武汉：华中科技大学出版社.

叶华谷，张桂才，邹滨，1992. 广东省乐昌县植物区系的初步研究[J]. 广西植物，12(4)：372-380.

约翰·马敬能，卡伦·菲利普斯，何芬奇，2000. 中国鸟类野外手册[M]. 长沙：湖南教育出版社.

张春光，赵亚辉，2016. 中国内陆鱼类物种与分布[M]. 北京：科学出版社.
张奠湘，2011. 南岭植物名录[M]. 北京：科学出版社，6.
张宏达，1962. 广东植物区系的特点[J]. 中山大学学报(自然科学版)(1)：1-34.
张荣祖，2011. 中国动物地理[M]. 北京：科学出版社.
赵尔宓，2006. 中国蛇类[M]. 合肥：安徽科技出版.
赵正阶，2001. 中国鸟类志(上、下)[M]. 长春：吉林科学技术出版社.
郑光美，2017. 中国鸟类分类与分布名录(第三版)[M]. 北京：科学出版社.
郑作新，1976. 中国鸟类分布名录(第二版)[M]. 北京：科学出版社.
中国科学院华南植物园，1987-2011. 广东植物志(1~10卷)[M]. 广州：广东科技出版社.
钟永宁，余小华，戴和，1997. 乳源瑶族自治县志[M]. 广州：广东人民出版社.
朱松泉，1995. 中国淡水鱼类检索[M]. 南京：江苏科学出版社.
邹发生，龚粤宁，张朝明，2018. 广东南岭国家级自然保护区动物多样性研究[M]. 广州：广东科技出版社.

附　表

表1　广东乳源南方红豆杉县级自然保护区维管束植物名录

本名录共记录广东乳源南方红豆杉县级自然保护区维管束植物212科788属1608种(含种下单位)，其中蕨类植物37科67属148种，种子植物175科721属1460种(裸子植物9科17属22种，被子植物165科704属1438种)。除外来及栽培植物外，保护区共有野生维管束植物202科711属1454种，其中野生蕨类植物37科67属148种，野生种子植物165科644属1306种。蕨类植物科按秦仁昌系统排列，裸子植物按郑万钧系统(《中国植物志》第七卷)排列，被子植物按哈钦森系统排列，属、种按照字母顺序排列，中文名后带“＊”号者为栽培植物或归化。

蕨类植物 PTERIDOPHYTA

P2. 石杉科 Huperziaceae

石杉属 *Huperzia* Bernh.

(1)蛇足石杉　*Huperzia serrata* (Thunb.) Trev.

P3. 石松科 Lycopodiaceae

藤石松属 *Lycopodiastrum* Holub

(2)藤石松　*Lycopodiastrum casuarinoides* (Spring) Holub ex Dixit

石松属 *Lycopodium* Linn.

(3)石　松　*Lycopodium japonicum* Thunb. ex Murray

灯笼草属 *Palhinhaea* A. Franeo et Vasc.

(4)灯笼石松　*Palhinhaea cernua* (Linn.) A. Franco et Vasc.

P4. 卷柏科 Selaginellaceae

卷柏属 *Selaginella* Beauv.

(5)薄叶卷柏　*Selaginella delicatula* (Desv. ex Poir.) Alston

(6)深绿卷柏　*Selaginella doederleinii* Hieron.

(7)兖州卷柏　*Selaginella involvens* (Sw.) Spring

(8)江南卷柏　*Selaginella moellendorfii* Hieron.

(9)翠云草　*Selaginella uncinata* (Desv.) Spring

P6. 木贼科 Equisetaceae

木贼属 *Equisetum* Linn.

(10)笔管草　*Equisetum ramosissimum* subsp. *debile* (Roxb. ex Vaucher) Hauke

(11)节节草　*Equisetum ramosissimum* Desf.

P11. 观音座莲科 Angiopteridaceae

观音座莲属 *Angiopteris* Hoffm.

(12)福建观音座莲 *Angiopteris fokiensis* Hieron

P13. 紫萁科 Osmundaceae

紫萁属 *Osmunda* Linn.

(13)紫　萁　*Osmunda japonica* Thunb.

(14)华南紫萁　*Osmunda vachellii* Hook.

P14. 瘤足蕨科 Plagiogyriaceae

瘤足蕨属 *Plagiogyria* Mett

(15)华中瘤足蕨　*Plagiogyria euphlebia* Mett.

(16)镰羽瘤足蕨　*Plagiogyria falcata* Copel.

(17)华东瘤足蕨　*Plagiogyria japonica* Nakai

P15. 里白科 Gleicheniaceae

芒萁属 *Dicranopteris* Bernh.

(18)芒　萁　*Dicranopteris pedata* (Houtt.) Nakaike

里白属 *Diplopterygium* (Diels) Nakai

(19)中华里白　*Diplopterygium chinensis* (Ros.) DeVo

(20)里　白　*Diplopterygium glaucum* (Thunb. ex Houtt.) Nakai.

P17. 海金沙科 Lygodiaceae

海金沙属 *Lygodium* Sw.

(21)海金沙　*Lygodium japonicum* (Thunb.) Sw.

P18. 膜蕨科 Hymenophyllaceae

膜蕨属 *Hymenophyllum* Sm.

(22)华东膜蕨　*Hymenophyllum barbatum* (v. d. Bosch) Bak.

蕗蕨属 *Mecodium* Presl

(23)蕗　蕨　*Mecodium badium* (Hook. et

Grev.) Cop.

(24)多果蕗蕨　*Mecodium polyanthos* (Sw.) Copel.

瓶蕨属 *Trichomanes* Linn.

(25)瓶　　蕨　*Trichomanes auriculatum* Blume

P19. 蚌壳蕨科 Dicksoniaceae

金毛狗属 *Cibotium* Kaulf.

(26)金 毛 狗　*Cibotium barometz* (Linn.) J. Sm.

P21. 稀子蕨科 Monachosoraceae

稀子蕨属 *Monachosorum* Kunze

(27)稀 子 蕨　*Monachosorum henryi* Christ

P22. 碗蕨科 Dennstaedtiaceae

碗蕨属 *Dennstaedtia* Bernh

(28)细毛碗蕨　*Dennstaedtia pilosella* (Hook.) Ching

(29)碗　　蕨　*Dennstaedtia scabra* (Wall.) Moore

鳞盖蕨属 *Microlepia* Presl

(30)虎克鳞盖蕨　*Microlepia hookeriana* (Wall.) Presl

(31)边缘鳞盖蕨　*Microlepia marginata* (Houtt.) C. Chr.

P23. 鳞始蕨科 Lindsaeaceae

鳞始蕨属 *Lindsaea* Dry

(32)鳞 始 蕨　*Lindsaea odorata* Roxb.

(33)团叶鳞始蕨　*Lindsaea orbiculata* Mett.

乌蕨属 *Sphenomeris* Maxon

(34)乌　　蕨　*Sphenomeris chinensis* (Linn.) Maxon

P25. 姬蕨科 Hypolepidaceae

姬蕨属 *Hypolepis* Bernh.

(35)姬　　蕨　*Hypolepis punctata*(Thunb.) Mett. ex Kuhn

P26. 蕨科 Pteridiaceae

蕨属 *Pteridium* Scop.

(36)蕨　*Pteridium aquilinum* var. *latiusculum* (Desv.) Underw.

(37)毛 轴 蕨　*Pteridium revolutum* (Ml.) Nakai

P27. 凤尾蕨科 Pteridaceae

凤尾蕨属 *Pteris* Linn.

(38)华南凤尾蕨　*Pteris austro-sinica* (Ching) Ching

(39)凤 尾 蕨　*Pteris cretica* var. *nervosa* (Thunb.) Ching et S. H. Wu

(40)刺齿半边旗　*Pteris dispar* Kze.

(41)剑叶凤尾蕨　*Pteris ensiformis* Burm. f.

(42)溪边凤尾蕨　*Pteris excelsa* Gaud.

(43)傅氏凤尾蕨　*Pteris fauriei* Hieron.

(44)全缘凤尾蕨　*Pteris insignis* Mett. et Kuh

(45)华中凤尾蕨　*Pteris kiuschiunensis* var. *centro-chinensis* Ching et S. H. Wu

(46)井栏边草　*Pteris multifida* Poir.

(47)半 边 旗　*Pteris semipinnata* Linn.

(48)蜈 蚣 草　*Pteris vittata* Linn.

P30. 中国蕨科 Sinopteridaceae

粉背蕨属 *Aleuritopteris* Fée

(49)多鳞粉背蕨　*Aleuritopteris anceps* (Blanford) Panigrahi

(50)银粉背蕨　*Aleuritopteris argentea* (Gmel.) Fee

碎米蕨属 *Cheilosoria* Trev.

(51)毛轴碎米蕨　*Cheilosoria chusana* (Hook.) Ching&K. H. Shing

金粉蕨属 *Onychium* Kaulf.

(52)野 鸡 尾　*Onychium japonicum* (Thunb.) Kze.

P31. 铁线蕨科 Adiantaceae

铁线蕨属 *Adiantum* Linn.

(53)铁 线 蕨　*Adiantum capillus-veneris* Linn.

(54)扇叶铁线蕨　*Adiantum flabellulatum* Linn.

P33. 裸子蕨科 Hemionitidaceae

凤丫蕨属 *Coniogramme* Fée

(55)普通凤丫蕨　*Coniogramme intermedia* Hieron.

(56)凤 丫 蕨　*Coniogramme japonica* (Thunb.) Diels

P35. 书带蕨科 Vittariaceae

书带蕨属 *Vittaria* Sm.

(57)书 带 蕨　*Vittaria flexuosa* Fèe

P36. 蹄盖蕨科 Athyriaceae

短肠蕨属 *Allantodia* R. Br.

(58)边生短肠蕨　*Allantodia contermina* (Christ) Ching

(59)薄叶短肠蕨　*Allantodia hachijoensis* (Nakai) Ching

(60)江南短肠蕨　*Allantodia metteniana* (Miq.) Ching

(61)淡绿短肠蕨　*Allantodia virescens*(Kunze) Ching

假蹄盖蕨属 *Athyriopsis* Ching

(62)假蹄盖蕨　*Athyriopsis japonica* (Thunb.) Ching

(63)毛轴假蹄盖蕨　*Athyriopsis petersenii* (Kunze.) Ching

蹄盖蕨属 *Athyrium* Roth

(64)薄叶蹄盖蕨　*Athyrium delicatulum* Ching et S. K. Wu

(65)光蹄盖蕨　*Athyrium otophorum* (Miq.) Koidz.

角蕨属 *Cornopteris* Nakai

(66)角　蕨　*Cornopteris decurrenti-alata* (Hook.) Nakai

双盖蕨属 *Diplazium* Sw.

(67)薄叶双盖蕨　*Diplazium pinfaense* Ching
(68)单叶双盖蕨　*Diplazium subsinuatum* (Wall. ex Hook. et Grew.) Tagawa

P37. 肿足蕨科 Hypodematiaceae

肿足蕨属 *Hypodematium* Kunze

(69)肿 足 蕨　*Hypodematium crenatum* (Forssk.) Kuhn

P38. 金星蕨科 Thelypteridaceae

毛蕨属 *Cyclosorus* Link

(70)渐尖毛蕨　*Cyclosorus acuminatus* (Houtt.) Nakai
(71)干旱毛蕨　*Cyclosorus aridus* (Don) Tagawa
(72)齿牙毛蕨　*Cyclosorus dentatus* (Forssk.) Ching
(73)华南毛蕨　*Cyclosorus parasiticus* (Linn.) Farwell.

圣蕨属 *Dictyocline* Moore

(74)戟叶圣蕨　*Dictyocline sagittifolia* Ching

金星蕨属 *Parathelypteris* (H. Ito) Ching

(75)金 星 蕨　*Parathelypteris glanduligera* (Kze.) Ching
(76)光脚金星蕨　*Parathelypteris japonica* (Bak.) Ching

卵果蕨属 *Phegopteris* Fée

(77)延羽卵果蕨　*Phegopteris decursive-pinnata* (van Hall) Fée

新月蕨属 *Pronephrium* Presl

(78)红色新月蕨　*Pronephrium lakhimpurense* (Rosenst.) Holtt.
(79)披针新月蕨　*Pronephrium penangianum* (Hook.) Holtt.

假毛蕨属 *Pseudocyclosorus* Ching

(80)尾羽假毛蕨　*Pseudocyclosorus caudipinnus* (Ching) Ching
(81)镰片假毛蕨　*Pseudocyclosorus falcilobus* (Hook.) Ching
(82)普通假毛蕨　*Pseudocyclosorus subochthodes* (Ching) Ching
(83)假 毛 蕨　*Pseudocyclosorus xylodes* (Kunze) Ching

P39. 铁角蕨科 Aspleniaceae

铁角蕨属 *Asplenium* Linn.

(84)线裂铁角蕨　*Asplenium coenobiale* Hance
(85)毛轴铁角蕨　*Asplenium crinicaule* Hance
(86)倒挂铁角蕨　*Asplenium normale* Don
(87)北京铁角蕨　*Asplenium pekinense* Hance
(88)长叶铁角蕨　*Asplenium prolongatum* Hook.
(89)石生铁角蕨　*Asplenium saxicola* Rosent.
(90)半边铁角蕨　*Asplenium unilaterale* Lam.
(91)阴生铁角蕨　*Asplenium unilaterale* var. *udum* Atkinson ex Clarke
(92)狭翅铁角蕨　*Asplenium wrightii* Eaton ex Hook.

P41. 球子蕨科 Onocleaceae

荚果蕨属 *Matteuccia* Todaro

(93)东方荚果蕨　*Matteuccia orientalis* (Hook.) Trev.

P42. 乌毛蕨科 Blechnaceae

乌毛蕨属 *Blechnum* Linn.

(94)乌 毛 蕨　*Blechnum orientale* Linn.

狗脊属 *Woodwardia* Smith.

(95)狗　脊　*Woodwardia japonica* (Linn. f.) Sm.
(96)顶芽狗脊　*Woodwardia unigemmata* (Makino) Nakai

P44. 球盖蕨科 Peranemaceae

鱼鳞蕨属 *Acrophorus* Presl

(97)鱼 鳞 蕨　*Acrophorus stipellatus* (Wall.) Moore

P45. 鳞毛蕨科 Dryopteridaceae

复叶耳蕨属 *Arachniodes* Bl.

(98)多羽复叶耳蕨　*Arachniodes amoena* (Ching) Ching
(99)中华复叶耳蕨　*Arachniodes chinensis* (Ros.) Ching
(100)刺头复叶耳蕨　*Arachniodes exilis* (Hance) Ching
(101)华南复叶耳蕨　*Arachniodes festina* (Hance) Ching
(102)斜方复叶耳蕨　*Arachniodes rhomboidea* (Wall. ex Mett.) Ching
(103)异羽复叶耳蕨　*Arachniodes simplicior* (Makino) Ohwi

贯众属 *Cyrtomium* Presl

(104)镰羽贯众　*Cyrtomium balansae* (Christ) C. Chr.
(105)刺齿贯众　*Cyrtomium caryotideum* (Wall. ex Hook. et grev.) Presl
(106)披针贯众　*Cyrtomium devexiscapulae* (Koidz.) Ching
(107)贯　众　*Cyrtomium fortunei* J. Sm.

鳞毛蕨属 *Dryopteris* Adanson

(108)暗鳞鳞毛蕨　*Dryopteris atrata* (Kunze) Ching
(109)阔鳞鳞毛蕨　*Dryopteris championii* (Benth.) C. Chr.
(110)迷人鳞毛蕨　*Dryopteris decipiens* (Hook.) O. Ktze.
(111)黑足鳞毛蕨　*Dryopteris fuscipes* C. Chr.

(112)齿头鳞毛蕨　*Dryopteris labordei* (Christ) C. Chr.
(113)轴鳞鳞毛蕨　*Dryopteris lepidorachis* C. Chr.
(114)无盖鳞毛蕨　*Dryopteris scottii* (Bedd.) Ching
(115)奇羽鳞毛蕨　*Dryopteris sieboldii* (van Houtte ex Mett.) O. Ktze
(116)稀羽鳞毛蕨　*Dryopteris sparsa* (Buch.-Ham. ex D. Don) O. Kuntze
(117)变异鳞毛蕨　*Dryopteris varia* (Linn.) O. Ktze.

耳蕨属 *Polystichum* Roth

(118)对生耳蕨　*Polystichum deltodon* (Bak.) Diels
(119)小戟叶耳蕨　*Polystichum hancockii* (Hance) Diels
(120)广东耳蕨　*Polystichum kwangtungense* Ching
(121)黑鳞耳蕨　*Polystichum makinoi* (Tagawa) Tagawag
(122)对马耳蕨　*Polystichum tsus-simense* (Hook.) J. Sm.

P47. 实蕨科 Bolbitidaceae

实蕨属 *Bolbitis* Schott.

(123)华南实蕨　*Bolbitis subcordata* (Cop.) Ching

P49. 舌蕨科 Elaphoglossaceae

舌蕨属 *Elaphoglossum* Schott

(124)华南舌蕨　*Elaphoglossum yoshinagae* (Yatabe) Makino

P50. 肾蕨科 Nephrolepidaceae

肾蕨属 *Nephrolepis* Schott

(125)肾　蕨　*Nephrolepis auriculata* (Linn.) Trimen

P52. 骨碎补科 Davalliaceae

阴石蕨属 *Humata* Cav.

(126)阴 石 蕨　*Humata repens* (Linn. f) Diels
(127)圆盖阴石蕨　*Humata tyermanni* Moore

P56. 水龙骨科 Polypodiaceae

线蕨属 *Colysis* C. Presl

(128)线　蕨　*Colysis elliptica* (Thunb.) Ching
(129)宽羽线蕨　*Colysis pothifolia* (D. Don) C. Presl

伏石蕨属 *Lemmaphyllum* Presl

(130)伏 石 蕨　*Lemmaphyllum microphyllum* Presl

骨牌蕨属 *Lepidogrammitis* Ching

(131)披针骨牌蕨　*Lepidogrammitis diversa* (Rosenst.) Ching
(132)抱 石 莲　*Lepidogrammitis drymoglossoides* (Baker) Ching
(133)骨 牌 蕨　*Lepidogrammitis rostrata* (Bedd.) Ching

瓦韦属 *Lepisorus* (J. Sm.) Ching

(134)粤 瓦 韦　*Lepisorus obscure-venulosus* (Hayata) Ching
(135)瓦　韦　*Lepisorus thunbergianus* (Kaulf.) Ching
(136)阔叶瓦韦　*Lepisorus tosaensis* (Makino) H. Ito

星蕨属 *Microsorium* Link

(137)江南星蕨　*Microsorium fortunei* (T. Moore) Ching
(138)表面星蕨　*Microsorum superficiale* (Blume) Ching

盾蕨属 *Neolepisorus* Ching

(139)卵叶盾蕨　*Neolepisorus ovatus* (Bedd.) Ching

假瘤蕨属 *Phymatopteris* Pic. Serm.

(140)单叶金鸡脚　*Phymatopteris hastata* (Thunb.) Pic. Serm.

水龙骨属 *Polypodiodes* Ching

(141)友水龙骨　*Polypodiodes amoena* (Wall. ex Mett.) Ching
(142)水 龙 骨　*Polypodiodes nipponica* (Mett.) Ching

石韦属 *Pyrrosia* Mirbel

(143)相近石韦　*Pyrrosia assimilis* (Bak.) Ching
(144)石　韦　*Pyrrosia lingua* (Thunb.) Farwell
(145)庐山石韦　*Pyrrosia sheareri* (Baker) Ching

P57. 槲蕨科 Drynariaceae

槲蕨属 *Drynaria* (Bory) J. Sm.

(146)槲　蕨　*Drynaria fortunei* (Kunze) J. Sm.

P61. 苹科 Marsileaceae

苹属 *Marsilea* Linn.

(147)苹　*Marsilea quadrifolia* Linn.

P63. 满江红科 Azollaceae

满江红属 *Azolla* Law.

(148)满 江 红　*Azolla imbricata* (Roxb.) Nakai.

种子植物 SPERMATOPHYTA

裸子植物门 GYMNOSPERMAE

G1. 苏铁科 Cycadaceae

苏铁属 *Cycas* Linn.

(1)苏　铁*　*Cycas revoluta* Thunb.

G2. 银杏科 Ginkgoaceae

银杏属 *Ginkgo* Linn.

(2)银　杏*　*Ginkgo biloba* Linn.

G4. 松科 Pinaceae

雪松属 *Cedrus* Trew

(3)雪　　松* *Cedrus deodara* G.. Don

松属 *Pinus* Linn.

(4)湿 地 松* *Pinus elliottii* Engelm.
(5)华南五针松 *Pinus kwangtungensis* Chun ex Tsiang
(6)马 尾 松 *Pinus massoniana* Lamb.
(7)黑　　松* *Pinus thunbergii* Parl.

铁杉属 *Tsuga* Carr.

(8)长苞铁杉 *Tsuga longibracteata* Cheng

G5. 杉科 Taxodiaceae

杉木属 *Cunninghamia* R. Br.

(9)杉　　木 *Cunninghamia lanceolata* (Lamb.) Hook.

柳杉属 *Cryptomeria* D. Don

(10)柳　　杉* *Cryptomeria fortunei* Hooibrenk ex Otto et Dietr.

水杉属 *Metasequoia* Miki ex Hu et Cheng

(11)水　　杉* *Metasequoia glyptostroboides* Hu et Cheng

台湾杉属 *Taiwania* Hayata

(12)秃　　杉* *Taiwania flousiana* Gausser

G6. 柏科 Cupressaceae

柏木属 *Cupressus* Linn.

(13)柏　　木 *Cupressus funebris* Endl.

刺柏属 *Juniprus* Tourn. ex Linn.

(14)圆　　柏* *Juniprus chinensis* Linn.
(15)龙　　柏* *Juniprus chinensis* Linn. 'Kaizuca'
(16)刺　　柏* *Juniprus formosana* Hayata

侧柏属 *Platycladus* Spach

(17)侧　　柏* *Platycladus orientalis* (Linn.) Franco

G7. 罗汉松科 Podocarpaceae

罗汉松属 *Podocarpus* L'Hér. ex Pers.

(18)罗 汉 松* *Podocarpus macrophyllus* (Thunb.) D. Don

G8. 三尖杉科 Cephalotaxaceae

三尖杉属 *Cephalotaxus* Sieb. et Zucc. ex Endl.

(19)三 尖 杉 *Cephalotaxus fortunei* Hook.

G9. 红豆杉科 Taxaceae

穗花杉属 *Amentotaxus* Pilger

(20)穗 花 杉 *Amentotaxus argotaenia* (Hance) Pilger

红豆杉属 *Taxus* Linn.

(21)南方红豆杉 *Taxus wallichiana* var. *mairei* (Lemée et Lévl.) L. K. Fu & Nan Li

G11. 买麻藤科 Gnetaceae

买麻藤属 *Gnetum* Linn.

(22)小叶买麻藤 *Gnetum parvifolium* (Warb.) C. Y. Cheng ex Chun

被子植物门 ANGIOSPERMAE

1. 木兰科 Magnoliaceae

木兰属 *Magnolia* Linn

(23)玉　　兰 *Magnolia denudata* Desr.
(24)凹叶厚朴* *Magnolia officinalis* subsp. *biloba* (Rehd. et Wils.) Law

木莲属 *Manglietia* Bl.

(25)桂南木莲 *Manglietia chingii* Dandy
(26)木　　莲 *Manglietia fordiana* Oliv.
(27)乳源木莲 *Manglietia yuyuanensis* Y. W. Law

含笑属 *Michelia* Linn.

(28)白 兰 花* *Michelia alba* DC.
(29)乐昌含笑 *Michelia chapensis* Dandy
(30)金叶含笑 *Michelia foveolata* Merr. ex Dandy
(31)深山含笑 *Michelia maudiae* Dunn
(32)野 含 笑 *Michelia skinneriana* Dunn

2A. 八角科 Illiciaceae

八角属 *Illicium* Linn.

(33)红花八角 *Illicium dunnianum* Tutcher
(34)假地枫皮 *Illicium jiadifengpi* B. N. Chang
(35)大 八 角 *Illicium majus* Hook. f. et Thomson

3. 五味子科 Schisandraceae

南五味子属 *Kadsura* Kaempf. ex Juss.

(36)黑 老 虎 *Kadsura coccinea* (Lem.) A. C. Smith
(37)南五味子 *Kadsura longipedunculata* Finet et Gagnep.

五味子属 *Schisandra* Michx.

(38)东亚五味子 *Schisandra elongata* (Bl.) Baill.
(39)翼梗五味子 *Schisandra henryi* Clarke.
(40)华中五味子 *Schisandra sphenanthera* Rehd. et Wilson

8. 番荔枝科 Annonaceae

瓜馥木属 *Fissistigma* Griff.

(41)瓜 馥 木 *Fissistigma oldhamii* (Hemsl.) Merr.

(42)香港瓜馥木 *Fissistigma uonicum* (Dunn) Merr.

11. 樟科 Lauraceae

无根藤属 *Cassytha* Linn.

(43)无 根 藤 *Cassytha filiformis* L.

樟属 *Cinnamomum* Trew

(44)毛 桂 *Cinnamomum appelianum* Schewe

(45)华 南 桂 *Cinnamomum austro-sinense* H. T. Chang

(46)阴 香 *Cinnamomum burmannii* (C. G. & Th. Nees) Bl.

(47)樟 树 *Cinnamomum camphora* (Linn.) Presl

(48)沉 水 樟 *Cinnamomum micranthum* (Hayata) Hayata

(49)香 桂 *Cinnamomum subavenium* Miq.

厚壳桂属 *Cryptocarya* R. Br.

(50)硬 壳 桂 *Cryptocarya chingii* Cheng

山胡椒属 *Lindera* Thunb.

(51)乌 药 *Lindera aggregata* (Sims) Kosterm.

(52)香 叶 树 *Lindera communis* Hemsl.

(53)红果钓樟 *Lindera erythrocarpa* Makino

(54)绒毛钓樟 *Lindera floribunda* (Allen) H. P. Tsui

(55)山 胡 椒 *Lindera glauca* (Sieb. et Zucc.) Bl.

(56)黑 壳 楠 *Lindera megaphylla* Hemsl.

(57)绒毛山胡椒 *Lindera nacusua* (D. Don) Merr.

(58)香 粉 叶 *Lindera pulcherrima* var. atteuata Allen

(59)山 橿 *Lindera reflexa* Hemsl.

木姜子属 *Litsea* Lam.

(60)毛豹皮樟 *Litsea coriana* var. *lanuginosa* Migo) Yang et P. H. Huang

(61)山 鸡 椒 *Litsea cubeba* (Lour.) Pers.

(62)黄丹木姜子 *Litsea elongata* (Wall. ex Nees) Benth. et Hook. f.

(63)清香木姜子 *Litsea euosma* W. W. Smith

(64)毛叶木姜子 *Litsea mollis* Hemsl.

(65)木 姜 子 *Litsea pungens* Hemsl.

(66)轮叶木姜子 *Litsea verticillata* Hance

润楠属 *Machilus* Nees

(67)华 润 楠 *Machilus chinensis* (Champ. ex Benth.) Hemsl.

(68)广东润楠 *Machilus kwangtungensis* Yang

(69)薄叶润楠 *Machilus leptophylla* Hand. -Mazz.

(70)建 润 楠 *Machilus oreophila* Hance

(71)凤凰润楠 *Machilus phoenicis* Dunn

(72)红 楠 *Machilus thunbergii* Sieb. et Zucc.

新木姜子属 *Neolitsea* Merr.

(73)新木姜子 *Neolitsea aurata* (Hay.) Koidz.

(74)锈叶新木姜子 *Neolitsea cambodiana* Lec.

(75)鸭 公 树 *Neolitsea chuii* Merr.

(76)簇叶新木姜子 *Neolitsea confertifolia* (Hemsl.) Merr.

(77)大叶新木姜子 *Neolitsea levinei* Merr.

(78)显脉新木姜子 *Neolitsea phanerophlebia* Merr.

楠属 *Phoebe* Nees

(79)闽 楠 *Phoebe bournei* (Hemsl.) Yang

(80)紫 楠 *Phoebe sheareri* (Hemsl.) Gamble

檫木属 *Sassafras* Trew

(81)檫 木 *Sassafras tzumu* (Hemsl.) Hemsl.

15. 毛茛科 Ranunculaceae

乌头属 *Aconitum* Linn.

(82)乌 头 *Aconitum carmichaeli* Debx.

银莲花属 *Anemone* Linn.

(83)秋 牡 丹 *Anemone hupehensis* var. *japonica* (Thunb.) Bowles et Stearn

铁线莲属 *Clematis* Linn.

(84)钝齿铁线莲 *Clematis apiifolia* var. *obtusidentata* Rehd. et Wils.

(85)小 木 通 *Clematis armandii* Franch.

(86)威 灵 仙 *Clematis chinensis* Osbeck

(87)厚叶铁线莲 *Clematis crassifolia* Benth.

(88)山 木 通 *Clematis finetiana* Lévl. et Vant.

(89)小蓑衣藤 *Clematis gouriana* Roxb.

(90)单叶铁线莲 *Clematis henryi* Oliv.

(91)毛蕊铁线莲 *Clematis lasiandra* Maxim.

(92)毛柱铁线莲 *Clematis meyeniana* Walp.

(93)柱果铁线莲 *Clematis uncinata* Champ.

人字果属 *Dichocarpum* W. T. Wang et Hsiao

(94)蕨叶人字果 *Dichocarpum dalzielii* (Drumm. et Hutch.) W. T. Wang et Hsiao

毛茛属 *Ranunculus* Linn.

(95)禺 毛 茛 *Ranunculus cantoniensis* DC.

(96)茴 茴 蒜 *Ranunculus chinensis* Bunge

(97)毛 茛 *Ranunculus japonicus* Thunb.

(98)石 龙 芮 *Ranunculus sceleratus* Linn.

天葵属 *Semiaquilegia* Makino

(99)天 葵 *Semiaquilegia adoxoides* (DC.) Makino

唐松草属 *Thalictrum* Linn.

(100)尖叶唐松草 *Thalictrum acutifolium* (Hand. -Mazz.) B. Boivin

(101)爪哇唐松草 *Thalictrum javanicum* Bl.

17. 金鱼藻科 Ceratophyllaceae

金鱼藻属 *Ceratophyllum* Linn.

(102)金 鱼 藻 *Ceratophyllum demersum* Linn.

18. 睡莲科 Nymphaeaceae

莲属 *Nelumbo* Adans.

(103)莲* *Nelumbo nucifera* Gaertn.

19. 小檗科 Berberidaceae

小檗属 *Berberis* Linn.

(104)华东小檗 *Berberis chingii* Cheng

(105)南岭小檗 *Berberis impedita* Schneid.

八角莲属 *Dysosma* Woods.

(106)八 角 莲 *Dysosma versipellis* (Hance) M. Cheng ex Ying

淫羊藿属 *Epimedium* Linn.

(107)三枝九叶草 *Epimedium sagittatum* (Sieb. et Zucc.) Maxim.

十大功劳属 *Mahonia* Nutt.

(108)阔叶十大功劳 *Mahonia bealei* (Fort.) Carr.

(109)北江十大功劳 *Mahonia shenii* Chun

南天竹属 *Nandina* Thunb.

(110)南 天 竹 *Nandina domestica* Thunb.

21. 木通科 Lardizabalaceae

木通属 *Akebia* Decne.

(111)三叶木通 *Akebia trifoliata* (Thunb.) Koidz.

(112)白 木 通 *Akebia trifoliata* subsp. *australis* (Diels) T. Shimizu

野木瓜属 *Stauntonia* DC.

(113)尾叶那藤 *Stauntonia obovatifoliola* subsp. *urophylla* (Hand. -Mazz.) H. N. Qin

22. 大血藤科 Sargentodoxaceae

大血藤属 *Sargentodoxa* Rehd. et Wils.

(114)大 血 藤 *Sargentodoxa cuneata* (Oliv.) Rehd. et Wils.

23. 防己科 Menispermaceae

木防己属 *Cocculus* DC.

(115)木 防 己 *Cocculus orbiculatus* (Linn.) DC.

轮环藤属 *Cyclea* Arn. ex Wight

(116)粉叶轮环藤 *Cyclea hypoglauca* (Schauer) Diels

(117)轮 环 藤 *Cyclea racemosa* Oliv.

秤钩风属 *Diploclisia* Miers

(118)秤 钩 风 *Diploclisia affinis* (Oliv.) Diels

风龙属 *Sinomenium* Diels

(119)风 龙 *Sinomenium acutum* (Thunb.) Rehd. et Wils.

千金藤属 *Stephania* Lour.

(120)金线吊乌龟 *Stephania cepharantha* Hayata

青牛胆属 *Tinospora* Miers

(121)青 牛 胆 *Tinospora sagittata* (Oliv.) Gagnep.

24. 马兜铃科 Aristolochiaceae

马兜铃属 *Aristolochia* Linn.

(122)管花马兜铃 *Aristolochia tubiflora* Dunn.

细辛属 *Asarum* Linn.

(123)尾花细辛 *Asarum caudigerum* Hance

(124)五岭细辛 *Asarum wulingense* C. F. Liang

28. 胡椒科 Piperaceae

胡椒属 *Piper* Linn.

(125)山 蒟 *Piper hancei* Maxim.

29. 三白草科 Saururaceae

蕺菜属 *Houttuynia* Thunb.

(126)蕺 菜 *Houttuynia cordata* Thunb.

30. 金粟兰科 Chloranthaceae

金粟属 *Chloranthus* Swartz

(127)丝穗金粟兰 *Chloranthus fortunei* (A. Gray) Solms-Laub.

(128)宽叶金粟兰 *Chloranthus henryi* Hemsl.

(129)多穗金粟兰 *Chloranthus multistachys* Pei

草珊瑚属 *Sarcandra* Gardn.

(130)草 珊 瑚 *Sarcandra glabra* (Thunb.) Nakai

32. 罂粟科 Papaveraceae

血水草属 *Eomecon* Hance

(131)血 水 草 *Eomecon chionantha* Hance

博落回属 *Macleaya* R. Br.

(132)博 落 回 *Macleaya cordata* (Willd.) R. Br.

罂粟属 *Papaver* Linn.

(133)罂 粟* *Papaver somniferum* Linn.

33. 紫堇科 Fumariaceae

紫堇属 *Corydalis* DC.

(134)北越黄堇 *Corydalis balansae* Prain
(135)尖距紫堇 *Corydalis sheareri* S. Moore

39. 十字花科 Cruciferae

芸薹属 *Brassica* Linn.

(136)芥　蓝* *Brassica alboglatra* L. H. Bailey.
(137)芸　薹* *Brassica campestris* Linn.
(138)紫 菜 薹* *Brassica campestris* var. *purpuraria* L. H. Bailey
(139)青　菜* *Brassica rapa* var. *chinensis* (L.) Kitamura
(140)芥　菜* *Brassica juncea* (Linn.) Czem. et Coss.
(141)花 椰 菜* *Brassica oleracea* var. *botrytis* Linn.
(142)甘　蓝* *Brassica oleracea* var. *capitata* Linn.
(143)擘　蓝* *Brassica oleracea* var. *gongylodes* L.
(144)白　菜* *Brassica rapa* var. *glabra* Regel

荠属 *Capsella* Medic.

(145)荠 *Capsella bursa-pastoris* (Linn.) Medic.

碎米荠属 *Cardamine* Linn.

(146)露珠碎米荠 *Cardamine circaeoides* Hook. f. et Thoms.
(147)弯曲碎米荠 *Cardamine flexuosa* With.
(148)碎 米 荠 *Cardamine hirsuta* Linn.
(149)圆齿碎米荠 *Cardamine scutata* Thunb.

臭荠属 *Coronopus* Zinn

(150)臭　荠 *Coronopus didymus* (Linn.) J. E. Smith

独行菜属 *Lepidium* Linn.

(151)北美独行菜* *Lepidium virginicum* Linn.

豆瓣菜属 *Nasturtium* R. Bl.

(152)豆 瓣 菜 *Nasturtium officinale* R. Br.

萝卜属 *Raphanus* Linn.

(153)萝　卜* *Raphanus sativus* Linn.

焯菜属 *Rorippa* Scop.

(154)广州焯菜 *Rorippa cantoniensis* (Lour.) Ohwi
(155)无瓣焯菜 *Rorippa dubia* (Pers.) Hara
(156)焯　菜 *Rorippa indica* (Linn.) Hiern

40. 堇菜科 Violaceae

堇菜属 *Viola* Linn.

(157)如 意 草 *Viola arcuata* Blume
(158)深圆齿堇菜 *Viola davidi* Franch.
(159)七 星 莲 *Viola diffusa* Ging.
(160)紫花堇菜 *Viola grypoceras* A. Gray
(161)长萼堇菜 *Viola inconspicua* Blume
(162)紫花地丁 *Viola philippica* Cav.
(163)浅圆齿堇菜 *Viola schneideri* W. Beck.
(164)庐山堇菜 *Viola stewardiana* W. Beck.
(165)三角叶堇菜 *Viola triangulifolia* W. Beck.

42. 远志科 Polygalaceae

远志属 *Polygala* Linn.

(166)尾叶远志 *Polygala caudata* Rehd. et Wils.
(167)香港远志 *Polygala hongkongensis* Hemsl.
(168)狭叶远志 *Polygala hongkongensis* var. *stenophylla* (Hayata) Migo
(169)瓜 子 金 *Polygala japonica* Houtt.
(170)曲江远志 *Polygala koi* Merr.

45. 景天科 Crassulaceae

景天属 *Sedum* Linn.

(171)东南景天 *Sedum alfredi* Hance
(172)珠芽景天 *Sedum bulbiferum* Makino
(173)凹叶景天 *Sedum emarginatum* Migo
(174)佛 甲 草 *Sedum lineare* Thunb.
(175)垂 盆 草 *Sedum sarmentosum* Bunge

47. 虎耳草科 Saxifragaceae

落新妇属 *Astilbe* Buch. -Ham.

(176)落 新 妇 *Astilbe chinensis* (Maxim.) Franch. et Savat.
(177)大落新妇 *Astilbe grandis* Stapf ex Wils.

金腰属 *Chrysosplenium* Tourn. ex Linn.

(178)肾萼金腰 *Chrysosplenium delavayi* Franch.
(179)大叶金腰 *Chrysosplenium macrophyllum* Oliv.

梅花草属 *Parnassia* Linn.

(180)鸡眼梅花草 *Parnassia wightana* Wall. ex Wight et Am.

虎耳草属 *Saxifraga* Linn.

(181)虎 耳 草 *Saxifraga stolonifera* W. Curt.

48. 茅膏菜科 Droseraceae

茅膏菜属 *Drosera* Linn.

(182)光萼茅膏菜 *Drosera peltata* var. *glabrata* Y. Z. Ruan

53. 石竹科 Caryophyllaceae

无心菜属 *Arenaria* Linn.

(183)无 心 菜 *Arenaria serpyllifolia* Linn.

卷耳属 ***Cerastium* Linn.**

(184)簇生卷耳 *Cerastium fontanum* subsp. *triviale* (Link) Jalas

鹅肠菜属 ***Myosoton* Moench**

(185)牛 繁 缕 *Myosoton aquaticum* (Linn.) Moench

漆姑草属 ***Sagina* Linn.**

(186)漆 姑 草 *Sagina japonica* (Swartz) Ohwi

繁缕属 ***Stellaria* Linn.**

(187)雀 舌 草 *Stellaria alsine* Grimm

(188)繁　　缕 *Stellaria media* (Linn.) Vill

(189)石生繁缕 *Stellaria saxatilis* Buch.-Ham. ex D. Don

54. 粟米草科 Molluginaceae

粟米草属 ***Mollugo* Linn.**

(190)粟 米 草 *Mollugo stricta* Linn.

56. 马齿苋科 Portulacaceae

马齿苋属 ***Portulaca* Linn.**

(191)马 齿 苋 *Portulaca oleracea* Linn.

土人参属 ***Talinum* Adens.**

(192)土 人 参* *Talinum paniculatum* (Jacq.) Gaertn.

57. 蓼科 Polygonaceae

金线草属 ***Antenoron* Rafin.**

(193)金 线 草 *Antenoron filiforme* (Thunb.) Rob. et Vant.

荞麦属 ***Fagopyrum* Mill.**

(194)金 荞 麦 *Fagopyrum dibotrys* (D. Don) Hara

(195)荞　　麦* *Fagopyrum esculentum* Moench.

何首乌属 ***Fallopia* Adans**

(196)何 首 乌 *Fallopia multiflora* (Thunb.) Harald.

蓼属 ***Polygonum* Linn.**

(197)萹　　蓄 *Polygonum aviculare* L.

(198)火 炭 母 *Polygonum chinense* Linn.

(199)蓼 子 草 *Polygonum criopolitanum* Hance

(200)大箭叶蓼 *Polygonum darrisii* Levl.

(201)水　　蓼 *Polygonum hydropiper* Linn.

(202)蚕 茧 草 *Polygonum japonicum* Meissn.

(203)愉 悦 蓼 *Polygonum juncundum* Meisn.

(204)酸模叶蓼 *Polygonum lapathifolium* Linn.

(205)长 鬃 蓼 *Polygonum longisetum* De Bruyn

(206)小 蓼 花 *Polygonum muricatum* Meissn.

(207)尼泊尔蓼 *Polygonum nepalense* Meissn.

(208)杠 板 归 *Polygonum perfoliatum* Linn.

(209)习 见 蓼 *Polygonum plebeium* R. Brown

(210)丛 枝 蓼 *Polygonum posumbu* Buch.-Ham. ex D. Don

(211)戟 叶 蓼 *Polygonum thunbergii* Sieb. et Zucc.

酸模属 ***Rumex* Linn.**

(212)酸　　模 *Rumex acetosa* Linn.

59. 商陆科 Phytolaccaceae

商陆属 ***Phytolacca* Linn.**

(213)商　　陆 *Phytolacca acinosa* Roxb.

(214)美洲商陆* *Phytolacca americana* L.

61. 藜科 Chenopodiaceae

甜菜属 ***Beta* Linn.**

(215)君 达 菜* *Beta vulgaris* var. *cicia* Linn.

藜属 ***Chenopodium* Linn.**

(216)藜 *Chenopodium album* Linn.

(217)土 荆 芥* *Chenopodium ambrosioides* Linn.

菠菜属 ***Spinacia* Linn.**

(218)菠　　菜* *Spinacia oleracea* Linn.

63. 苋科 Amaranthaceae

牛膝属 ***Achyranthes* Linn.**

(219)土 牛 膝 *Achyranthes aspera* Linn.

(220)牛　　膝 *Achyranthes bidentata* Bl.

(221)柳叶牛膝 *Achyranthes longifolia* (Makino) Makino

莲子草属 ***Alternanthera* Forsk.**

(222)喜旱莲子草* *Alternanthera philoxeroides* (Mart.) Griseb.

(223)虾 蚶 菜 *Alternanthera sessilis* (Linn.) R. Brown ex DC.

苋属 ***Amaranthus* Linn.**

(224)凹 头 苋 *Amaranthus lividus* Linn.

(225)苋* *Amaranthus tricolor* Linn.

(226)皱 果 苋* *Amaranthus viridis* Linn.

青葙属 ***Celosia* Linn.**

(227)青　　葙 *Celosia argentea* Linn.

(228)鸡 冠 花* *Celosia cristata* Linn.

64. 落葵科 Basellaceae

落葵属 ***Basella* Linn.**

(229)落　　葵* *Basella alba* Linn.

67. 牻牛儿苗科 Geraniaceae

老鹳草属 *Geranium* Linn.

(230)野老鹳草* *Geranium carolinianum* Linn.

(231)尼泊尔老鹳草 *Geranium nepalense* Sw.

69. 酢浆草科 Oxalidaceae

酢浆草属 *Oxalis* Linn.

(232)酢 浆 草 *Oxalis corniculata* Linn.

(233)红花酢浆草* *Oxalis corymbosa* DC.

(234)山酢浆草 *Oxalis griffithii* Edgeworth et Hook. f.

71. 凤仙花科 Balsaminaceae

凤仙花属 *Impatiens* Linn.

(235)凤 仙 花* *Impatiens balsamina* Linn.

(236)睫毛凤仙花 *Impatiens blepharosephala* Pritz. ex Diels

(237)华 凤 仙 *Impatiens chinensis* Linn.

(238)绿萼凤仙花 *Impatiens chlorosepala* Hand. -Mazz.

(239)鸭跖草凤仙 *Impatiens commelinoides* Hand. -Mazz.

(240)牯岭凤仙花 *Impatiens davidii* Franch.

(241)黄 金 凤 *Impatiens siculifer* Hook. f.

72. 千屈菜科 Lythraceae

水苋菜属 *Ammannia* Linn.

(242)水 苋 菜 *Ammannia baccifera* Linn.

萼距花属 *Cuphea* Adans ex P. Br.

(243)细叶萼距花* *Cuphea hyssopifolia* Kunth

紫薇属 *Lagerstroemia* Linn.

(244)尾叶紫薇 *Lagerstroemia caudata* Chun et How ex S. Lee

(245)紫 薇 *Lagerstroemia indica* Linn.

(246)南 紫 薇 *Lagerstroemia subcostata* Koehne

千屈菜属 *Lythrum* Linn.

(247)千 屈 菜 *Lythrum salicaria* Linn.

节节菜属 *Rotala* Linn.

(248)圆叶节节菜 *Rotala rotundifolia* (Buch. -Ham. ex Roxb.) Koehne

75. 安石榴科 Punicaceae

石榴属 *Punica* Linn.

(249)石 榴* *Punica granatum* Linn.

77. 柳叶菜科 Onagraceae

露珠草属 *Circaea* Linn.

(250)南方露珠草 *Circaea mollis* Sieb. & Zucc.

柳叶菜属 *Epilobium* Linn.

(251)光滑柳叶菜 *Epilobium amurense* subsp. *cephalostigma* (Hausskn.) C. J. Chen, Hoch & Raven

(252)柳 叶 菜 *Epilobium hirsutum* Linn.

(253)长籽柳叶菜 *Epilobium pyrricholophum* Franch. & Savat.

丁香蓼属 *Ludwigia* Linn.

(254)丁 香 蓼 *Ludwigia prostrata* Roxb.

78. 小二仙草科 Haloragidaceae

小二仙草属 *Haloragis* J. R. & G. Forst.

(255)小二仙草 *Haloragis micrantha* (Thunb.) R. Br. ex Sieb. & Zucc.

81. 瑞香科 Thymelaeaceae

瑞香属 *Daphne* Linn.

(256)白 瑞 香 *Daphne papyracea* Wall. ex Steud.

结香属 *Edgeworthia* Meissn.

(257)结 香* *Edgeworthia chrysantha* Lindl.

荛花属 *Wikstroemia* Endl.

(258)了 哥 王 *Wikstroemia indica* (Linn.) C. A. Mey.

(259)北江荛花 *Wikstroemia monnula* Hance

83. 紫茉莉科 Nyctaginaceae

紫茉莉属 *Mirabilis* Linn.

(260)紫 茉 莉* *Mirabilis jalapa* Linn.

84. 山龙眼科 Proteaceae

山龙眼属 *Helicia* Lour.

(261)小果山龙眼 *Helicia cochinchinensis* Lour.

(262)网脉山龙眼 *Helicia reticulata* W. T. Wang

88. 海桐花科 Pittosporaceae

海桐花属 *Pittosporum* Banks ex Gaertn.

(263)短萼海桐 *Pittosporum brevicalxy* (Oliver) Gagnep.

(264)光叶海桐 *Pittosporum glabratum* Lindl.

(265)海 金 子 *Pittosporum illicioides* Makino

(266)少花海桐 *Pittosprum pauciflorum* Hook. et Arn.

(267)海 桐* *Pittosporum tobira* (Thunb.) Ait.

93. 大风子科 Flacourtiaceae

山桂花属 *Bennettiodendron* Merr.

(268)短柄山桂花 *Bennettiodendron brevipes* Merr.

山桐子属 *Idesia* Maxim.

(269)山　桐　子　*Idesia polycarpa* Maxim.

柞木属 *Xylosma* G. Forster

(270)南岭柞木　*Xylosma controversum* Clos

(271)柞　　木　*Xylosma racemosum* (Sieb. et Zucc.) Miq.

94. 天料木科 Samydaceae

天料木属 *Homalium* Jacq.

(272)天　料　木　*Homalium cochinchinense* (Lour.) Druce

103. 葫芦科 Cucurbitaceae

冬瓜属 *Benincasa* Savi

(273)冬　　瓜*　*Benincasa hispida* (Thunb.) Cogn.

西瓜属 *Citrullus* Schrad.

(274)西　　瓜*　*Citrullus lanatus* (Thunb.) Mats. & Nakai

甜瓜属 *Cucumis* Linn.

(275)黄　　瓜*　*Cucumis sativus* Linn

南瓜属 *Cucurbita* Linn.

(276)南　　瓜*　*Cucurbita moschata* (Duch. ex Lam.) Duch. ex Poir.

绞股蓝属 *Gynostemma* Bl.

(277)绞　股　蓝　*Gynostemma pentaphyllum* (Thunb.) Makino

葫芦属 *Lagenaria* Ser.

(278)葫　　芦*　*Lagenaria siceraria* (Molina) Standl.

丝瓜属 *Luffa* Mill.

(279)广东丝瓜*　*Luffa acutangula* (Linn.) Roxb.

(280)丝　　瓜*　*Luffa cylindrica* (Linn.) Roem.

苦瓜属 *Momordica* Linn.

(281)苦　　瓜*　*Momordica charantia* Linn.

(282)木　鳖　子　*Momordica cochinchinensis* (Lour.) Spreng.

赤瓟属 *Thladiantha* Bunge

(283)大苞赤瓟　*Thladiantha cordifolia* (Bl.) Cogn.

(284)球果赤瓟　*Thladiantha globicarpa* A. M. Lu et Z. Y. Zhang

(285)南　赤　瓟　*Thladiantha nudiflora* Hemsl. ex Forbes et Hemsl.

栝楼属 *Trichosanthes* Linn.

(286)王　　瓜　*Trichosanthes cucumeroides* (Ser.) Maxim.

(287)长萼栝楼　*Trichosanthes laceribractea* Hayata

(288)趾叶栝楼　*Trichosanthes pedata* Merr. et Chun

(289)中华栝楼　*Trichosanthes rosthornii* Harms

马交儿属 *Zehneria* Endl.

(290)马　交　儿　*Zehneria indica* (Lour.) Keraudren

(291)钮　子　瓜　*Zehneria maysorensis* (Wight et Arn.) Arn.

104. 秋海棠科 Begoniaceae

秋海棠属 *Begonia* Linn.

(292)食用秋海棠　*Begonia edulis* Levl.

(293)紫背天葵　*Begonia fimbristipula* Hance

(294)裂叶秋海棠　*Begonia palmata* D. Don

107. 仙人掌科 Cactaceae

仙人掌属 *Opuntia* Mill.

(295)仙　人　掌*　*Opuntia dillenii* (Ker-Gawl.) Haw.

蟹爪兰属 *Schlumlergera* Lem.

(296)蟹　爪　兰*　*Schlumlergera truncata* (Haw.) Moran

108. 山茶科 Theaceae

杨桐属 *Adinandra* Jack

(297)尖叶杨桐　*Adinandra bockiana* var. *acutifolia* (Hand.-Mazz.) Kobuski

(298)两广杨桐　*Adinandra glischroloma* Hand.-Mazz.

(299)杨　　桐　*Adinandra millettii* (Hook. et Arn.) Benth. et Hook. f. ex Hance

山茶属 *Camellia* Linn.

(300)短　柱　茶　*Camellia brevistyla* (Hayata) Coh. Stuart

(301)长尾毛蕊茶　*Camellia caudata* Wall.

(302)心叶毛蕊茶　*Camellia cordifolia* (Metc.) Nakai

(303)尖连蕊茶　*Camellia cuspidata* (Kochs) Wright ex Gard.

(304)柃叶连蕊茶　*Camellia euryoides* Lindl.

(305)山　　茶*　*Camellia japonica* Linn.

(306)油　　茶　*Camellia oleifera* Abel

(307)柳叶毛蕊茶　*Camellia salicifolia* Champ. ex Benth.

(308)茶*　*Camellia sinensis* (Linn.) O. Kuntze

红淡比属 *Cleyera* Thunb.

(309)红　淡　比　*Cleyera japonica* Thunb.

(310)厚叶红淡比　*Cleyera pachyphylla* Chun ex H. T. Chang

柃木属 *Eurya* Thunb.

(311)尖叶毛柃　*Eurya acuminatissima* Merr. et Chun

(312)尖萼毛柃　*Eurya acutisepala* Hu et L. K. Ling

(313)翅　　柃　Eurya alata Kobuski
(314)米碎花　Eurya chinensis R. Br.
(315)微毛柃　Eurya hebeclados Ling
(316)细枝柃　Eurya loquaiana Dunn
(317)黑　　柃　Eurya macartneyi Champ.
(318)细齿叶柃　Eurya nitida Korthals
(319)窄基红褐柃　Eurya rubiginosa var. attenuata H. T. Chang

石笔木属 Pyrenaria Bl.

(320)粗毛核果茶　Pyrenaria hirta Keng
(321)大果核果茶　Pyrenaria spectabilis (Champ.) C. Y. Wu et S. X. Yang ex S. X. Yang

木荷属 Schima Reinw. ex Bl.

(322)银木荷　Schima argentea Pritz ex Diels
(323)疏齿木荷　Schima remotiserrata H. T. Chang
(324)木　　荷　Schima superba Gardn. et Champ.

紫茎属 Stewartia Linn.

(325)厚叶紫茎　Stewartia crassifolia (S. Z. Yan) J. Li et Ming

厚皮香属 Ternstroemia Mutis ex Linn. f.

(326)厚皮香　Ternstroemia gymnanthera (Wight et Arn.) Beddome
(327)厚叶厚皮香　Ternstroemia kwangtungensis Merr.
(328)尖萼厚皮香　Ternstroemia luteoflora L. K. Ling
(329)亮叶厚皮香　Ternstroemia nitida Merr.

108A. 五列木科 Pentaphylacaceae

五列木属 Pentaphylax Gardn. et Champ.

(330)五列木　Pentaphylax euryoides Gardn. et Champ.

112. 猕猴桃科 Actinidiaceae

猕猴桃属 Actinidia Lindl.

(331)京梨猕猴桃　Actinidia callosa var. henryi Maxim.
(332)中华猕猴桃　Actinidia chinensis Planch.
(333)毛花猕猴桃　Actinidia eriantha Benth.
(334)黄毛猕猴桃　Actinidia fulvicoma Hance
(335)华南猕猴桃　Actinidia glaucophylla F. Chun
(336)阔叶猕猴桃　Actinidia latifolia (Gardn. et Champ.) Merr.

118. 桃金娘科 Myrtaceae

桉属 Eucalyptus L, Herit

(337)赤　　桉*　Eucalyptus camaldulensis Dehnh.
(338)大叶桉*　Eucalyptus robusta Smith

桃金娘属 Rhodomyrtus (DC.) Reich.

(339)桃金娘　Rhodomyrtus tomentosa (Ait.) Hassk.

蒲桃属 Syzygium Gaertn.

(340)赤　　楠　Syzygium buxifolium Hook. et Arn.
(341)红枝蒲桃　Syzygium rehderianum Merr. et Perry

120. 野牡丹科 Melastomataceae

柏拉木属 Blastus Lour.

(342)线萼金花树　Blastus apricus (Hand. -Mazz.) H. L. Li
(343)少花柏拉木　Blastus pauciflorus (Benth.) Guillaum.

异药花属 Fordiophyton Stapf

(344)异药花　Fordiophyton faberi Stapf
(345)肥肉草　Fordiophyton fordii (Oliv.) Krass.

野牡丹属 Melastoma Linn.

(346)地　　稔　Melastoma dodecandrum Lour.

金锦香属 Osbeckia Linn.

(347)金锦香　Osbeckia chinensis Linn.

锦香草属 Phyllagathis Blume

(348)锦香草　Phyllagathis cavaleriei (Lévl. et Van.) Guillaum
(349)短毛熊巴掌　Phyllagathis cavaleriei var. tankahkeei (Merr.) C. Y. Wu et C. Chen

肉穗草属 Sarcopyramis Wall.

(350)楮头红　Sarcopyramis nepalensis Wall.

123. 金丝桃科 Hypericaceae

金丝桃属 Hypericum Linn.

(351)赶山鞭　Hypericum attenuatum Choisy
(352)地耳草　Hypericum japonicum Thunb. ex Murray
(353)金丝桃　Hypericum monogynum L.
(354)元宝草　Hypericum sampsoni Hance

126. 藤黄科 Guttiferae

藤黄属 Garcinia Linn.

(355)多花山竹子　Garcinia multiflora Champ. ex Benth.

128. 椴树科 Tiliaceae

田麻属 Corchoropsis Sieb. et Zucc.

(356)田　　麻　Corchoropsis tomentosa (Thunb.) Makino

黄麻属 Corchorus Linn.

(357)甜　　麻　Corchorus aestuans Linn.

扁担杆属 Grewia Linn.

(358)扁担杆　Grewia biloba G. . Don

椴树属 Tilia Linn.

(359)白毛椴　Tilia endochrysea Hand. -Mazz.

刺蒴麻属 *Triumfetta* Linn.

(360)单毛刺蒴麻 *Triumfetta annua* L.

(361)长勾刺蒴麻 *Triumfetta pilosa* Roth

128A. 杜英科 Elaeocarpaceae

杜英属 *Elaeocarpus* Linn.

(362)中华杜英 *Elaeocarpus chinensis* Hook. ex Benth.

(363)褐毛杜英 *Elaeocarpus duclouxii* Gagnep.

(364)秃瓣杜英 *Elaeocarpus glabripetalus* Merr.

(365)日本杜英 *Elaeocarpus japonicus* Sieb. et Zucc.

(366)山 杜 英 *Elaeocarpus sylvestris* (Lour.) Poir.

猴欢喜属 *Sloanea* Linn.

(367)猴 欢 喜 *Sloanea sinensis* (Hance) Hemsl.

130. 梧桐科 Sterculiaceae

梧桐属 *Firmiana* Marsili

(368)梧 桐* *Firmiana simplex* (Linn.) F. W. Wight

马松子属 *Melochia* Linn.

(369)马 松 子 *Melochia corchorifolia* Linn.

132. 锦葵科 Malvaceae

黄葵属 *Abelmoschus* Medicus

(370)黄 葵 *Abelmoschus moschatus* (Linn.) Medicus

棉属 *Gossypium* Linn.

(371)陆 地 棉* *Gossypium hirsutum* Linn.

木槿属 *Hibiscus* Linn.

(372)朱 槿* *Hibiscus rosa-sinensis* Linn.

(373)木 槿* *Hibiscus syriacus* Linn.

锦葵属 *Malva* Linn.

(374)冬 葵* *Malva verticillata* Linn.

黄花稔属 *Sida* Linn.

(375)白背黄花稔 *Sida rhombifolia* Linn.

梵天花属 Urena Linn.

(376)地 桃 花 *Urena lobata* Linn.

(377)梵 天 花 *Urena procumbens* Linn.

135. 古柯科 Erythroxylaceae

古柯属 *Erythroxylum* P. Browne

(378)东方古柯 *Erythroxylum sinense* C. Y. Wu

136. 大戟科 Euphorbiaceae

铁苋菜属 *Acalypha* Linn.

(379)铁 苋 菜 *Acalypha australis* Linn.

山麻杆属 *Alchornea* Sw.

(380)红背山麻杆 *Alchornea trewioides* (Benth.) Muell. Arg.

五月茶属 *Antidesma* Linn.

(381)日本五月茶 *Antidesma japonicum* Sieb. et Zucc.

重阳木属 *Bischofia* Bl.

(382)重 阳 木 *Bischofia polycarpa* (Levl.) Airy Shaw

巴豆属 *Croton* Linn.

(383)毛果巴豆 *Croton lachnocarpus* Benth.

大戟属 *Euphorbia* Linn.

(384)乳浆大戟 *Euphorbia esula* Linn.

(385)飞 扬 草 *Euphorbia hirta* Linn.

(386)地 锦 *Euphorbia humifusa* Willd.

(387)通 奶 草 *Euphorbia hypericifolia* Linn.

(388)大 戟 *Euphorbia pekinensis* Rupr.

(389)钩腺大戟 *Euphorbia sieboldiana* C. Morren et Decaisne

(390)千 根 草 *Euphorbia thymifolia* Linn.

算盘子属 *Glochidion* J. R. Forst. et G. Forst.

(391)算 盘 子 *Glochidion puberum* (Linn.) Hutch.

野桐属 *Mallotus* Lour.

(392)白 背 叶 *Mallotus apelta* (Lour.) Muell. Arg.

(393)东南野桐 *Mallotus lianus* Croiz.

(394)粗 糠 柴 *Mallotus philippensis* (Lam.) Muell. Arg.

(395)石 岩 枫 *Mallotus repandus* (Willd.) Muell. Arg.

(396)卵叶石岩枫 *Mallotus repandus* var. *cordifolius* (Benth.) H. S. Kiu

(397)野 桐 *Mallotus tenuifolius* Pax

叶下珠属 *Phyllanthus* Linn.

(398)落萼叶下珠 *Phyllanthus flexuosus* (Sieb. et Zucc.) Muell. Arg.

(399)叶 下 珠 *Phyllanthus urinaria* Linn.

(400)黄珠子草 *Phyllanthus virgatus* Forst. f.

乌桕属 *Sapium* P. Br.

(401)山 乌 桕 *Sapium discolor* (Champ. ex Benth.) Muell. Arg.

(402)白木乌桕 *Sapium japonicum* (Sieb. et Zucc.) Pax et Hoffm.

(403)乌 桕 *Sapium sebiferum* (L inn.) Roxb.

地构叶属 *Speranskia* Baill.

(404)广州地构叶 *Speranskia cantonensis* (Hance) Pax et Hoffm.

油桐属 *Vernicia* Lour.

(405)油 桐 *Vernicia fordii* (Hemsl.) Airy Shaw

(406)木 油 桐 *Vernicia montana* Lour.

136A. 交让木科 Daphniphyllaceae

交让木属 *Daphniphyllum* Bl.

(407)交 让 木 *Daphniphyllum macropodium* Miq.
(408)虎 皮 楠 *Daphniphyllum oldhamii* (Hemsl.) Rosenth.

139. 鼠刺科 Escalloniaceae

鼠刺属 *Itea* Linn.

(409)鼠 刺 *Itea chinensis* Hook. et Am.
(410)矩叶鼠刺 *Itea oblonga* Hand. -Mazz.

142. 绣球科 Hydrangeaceae

溲疏属 *Deutzia* Thunb.

(411)川 溲 疏 *Deutzia setchuenensis* Franch.

常山属 *Dichroa* Lour.

(412)常 山 *Dichroa febrifuga* Lour.

绣球属 *Hydrangea* Linn.

(413)绣 球* *Hydrangea macrophylla* (Thunb.) Ser.
(414)圆锥绣球 *Hydrangea paniculata* Sieb.
(415)中国绣球 *Hydrangea chinensis* Maxim.
(416)蜡莲绣球 *Hydrangea strigosa* Rehd.

冠盖藤属 *Pileostegia* Hook. f. et Thoms.

(417)星毛冠盖藤 *Pileostegia tomentella* Hand. -Mazz.
(418)冠 盖 藤 *Pileostegia viburnoides* Hook. f. et Thoms.

钻地风属 *Schizophragma* Sieb. et Zucc.

(419)钻 地 风 *Schizophragma integrifolium* (Franch.) Oliv.

143. 蔷薇科 Rosaceae

龙芽草属 *Agrimonia* Linn.

(420)龙 芽 草 *Agrimonia pilosa* Ledeb.

桃属 *Amygdalus* Linn.

(421)桃* *Amygdalus persica* Linn.

樱属 *Cerasus* Mill.

(422)钟花樱桃 *Cerasus campanulata* (Maxim.) Yü et Li
(423)尾叶樱桃 *Cerasus dielsiana* (Schneid.) Yü et Li

山楂属 *Crataegus* Linn.

(424)野 山 楂 *Crataegus cuneata* Sieb. et Zucc.

蛇莓属 *Duchesnea* J. E. Smith

(425)蛇 莓 *Duchesnea indica* (Andr.) Focke

枇杷属 *Eriobotrya* Lindl.

(426)大花枇杷 *Eriobotrya cavaleriei* (Levl.) Rehd.
(427)枇 杷* *Eriobotrya japonica* (Thunb.) Lindl.

桂樱属 *Laurocerasus* Tourn. ex Duh.

(428)腺叶桂樱 *Laurocerasus phaeosticta* (Hance) S. K. Schneid.
(429)刺叶桂樱 *Laurocerasus spinulosa* (Sieb. et Zucc.) Schneid.
(430)尖叶桂樱 *Laurocerasus undulata* (D. Don) Roem.
(431)大叶桂樱 *Laurocerasus zippeliana* (Miq.) Yü et Lu

苹果属 *Malus* Mill.

(432)台湾林檎 *Malus doumeri* (Bois) Chev.
(433)三叶海棠 *Malus sieboldii* (Regel) Rehd.

稠李属 *Padus* Mill.

(434)橉木稠李 *Padus buergeriana* (Miq.) Yu et Lu
(435)灰叶稠李 *Padus grayana* (Maxim.) Schneid.

石楠属 *Photinia* Lindl.

(436)中华石楠 *Photinia beauverdiana* Schneid.
(437)椤木石楠 *Photinia davidsoniae* Rehd. et Wils.
(438)光叶石楠 *Photinia glabra* (Thunb.) Maxim.
(439)小叶石楠 *Photinia parvifolia* (Pritz.) Schneid
(440)桃叶石楠 *Photinia prunifolia* (Hook. et Arn.) Lindl.
(441)绒毛石楠 *Photinia schneideriana* Rehd. &Wils.
(442)石 楠 *Photinia serrulata* Lindl.

委陵菜属 *Potentilla* Linn.

(443)翻 白 草 *Potentilla discolor* Bunge.
(444)蛇含委陵菜 *Potentilla kleiniana* Wight et Arn.

李属 *Prunus* Linn.

(445)李* *Prunus salicina* Lindl.

火棘属 *Pyracantha* M. Roem.

(446)全缘火棘 *Pyracantha atalantioides* (Hance) Stapf

梨属 *Pyrus* Linn.

(447)豆 梨 *Pyrus calleryana* Decne.
(448)沙 梨* *Pyrus pyrifolia* (Burm. f.) Nakai

石斑木属 *Raphiolepis* Lindl.

(449)石 斑 木 *Raphiolepis indica* (Linn.) Lindl.

蔷薇属 *Rosa* Linn.

(450)月 季* *Rosa chinensis* Jacq.
(451)小果蔷薇 *Rosa cymosa* Tratt.
(452)软条七蔷薇 *Rosa henryi* Bouleng
(453)金 樱 子 *Rosa laevigata* Michx.
(454)粉团蔷薇 *Rosa multiflora* var. *cathayensis* Rehd.

et Wils.
(455)悬钩子蔷薇 *Rosa rubus* Levl. et Vant

悬钩子属 *Rubus* Linn.

(456)腺 毛 莓 *Rubus adenophorus* Rolfe
(457)粗叶悬钩子 *Rubus alceaefolius* Poir.
(458)寒 莓 *Rubus buergeri* Miq.
(459)掌叶复盆子 *Rubus chingii* Hu
(460)毛 萼 莓 *Rubus chroosepalus* Focke
(461)小柱悬钩子 *Rubus columellaris* Tutcher
(462)山 莓 *Rubus corchorifolius* Linn. f.
(463)插 田 泡 *Rubus coreanus* Miq.
(464)戟叶悬钩子 *Rubus hastifolius* Lévl. et Vant.
(465)蓬 蘽 *Rubus hirsutus* Thunb.
(466)高 粱 泡 *Rubus lambertianus* Ser.
(467)茅 莓 *Rubus parvifolius* Linn.
(468)梨叶悬钩子 *Rubus pirifolius* Smith
(469)锈 毛 莓 *Rubus reflexus* Ker Gawl.
(470)空 心 泡 *Rubus rosaefolius* Smith
(471)红腺悬钩子 *Rubus sumatranus* Miq.
(472)木 莓 *Rubus swinhoii* Hance
(473)灰白毛莓 *Rubus tephrodes* Hamce

地榆属 *Sanguisorba* Linn.

(474)地 榆 *Sanguisorba officinalis* Linn.

花楸属 *Sorbus* Linn.

(475)水榆花楸 *Sorbus alnifolia* (Sieb. et Zucc.) K. Koch
(476)美脉花楸 *Sorbus caloneura* (Stapf) Rehd.
(477)石灰花楸 *Sorbus folgneri* (Schneid.) Rehd.

绣线菊属 *Spiraea* Linn.

(478)中华绣线菊 *Spiraea chinensis* Maxim.
(479)渐尖粉花绣线菊 *Spiraea japonica* var. *acuminata* Franch.

146. 含羞草科 Mimosaceae

金合欢属 *Acacia* Mill.

(480)藤金合欢 *Acacia sinuata* (Lour.) Merr.

合欢属 *Albizia* Durazz.

(481)山 槐 *Albizia kalkora* (Roxb.) Prain

猴耳环属 *Archidendron* F. Muell

(482)猴 耳 环 *Archidendron clypearia* (Jack) Nielsen

147. 苏木科 Caesalpiniaceae

羊蹄甲属 *Bauhinia* Linn.

(483)阔裂叶羊蹄甲 *Bauhinia apertilobata* Merr. et Metc.
(484)龙 须 藤 *Bauhinia championii* subsp. *hupehana* (Craib) T. Chen
(485)粉叶羊蹄甲 *Bauhinia glauca* (Wall. ex Benth.) Benth.

云实属 *Caesalpinia* Linn.

(486)华南云实 *Caesalpinia crista* Linn.
(487)云 实 *Caesalpinia decapetala* (Roth) Alston

山扁豆属 *Chamaecrista* Moench

(488)大叶山扁豆 *Chamaecrista leschenaultiana* (DC.) Degener

紫荆属 *Cercis* Linn.

(489)紫 荆* *Cercis chinensis* Bunge
(490)广西紫荆 *Cercis chuniana* Metc.

皂荚属 *Gleditsia* Linn.

(491)皂 荚 *Gleditsia sinensis* Lam.

老虎刺属 *Pterolobium* R. Br. ex Wight et Arn.

(492)老 虎 刺 *Pterolobium punctatum* Hemsl.

决明属 *Senna* Mill.

(493)决 明* *Senna tora* (L.) Roxb.

任豆属 *Zenia* Chun

(494)任 豆 *Zenia insignis* Chun

148. 蝶形花科 Papilionaceae

两型豆属 *Amphicarpaea* Elliot ex Nutt.

(495)两 型 豆 *Amphicarpaea edgeworthii* Benth

落花生属 *Arachis* Linn.

(496)花 生* *Arachis hypogaea* Linn.

紫云英属 *Astragalus* Linn.

(497)紫 云 英* *Astragalus sinicus* Linn.

杭子梢属 *Campylotropis* Bunge

(498)杭 子 梢 *Campylotropis macrocarpa* (Bunge) Rehd.

刀豆属 *Canavalia* DC.

(499)刀 豆* *Canavalia gladiata* (Jacq.) DC.

香槐属 *Cladrastis* Rafin.

(500)翅荚香槐 *Cladrastis platycarpa* (Maxim.) Makino

猪屎豆属 *Crotalaria* Linn.

(501)响 铃 豆 *Crotalaria albida* Heyne ex Roth
(502)假 地 兰 *Crotalaria ferruginea* Grah. ex Benth.
(503)农 吉 利 *Crotalaria sessiliflora* Linn.

黄檀属 *Dalbergia* Linn. f.

(504)南岭黄檀 *Dalbergia balansae* Prain
(505)大金刚藤 *Dalbergia dyeriana* Prain ex Harms.
(506)藤 黄 檀 *Dalbergia hancei* Benth.
(507)黄 檀 *Dalbergia hupeana* Hance

鱼藤属 *Derris* Lour.

(508)中南鱼藤 *Derris fordii* Oliv.

山蚂蝗属 *Desmodium* Desv.

(509)小 槐 花 *Desmodium caudatum* (Thunb.) DC.

(510)假 地 豆 *Desmodium heterocarpon* (Linn.) DC.

(511)小叶三点金 *Desmodium microphyllum* (Thunb.) DC.

野扁豆属 *Dunbaria* Wight et Arn.

(512)圆叶野扁豆 *Dunbaria punctata* (Wight & Arn.) Benth.

大豆属 *Glycine* Willd.

(513)大 豆* *Glycine max* (Linn.) Merr.

(514)野 大 豆 *Glycine soja* Sieb. et Zucc.

长柄山蚂蝗属 *Hylodesmum* H. Ohashi & R. R. Mill.

(515)宽卵叶长柄山蚂蝗 *Hylodesmum podocarpium* subsp. *fallax* (Schindl.) H. Ohashi & R. R. Mill

(516)尖叶长柄山蚂蝗 *Hylodesmum podocarpum* var. *oxyphyllum* (DC.) H. Ohashi & R. R. Mill.

木蓝属 *Indigofera* Linn.

(517)庭 藤 *Indigofera decora* Lindl.

(518)黑叶木蓝 *Indigofera nigrescens* Kurz ex King et Prain

鸡眼草属 *Kummerowia* Schindl.

(519)鸡 眼 草 *Kummerowia striata* (Thunb.) Schindl.

扁豆属 *Lablab* Adans.

(520)扁 豆* *Lablab purpureus* (Linn.) Sweet

胡枝子属 *Lespedeza* Michx.

(521)胡 枝 子 *Lespedeza bicolor* Turcz.

(522)截叶铁扫帚 *Lespedeza cuneata* (Dum. -Cours.) G. Don

(523)大叶胡枝子 *Lespedeza davidii* Franch.

(524)美丽胡枝子 *Lespedeza formosa* (Vog.) Koehne

崖豆藤属 *Millettia* Wight et Arn.

(525)香花崖豆藤 *Millettia dielsiana* Harms

(526)亮叶崖豆藤 *Millettia nitida* Benth.

(527)厚果崖豆藤 *Millettia pachycarpa* Benth.

(528)印度崖豆藤 *Millettia pulchra* (Benth.) Kurz.

(529)网络鸡血藤 *Millettia reticulata* Benth.

(530)喙果崖豆藤 *Millettia tsui* Metc.

红豆树属 *Ormosia* Jacks.

(531)红 豆 树 *Ormosia hosiei* Hemsl. et Wils.

菜豆属 *Phaseolus* Linn.

(532)菜 豆* *Phaseolus vulgaris* Linn.

豌豆属 *Pisum* Linn.

(533)豌 豆* *Pisum sativum* Linn.

葛属 *Pueraria* DC.

(534)葛 *Pueraria lobata* (Willd.) Ohwi

(535)葛 麻 姆 *Pueraria lobata* var. *montana* (Lour.) van der Maesen

鹿藿属 *Rhynchosia* Lour.

(536)鹿 藿 *Rhynchosia volubilis* Lour.

槐属 *Sophora* Linn.

(537)槐* *Sophora japonica* Linn.

车轴草属 *Trifolium* Linn.

(538)白花车轴草* *Trifolium repens* Linn.

野豌豆属 *Vicia* Linn.

(539)蚕 豆* *Vicia faba* Linn.

(540)小 巢 菜 *Vicia hirsute* (Linn.) S. F. Gray

(541)救荒野豌豆 *Vicia sativa* L.

豇豆属 *Vigna* Savi

(542)赤 豆* *Vigna angularis* (Willd.) Ohwi

(543)贼 小 豆 *Vigna minima* (Roxb.) Ohwi

(544)绿 豆* *Vigna radiata* (Linn.) Wilczek

(545)赤 小 豆* *Vigna umbellata* (Thunb.) Ohwi

(546)豇 豆* *Vigna unguiculata* Bertoni

(547)短 豇 豆* *Vigna unguiculata* subsp. *cylindrical* (Linn.) Verdc.

(548)野 豇 豆 *Vigna vexillata* (L.) Benth.

150. 旌节花科 Stachyuraceae

旌节花属 *Stachyurus* Sieb. et Zucc.

(549)中国旌节花 *Stachyurus chinensis* Franch.

(550)喜马拉雅旌节花 *Stachyurus himalaicus* Hook. f. et Thoms. ex Benth.

151. 金缕梅科 Hamamelidaceae

蕈树属 *Altingia* Noronha

(551)蕈 树 *Altingia chinensis* (Champ.) Oliv. ex Hance

蜡瓣花属 *Corylopsis* Sieb. et Zucc.

(552)蜡 瓣 花 *Corylopsis sinensis* Hemsl.

蚊母树属 *Distylium* Sieb. et Zucc.

(553)杨梅叶蚊母树 *Distylium myricoides* Hemsl.

马蹄荷属 *Exbucklandia* R. W. Brown

(554)大果马蹄荷 *Exbucklandia tonkinensis*

(Lec.) Steenis

枫香树属 *Liquidambar* Linn.

(555)缺萼枫香 *Liquidambar acalycina* H. T. Chang
(556)枫 香 树 *Liquidambar formosana* Hance

檵木属 *Loropetalum* R. Br.

(557)檵　　木 *Loropetalum chinense* (R. Br.) Oliv.
(558)红花檵木* *Loropetalum chinense* f. rubrum H. T. Chang

半枫荷属 *Semiliquidambar* Chang

(559)半 枫 荷 *Semiliquidambar cathayensis* Chang

水丝梨属 *Sycopsis* Oliv.

(560)水 丝 梨 *Sycopsis sinensis* Oliver

152. 杜仲科 Eucommiaceae

杜仲属 *Eucommia* Oliv.

(561)杜　　仲* *Eucommia ulmoides* Oliv.

154. 黄杨科 Buxaceae

黄杨属 *Buxus* Linn.

(562)黄　　杨 *Buxus sinica* (Rehd. et wils.) Cheng

板凳果属 *Pachysandra* Michx.

(563)多毛板凳果 *Pachysandra axillaris* var. *stylosa* (Dunn) M. Cheng

野扇花属 *Sarcococca* Lindl.

(564)长叶野扇花 *Sarcococca longipetiolata* M. Chang

156. 杨柳科 Salicaceae

杨属 *Populus* Linn.

(565)响 叶 杨 *Populus adenopoda* Maxim.
(566)加　　杨* *Populus canadensis* Moench.

柳属 *Salix* Linn.

(567)垂　　柳* *Salix babylonica* Linn.
(568)长 梗 柳 *Salix dunnii* Schneid.
(569)粤　　柳 *Salix mesnyi* Hance

159. 杨梅科 Myricaceae

杨梅属 *Myrica* Linn.

(570)杨　　梅 *Myrica rubra* (Lour.) Sieb. et Zucc.

161. 桦木科 Betulaceae

桤木属 *Alnus* Mill.

(571)江南桤木 *Alnus trabeculosa* Hand. -Mazz.

桦木属 Betula Linn.

(572)华 南 桦 *Betula austrosinensis* Chun ex P. C. Li
(573)光 皮 桦 *Betula luminifera* H. Winkl.

162. 榛木科 Corylaceae

鹅耳枥属 *Carpinus* Linn.

(574)短尾鹅耳枥 *Carpinus londoniana* H. Winkl.
(575)雷公鹅耳枥 *Carpinus viminea* Wall.

163. 壳斗科 Fagaceae

栗属 *Castanea* Mill.

(576)锥　　栗 *Castanea henryi* (Skan) Rehd. et Wils.
(577)板　　栗* *Castanea mollissima* Blume
(578)茅　　栗 *Castanea seguinii* Dode

栲属 *Castanopsis* (D. Don) Spach

(579)米　　槠 *Castanopsis carlesii* (Hemsl.) Hayata
(580)厚 皮 栲 *Castanopsis chunii* Cheng
(581)甜　　槠 *Castanopsis eyrei* (Champ.) Tutch.
(582)罗 浮 栲 *Castanopsis fabri* Hance
(583)栲　　树 *Castanopsis fargesii* Franch.
(584)东 南 栲 *Castanopisi jucunda* Hance
(585)鹿 角 锥 *Castanopsis lamontii* Hance
(586)苦　　槠 *Castanopsis sclerophylla* (Lindl.) Schott.
(587)钩　　栲 *Castanopsis tibetana* Hance

青冈属 *Cyclobalanopsis* Oerst.

(588)青　　冈 *Cyclobalanopsis glauca* (Thunb.) Oerst.
(589)细叶青冈 *Cyclobalanopsis gracilis* (Rehd. &Wils.) W. C. Cheng &T. Hong
(590)大叶青冈 *Cyclobalanopsis jenseniana* (Hand. - Mazz.) Cheng et T. Hong
(591)多脉青冈 *Cyclobalanopsis multinervis* Cheng et T. Hong
(592)小叶青冈 *Cyclobalanopsis myrsinifolia* (Blume) Oerst.
(593)云山青冈 *Cyclobalanopsis sessilifolia* (Blume) Schott.

水青冈属 *Fagus* Linn.

(594)水 青 冈 *Fagus longipetiolata* Seem

石栎属 *Lithocarpus* Bl.

(595)美叶石栎 *Lithocarpus calophyllus* Chun
(596)金毛石栎 *Lithocarpus chrysocomus* Chun et Tsiang
(597)石　　栎 *Lithocarpus glaber* (Thunb.) Nakai
(598)硬斗石栎 *Lithocarpus hancei* (Benth.) Rehd.
(599)木姜叶石栎 *Lithocarpus litseifolius* (Hance) Chun
(600)滑皮石栎 *Lithocarpus skanianus* (Dunn) Rehd.

栎属 *Quercus* Linn.

(601)麻　栎　*Quercus acutissima* Garruth.
(602)槲　栎　*Quercus aliena* Blume
(603)巴东栎　*Quercus engleriana* Serm.
(604)白　栎　*Quercus fabri* Hance
(605)枹　栎　*Quercus serrata* Thunb.
(606)栓皮栎　*Quercus variabilis* Blume

165. 榆科 Ulmaceae

糙叶树属 *Aphananthe* Planch.

(607)糙叶树　*Aphananthe aspera* (Thunb.) Planch.

朴属 *Celtis* Linn.

(608)紫弹朴　*Celtis biondii* Pamp.
(609)朴　树　*Celtis sinensis* Pers.
(610)西川朴　*Celtis vandervoetiana* Schneid.

青檀属 *Pteroceltis* Maxim.

(611)青　檀　*Pteroceltis tatarinowii* Maxim.

山黄麻属 *Trema* Lour.

(612)山油麻　*Trema cannabina* var. *dielsiana* (Hand. -Mazz.) C. J. Chen

榆属 *Ulmus* Linn.

(613)多脉榆　*Ulmus castaneifolia* Hemsl.
(614)榔　榆　*Ulmus parvifolia* Jacq.

榉属 *Zelkova* Spach

(615)榉　树　*Zelkova schneideriana* Hand. -Mazz.

167. 桑科 Moraceae

构属 *Broussonetia* L'Hert. ex Vent.

(616)藤　构　*Broussonetia kaempferii* var. *australis* Suzuki
(617)小构树　*Broussonetia kazinoki* Sieb.
(618)构　树　*Broussonetia papyrifera* (Linn.) L'Herit. ex Vent.

柘属 *Cudrania* Tréc.

(619)构　棘　*Cudrania cochinchinensis* (Lour.) Kudo & Masamune
(620)毛柘藤　*Cudrania pubescens* Tréc.
(621)柘　树　*Cudrania tricuspidata* (Carr.) Bureau ex Lavallee

水蛇麻属 *Fatoua* Gaud.

(622)水蛇麻　*Fatoua villosa* (Thunb.) Nakai

榕属 *Ficus* Linn.

(623)石榕树　*Ficus abelii* Miq.
(624)无花果*　*Ficus carica* Linn.
(625)天仙果　*Ficus erecta* Thunb.
(626)台湾榕　*Ficus formosana* Maxim.
(627)异叶榕　*Ficus heteromorpha* Hemsl.
(628)粗叶榕　*Ficus hirta* Vahl
(629)琴叶榕　*Ficus pandurata* Hance
(630)薜　荔　*Ficus pumila* Linn.
(631)珍珠莲　*Ficus sarmentosa* var. *henryi* (King ex D. Oliv.) Corner
(632)尾尖爬藤榕　*Ficus sarmentosa* var. *lacrymans* (Levl.) Corner
(633)变叶榕　*Ficus variolosa* Lindl. ex Benth.

桑属 *Morus* Linn.

(634)桑　*Morus alba* Linn.
(635)鸡　桑　*Morus australis* Poir.

169. 荨麻科 Urticaceae

苎麻属 *Boehmeria* Jacq.

(636)野线麻　*Boehmeria japonica* (L. f.) Miq.
(637)苎　麻　*Boehmeria nivea* (L.) Gaudich.
(638)悬铃叶苎麻　*Boehmeria tricuspis* (Hance) Makino

楼梯草属 *Elatostema* J. R. et G. Forst.

(639)锐齿楼梯草　*Elatostema cyrtandrifolium* (Zoll. et Mor.) Miq.
(640)楼梯草　*Elatostema involucratum* Franch. et Sav.
(641)短毛楼梯草　*Elatostema nasutum* var. *puberulum* (W. T. Wang) W. T. Wang

糯米团属 *Gonostegia* Turcz.

(642)糯米团　*Gonostegia hirta* (Bl.) Miq.

艾麻属 *Laportea* Gaudich.

(643)珠芽艾麻　*Laportea bulbifera* Wedd.

花点草属 *Nanocnide* Bl.

(644)毛花点草　*Nanocnide lobata* Wedd.

紫麻属 *Oreocnide* Miq.

(645)紫　麻　*Oreocnide frutescens* (Thunb.) Miq.

赤车属 *Pellionia* Gaudich.

(646)华南赤车　*Pellionia grijsii* Hance
(647)羽脉赤车　*Peilionia incisoserrata* (H. Schroter) W. T. Wang
(648)赤　车　*Pellionia radicans* (Sieb. et Zucc.) Wedd.
(649)蔓赤车　*Pellionia scabra* Benth.

冷水花属 *Pilea* Lindl.

(650)圆瓣冷水花　*Pilea angulata* (Bl.) Bl.
(651)波缘冷水花　*Pilea cavaleriei* Levl.
(652)冷水花　*Pilea notata* C. H. Wright

(653)矮冷水花 *Pilea peploides* (Gaudich.) Hook. et Arn.

(654)透茎冷水花 *Pilea pumila* (Linn.) A. Gray

雾水葛属 *Pouzolzia* Gaudich.

(655)雾 水 葛 *Pouzolzia zeylanica* (L.) Benn.

170. 大麻科 Cannabinaceae

葎草属 *Humulus* Linn.

(656)葎 草 *Humulus japonica* Sieb. et Zucc.

171. 冬青科 Aquifoliaceae

冬青属 *Ilex* Linn.

(657)满 树 星 *Ilex aculeolata* Nakai

(658)梅叶冬青 *Ilex asprella* (Hook. et Arn.) Champ. ex Benth.

(659)冬 青 *Ilex chinensis* Sims

(660)黄毛冬青 *Ilex dasyphylla* Merr.

(661)显脉冬青 *Ilex editicostata* Hu & Tang

(662)榕叶冬青 *Ilex ficoidea* Hemsl.

(663)台湾冬青 *Ilex formosana* Maxim.

(664)江西满树星 *Ilex kiangsiensis* (S. Y. Hu) C. J. Tseng et B. W. Liu

(665)广东冬青 *Ilex kwangtungensis* Merr.

(666)小果冬青 *Ilex micrococca* Maxim.

(667)毛 冬 青 *Ilex pubescens* Hook. et Arn.

(668)铁 冬 青 *Ilex rotunda* Thunb.

(669)香 冬 青 *Ilex suaveolens* (Levl.) Loes.

(670)三花冬青 *Ilex triflora* Bl.

173. 卫矛科 Celastraceae

南蛇藤属 *Celastrus* Linn.

(671)过 山 枫 *Celastrus aculeatus* Merr.

(672)大芽南蛇藤 *Celastrus gemmatus* Loes.

(673)青 江 藤 *Celastrus hindsii* Benth.

(674)粉背南蛇藤 *Celastrus hypoleucus* (Oliv.) Warb. ex loes

(675)南 蛇 藤 *Celastrus orbiculatus* Thunb.

(676)显柱南蛇藤 *Celastrus stylosus* Wall.

卫矛属 *Euonymus* Linn.

(677)百齿卫矛 *Euonymus centidens* Lévl.

(678)裂果卫茅 *Euonymus dielsianus* Loes. ex Diels

(679)扶 芳 藤 *Euonymus fortunei* (Turcz.) Hand. -Mazz.

(680)西南卫矛 *Euonymus hamiltonianus* Wall.

(681)冬青卫矛* *Euonymus japonicus* Thunb.

(682)疏花卫矛 *Euonymus laxiflorus* Champ.

(683)大果卫矛 *Euonymus myrianthus* Hemsl.

(684)中华卫矛 *Euonymus nitidus* Benth.

假卫矛属 *Microtropis* Wall. ex Meisn.

(685)斜脉假卫矛 *Microtropis obliquinervia* Merr. et Freem.

雷公藤属 *Tripterygium* Hook. f.

(686)雷公藤属 *Tripterygium wilfordii* Hook. f.

179. 茶茱萸科 Icacinaceae

假柴龙属 *Nothapodytes* Bl.

(687)马 比 木 *Nothapodytes pittosporoides* (Oliv.) Sleum

182. 铁青树科 Olacaceae

青皮木属 *Schoepfia* Schreb.

(688)华南青皮木 *Schoepfia chinensis* Gardn. et Champ.

185. 桑寄生科 Loranthaceae

桑寄生属 *Loranthus* Jack.

(689)稠树桑寄生 *Loranthus delavayi* Van Tiegh.

鞘花属 *Macrosolen* (Blume) Reichb.

(690)鞘 花 *Macrosolen cochinchinensis* (Lour.) Van Tiegh.

钝果寄生属 *Taxillus* Van Tiegh.

(691)广 寄 生 *Taxillus chinensis* (DC.) Danser

(692)锈毛钝果寄生 *Taxillus levinei* (Merr.) H. S. Kiu

(693)木兰寄生 *Taxillus limprichtii* (Gruing) H. S. Kiu

(694)桑 寄 生 *Taxillus sutchuenensis* (Lecomte) Danser

大苞寄生属 *Tolypanthus* (Blume) Reichb.

(695)大苞寄生 *Tolypanthus maclurei* (Merr.) Danser

槲寄生属 *Viscum* Linn.

(696)柿槲寄生 *Viscum diospyrosicola* Hayata

186. 檀香科 Santalaceae

百蕊草属 *Thesium* Linn.

(697)百 蕊 草 *Thesium chinense* Turcz.

189. 蛇菰科 Balanophoraceae

蛇菰属 *Balanophora* Forst. et Forst. f.

(698)红冬蛇菰 *Balanophora harlandii* Hook. f.

(699)疏花蛇菰 *Balanophora laxiflora* Hemsl.

(700)杯茎蛇菰 *Balanophora subcupularis* Tam

190. 鼠李科 Rhamnaceae

勾儿茶属 Berchemia Neck. ex DC.

(701)多花勾儿茶 *Berchemia floribunda* (Wall.) Brongn.

(702)铁 包 金 *Berchemia lineata* (Linn.) DC.

(703)光枝勾儿茶 *Berchemia polyphylla* var. *leioclada* Hand. -Mazz.

枳椇属 *Hovenia* Thunb.

(704)枳 椇 *Hovenia acerba* Lindl.

马甲子属 *Paliurus* Tourn ex Mill.

(705)铜 钱 树 *Paliurus hemsleyanus* Rehd.

(706)马 甲 子 *Paliurus ramosissimus* (Lour.) Poir.

鼠李属 *Rhamnus* Linn.

(707)山 绿 柴 *Rhamnus brachypoda* C. Y. Wu ex Y. L. Chen

(708)长叶冻绿 *Rhamnus crenata* Sieb. et Zucc.

(709)薄叶鼠李 *Rhamnus leptophylla* Schneid.

(710)尼泊尔鼠李 *Rhamnus napalensis* (Wall.) Laws.

(711)皱叶鼠李 *Rhamnus rugulosa* Hemsl.

(712)冻 绿 *Rhamnus utilis* Decne.

雀梅藤属 *Sageretia* Brongn.

(713)钩刺雀梅藤 *Sageretia hamosa* (Wall.) Brongn.

(714)皱叶雀梅藤 *Sageretia rugosa* Hance

(715)雀 梅 藤 *Sageretia thea* (Osbeck) Johnst.

翼核果属 Ventilago Gaertn.

(716)翼 核 果 *Ventilago leiocarpa* Benth.

枣属 *Ziziphus* Mill.

(717)枣* *Ziziphus jujuba* Mill.

191. 胡颓子科 Elaeagnaceae

胡颓子属 *Elaeagnus* Linn.

(718)巴东胡颓子 *Elaeagnus difficilis* Serv.

(719)蔓胡颓子 *Elaeagnus glabra* Thunb

(720)胡 颓 子 *Elaeagnus pungens* Thunb.

193. 葡萄科 Vitaceae

蛇葡萄属 *Ampelopsis* Michaux

(721)广东蛇葡萄 *Ampelopsis cantoniensis* (Hook. et Arn.) Planch.

(722)羽叶蛇葡萄 *Ampelopsis chaffanjoni* (Levl. et Vant.) Rehd.

(723)蛇 葡 萄 *Ampelopsis glandulosa* (Wall.) Momiy.

(724)牯岭蛇葡萄 *Ampelopsis glandulosa* var. *kulingensis* (Rehder) Momiy.

(725)白 蔹 *Ampelopsis japonica* (Thunb.) Makino

乌蔹莓属 *Cayratia* Juss.

(726)角花乌蔹莓 *Cayratia corniculata* (Benth.) Gagnep.

(727)乌 蔹 莓 *Cayratia japonica* (Thunb.) Gagnep.

(728)尖叶乌蔹莓 *Cayratia japonica* var. *pseudotrifolia* (W. T. Wang) C. L. Li

白粉藤属 *Cissus* Linn.

(729)苦 郎 藤 *Cissus assamica* (Laws.) Craib.

地锦属 *Parthenocissus* Planch.

(730)异叶爬山虎 *Parthenocissus dalzielii* Gagnep.

(731)绿叶爬山虎 *Parthenocissus laetevirens* Rehd.

(732)爬 山 虎 *Parthenocissus tricuspidata* (Sieb. et Zucc.) Planch.

崖爬藤属 *Tetrastigma* (Miq.) Planch.

(733)三叶崖爬藤 *Tetrastigma hemsleyanum* Diels & Gilg

葡萄属 *Vitis* Linn.

(734)蘡 薁 *Vitis bryoniaefolia* Bunge

(735)东南葡萄 *Vitis chunganensis* Hu

(736)葛藟葡萄 *Vitis flexuosa* Thunb.

(737)毛 葡 萄 *Vitis heyneana* Roem. &Schult.

(738)鸡足葡萄 *Vitis lanceolatifoliosa* C. L. Li

(739)狭叶葡萄 *Vitis tsoii* Merr.

(740)葡 萄* *Vitis vinifera* Linn.

俞藤属 *Yua* C. L. Li

(741)大果俞藤 *Yua anstyo-orientalis* (Metc.) C. L. Li

194. 芸香科 Rutaceae

石椒草属 *Boenninghausenia* Reichenb. ex Meisn.

(742)臭 节 草 *Boenninghausenia albiflora* (Hook.) Reichenb. ex Meisn.

柑桔属 *Citrus* Linn.

(743)柚* *Citrus grandis* (Linn.) Osbeck.

(744)柑 桔* *Citrus reticulata* Blanco

(745)橙* *Citrus sinensis* Osbeck

黄皮属 *Clausena* Burm. f.

(746)齿叶黄皮 *Clausena dunniana* Levl.

吴茱萸属 *Evodia* J. R. Forst. et G. Forst.

(747)华南吴茱萸 *Evodia austro-sinensis* Hand. -Mazz.

(748)臭辣吴茱萸 *Evodia fargesii* Dode

(749)吴 茱 萸 *Evodia rutaecarpa* (Juss.) Benth.

九里香属 *Murraya* Koenig ex Linn.

(750)千 里 香 *Murraya paniculata* (Linn.) Jack.

黄蘖属 *Phellodendron* Rupr.

(751)黄 柏* *Phellodendron chinense* Schneid.

枳属 *Poncirus* Raf.

(752)枳 壳 *Poncirus trifoliata* (Linn.) Raf.

茵芋属 *Skimmia* Thunb.

(753)茵 芋 *Skimmia reevesiana* (Fortune) Fort.

飞龙掌血属 *Toddalia* A. Juss.

(754)飞龙掌血 *Toddalia asiatica* (Linn.) Lam.

花椒属 *Zanthoxylum* Linn.

(755)竹叶花椒 *Zanthoxylum armatum* DC.

(756)毛竹叶椒 *Zanthoxylum armatum* var. *ferrugineum* (Rehd. et Wils.) Huang

(757)刺壳花椒 *Zanthoxylum echinocarpum* Hemsl.

(758)异叶花椒 *Zanthoxylum ovalifolium* Wight

(759)花 椒 簕 *Zanthoxylum scandens* Bl.

(760)青 花 椒 *Zanthoxylum schinifolium* Sieb. et Zucc.

195. 苦木科 Simaroubaceae

臭椿属 *Ailanthus* Desf.

(761)臭 椿 *Ailanthus altissima* (Mill.) Swingle

苦木属 *Picrasma* Bl.

(762)苦 木 *Picrasma quassioides* (D. Don) Benn.

197. 楝科 Meliaceae

楝属 Melia Linn.

(763)苦 楝 *Melia azedarach* Linn.

香椿属 Toona M. Roem.

(764)香 椿 *Toona sinensis* (A. Juss.) Roem.

198. 无患子科 Sapindaceae

栾树属 *Koelreuteria* Laxm.

(765)复羽叶栾树* *Koelreuteria bipinnata* Franch.

200. 伯乐树科 Bretschneideraceae

伯乐树属 *Bretschneidera* Hemsl.

(766)伯 乐 树 *Bretschneidera sinensis* Hemsl.

200. 槭树科 Aceraceae

槭树属 *Acer* Linn.

(767)紫 果 槭 *Acer cordatum* Pax

(768)樟 叶 槭 *Acer coriaceifolium* Lévl.

(769)青 榨 槭 *Acer davidii* Franch

(770)罗 浮 槭 *Acer fabri* Hance

(771)中 华 槭 *Acer sinense* Pax

(772)岭 南 槭 *Acer tutcheri* Duthie

(773)三 峡 槭 *Acer wilsonii* Rehd.

201. 清风藤科 Sabiaceae

泡花树属 *Meliosma* Bl.

(774)香 皮 树 *Meliosma fordii* Hemsl.

(775)腺毛泡花树 *Meliosma glandulosa* Cofod.

(776)红 柴 枝 *Meliosma oldhamii* Maxim.

(777)毡毛泡花树 *Meliosma rigida* var. *pannosa* (Hand.-Mazz.) Law

(778)樟叶泡花树 *Meliosma squamulata* Hance

清风藤属 Sabia Colebr.

(779)灰背清风藤 *Sabia discolor* Dunn.

(780)清 风 藤 *Sabia japonica* Maxim.

(781)尖叶清风藤 *Sabia swinhoei* Hemsl.

204. 省沽油科 Staphyleaceae

野鸦椿属 *Euscaphis* Sieb. et Zucc.

(782)野 鸦 椿 *Euscaphis japonica* (Thunb.) Kanitz

山香圆属 Turpinia Vent.

(783)锐尖山香圆 *Turpinia arguta* (Lindl.) Seem.

205. 漆树科 Anacardiaceae

南酸枣属 *Choerospondias* Burtt et Hill.

(784)南 酸 枣 *Choerospondias axillaris* (Roxb.) Burtt. et Hill.

黄连木属 *Pistacia* Linn.

(785)黄 连 木 *Pistacia chinensis* Bunge

漆树属 *Rhus* (Tourn.) Linn.

(786)盐 肤 木 *Rhus chinensis* Mill.

(787)滨盐肤木 *Rhus chinensis* var. *roxburghii* (DC.) Rehd.

漆属 *Toxicodendron* (Tourn.) Mill.

(788)木 蜡 树 *Toxicodendron succedaneum* (Linn.) O. Kuntze

(789)野 漆 树 *Toxicodendron sylvestris* (Sieb. et Zucc.) Tardieu

207. 胡桃科 Juglandaceae

青钱柳属 *Cyclocarya* Iljinsk.

(790)青 钱 柳 *Cyclocarya paliurus* (Batalin) Iljinsk.

黄杞属 *Engelhardtia* Leschen. ex Bl.

(791)黄 杞 *Engelhardtia roxburghiana* Lindl.

胡桃属 *Juglans* Linn.

(792)核 桃* *Juglans regia* Linn.

化香树属 *Platycarya* Sieb. et Zucc.

(793)圆果化香树 *Platycarya longipes* Wu

(794)化 香 树 *Platycarya strobilacea* Sieb. et Zucc.

枫杨属 *Pterocarya* Kunth.

(795)枫 杨 *Pterocarya stenoptera* C. DC.

209. 山茱萸科 Cornaceae

桃叶珊瑚属 Aucuba Thunb.

(796)倒披针叶珊瑚 *Aucuba himalaica* var. *oblanceolata*

Fang et Soong

灯台树属 *Bothrocaryum* (Koehne) Pojark.

(797)灯 台 树 *Bothrocaryum controversum* (Hemsl.) Pojark.

四照花属 *Dendrobenthamia* Hutch.

(798)尖叶四照花 *Dendrobenthamia angustata* (Chun) Fang

(799)香港四照花 *Dendrobenthamia hongkongensis* (Hemsl.) Hutch.

青荚叶属 *Helwingia* Willd.

(800)青 荚 叶 *Helwingia japonica* (Thunb.) Dietr.

梾木属 *Swida* Opiz

(801)光皮梾木 *Swida wilsoniana* (Wanger.) Sojak

210. 八角枫科 Alangiaceae

八角枫属 *Alangium* Lam.

(802)八 角 枫 *Alangium chinense* (Lour.) Harms

(803)小花八角枫 *Alangium faberi* Oliv.

(804)毛八角枫 *Alangium kurzii* Craib.

211. 蓝果树科 Nyssaceae

蓝果树属 *Nyssa* Gronov. ex Linn.

(805)蓝 果 树 *Nyssa sinensis* Oliv.

212. 五加科 Araliaceae

楤木属 *Aralia* Linn.

(806)头序楤木 *Aralia dasyphylla* Miq.

(807)棘茎楤木 *Aralia echinocaulis* Hand. -Mazz.

(808)长刺楤木 *Aralia spinifolia* Merr.

树参属 *Dendropanax* Decne. & Planch.

(809)树 参 *Dendropanax dentigerus* (Harms) Merr.

五加属 *Eleutherococcus* Maxim.

(810)五 加 *Eleutherococcus gracilistylus* W. W. Smith

(811)白 簕 *Eleutherococcus trifoliatus* (Linn.) S. Y. Hu

常春藤属 *Hedera* Linn.

(812)常 春 藤 *Hedera nepalensis* var. *sinensis* (Tobl.) Rehd.

刺楸属 *Kalopanax* Miq.

(813)刺 楸 *Kalopanax septemlobus* (Thunb.) Koidz.

鹅掌柴属 *Schefflera* J. R. Forst. & Forst.

(814)穗序鹅掌柴 *Schefflera delavayi* (Franch.) Harms ex Diels

(815)星毛鹅掌柴 *Schefflera minutistellata* Merr. ex Li

213. 伞形科 Umbelliferae

芹菜属 *Apium* Linn.

(816)芹 菜* *Apium graveolens* Linn.

积雪草属 *Centella* Linn.

(817)积 雪 草* *Centella asiatica* (Linn.) Urban

细叶旱芹属 *Ciclospermum* La Gasca

(818)细叶旱芹 *Ciclospermum leptophyllum* (Pers.) Sprague ex Britton et Wils.

蛇床子属 *Cnidium* Cuss.

(819)蛇 床 *Cnidium monnieri* (Linn.) Cuss.

芫荽属 *Coriandrum* Linn.

(820)芫 荽* *Coriandrum sativum* Linn.

鸭儿芹属 Cryptotaenia DC.

(821)鸭 儿 芹 *Cryptotaenia japonica* Hassk.

胡萝卜属 *Daucus* Linn.

(822)野胡萝卜 *Daucus carota* Linn.

(823)胡 萝 卜* *Daucus carota* var. *sativa* Hoffm.

天胡荽属 *Hydrocotyle* Lam.

(824)红马蹄草 *Hydrocotyle nepalensis* Hook.

(825)天 胡 荽 *Hydrocotyle sibthorpioides* Lam.

(826)破 铜 钱 *Hydrocotyle sibthorpioides* var. *batrachium* (Hance) Hand. -Mazz. ex Shan

(827)肾叶天胡荽 *Hydrocotyle wilfordi* Maxim.

水芹属 *Oenanthe* Linn.

(828)水 芹 *Oenanthe javanica* (Bl.) DC.

(829)卵叶水芹 *Oenanthe javanica* subsp. *rosthornii* (Diels) F. T. Pu

(830)线叶水芹 *Oenanthe linearis* Wallich ex de Candolle

前胡属 *Peucedanum* Linn.

(831)紫花前胡 *Peucedanum decursivum* (Miq.) Maxim.

茴芹属 *Pimpinella* Linn.

(832)异叶茴芹 *Pimpinella diversifolia* DC.

囊瓣芹属 *Pternopetalum* Franch.

(833)膜蕨囊瓣芹 *Pternopetalum trichomanifolium* (Franch.) H. -M.

变豆菜属 *Sanicula* Linn.

(834)薄片变豆菜 *Sanicula lamelligera* Hance

(835)直刺变豆菜 *Sanicula orthacantha* S. Moore

窃衣属 *Torilis* Adans.

(836)小 窃 衣 *Torilis japonica* (Houtt.) DC.

(837)窃　衣 *Torilis scabra* (Thunb.) DC.

214. 山柳科 Clethraceae

桤叶树属 *Clethra* (Gronov.) Linn.

(838)云南桤叶树 *Clethra delavayi* Franch.

(839)贵州桤叶树 *Clethra kaipoensis* Lévl.

215. 杜鹃花科 Ericaceae

吊钟花属 *Enkianthus* Lour.

(840)齿叶吊钟花 *Enkianthus serrulatus* (Wils.) Schneid.

白珠树属 *Gaultheria* Kalm ex Linn.

(841)白 珠 树 *Gaultheria cumingiana* Vidal

(842)滇 白 珠 *Gaultheria yunnanensis* (Franch.) Rehd.

南烛属 *Lyonia* Nutt.

(843)珍 珠 花 *Lyonia ovalifolia* (Wall.) Drude

(844)小果珍珠花 *Lyonia ovalifolia* var. *elliptica* (Sieb. et Zucc.) Hand. -Mazz.

(845)狭叶珍珠花 *Lyonia ovalifolia* var. *lanceolata* (Wall.) Hand. -Mazz.

马醉木属 *Pieris* D. Don

(846)美丽马醉木 *Pieris formosa* (Wall.) D. Don

杜鹃花属 *Rhododendron* Linn.

(847)腺萼马银花 *Rhododendron bachii* Levl.

(848)刺毛杜鹃 *Rhododendron championae* Hook.

(849)云锦杜鹃 *Rhododendron fortunei* Lindley

(850)广东杜鹃 *Rhododendron kwangtungense* Merr. et Chun

(851)鹿角杜鹃 *Rhododendron latoucheae* Franch.

(852)岭南杜鹃 *Rhododendron mariae* Hance

(853)满 山 红 *Rhododendron mariesii* Hemsl. et Wils.

(854)毛棉杜鹃 *Rhododendron moulmainense* Hook.

(855)马 银 花 *Rhododendron ovatum* (Lindl.) Planch. ex Maxim.

(856)溪畔杜鹃 *Rhododendron rivulare* Hand. -Mazz.

(857)猴头杜鹃 *Rhododendron simiarum* Hance

(858)映 山 红 *Rhododendron simsii* Planch.

216. 越橘科 Vacciniaceae

乌饭树属 *Vaccinium* Linn.

(859)乌 饭 树 *Vaccinium bracteatum* Thunb.

(860)短尾越橘 *Vaccinium carlesii* Dunn

(861)黄背越橘 *Vaccinium iteophyllum* Hance

(862)扁枝越橘 *Vaccinium japonicum* var. *sinicum* (Nakai) Rehd.

(863)广西越橘 *Vaccinium sinicum* Sleumer

(864)米 饭 花 *Vaccinium sprengelii* (G. Don) Sleumer

218. 水晶兰科 Monotropaceae

水晶兰属 *Monotropa* Linn.

(865)水 晶 兰 *Monotropa uniflora* Linn.

221. 柿树科 Ebenaceae

柿树属 *Diospyros* Linn.

(866)柿* *Diospyros kaki* Thunb.

(867)野　柿 *Diospyros kaki* var. *silvestris* Makino

(868)罗 浮 柿 *Diospyros morrisiana* Hance

(869)油　柿 *Diospyros oleifera* Cheng

223. 紫金牛科 Myrsinaceae

紫金牛属 *Ardisia* Swartz

(870)细 罗 伞 *Ardisia affinis* Hemsl.

(871)九 管 血 *Ardisia brevicaulis* Diels

(872)朱 砂 根 *Ardisia crenata* Sims

(873)百 两 金 *Ardisia crispa* (Thunb.) A. DC.

(874)紫 金 牛 *Ardisia japonica* (Thunb.) Bl.

(875)九 节 龙 *Ardisia pusilla* A. DC.

(876)罗 伞 树 *Ardisia quinquegona* Bl.

酸藤子属 *Embelia* Burm. f.

(877)酸 藤 子 *Embelia laeta* (Linn.) Mez

(878)当 归 藤 *Embelia parviflora* Wall. ex A. DC.

(879)长叶酸藤子 *Embelia undulata* (Wall.) Mez

(880)密齿酸藤子 *Embelia vestita* Roxb.

杜茎山属 *Maesa* Forsk.

(881)杜 茎 山 *Maesa japonica* (Thunb.) Moritzi ex Zoll.

铁仔属 Myrsine Linn.

(882)光叶铁仔 *Myrsine stolonifera* (Koidz.) Walker

密花树属 *Rapanea* Aubl.

(883)密 花 树 *Rapanea neriifolia* (Sieb. et Zucc.) Mez

224. 安息香科 Styracaceae

赤杨叶属 *Alniphyllum* Matsum.

(884)赤 杨 叶 *Alniphyllum fortunei* (Hemsl.) Makino

山茉莉属 *Huodendron* Rehd.

(885)岭南山茉莉 *Huodendron biaristatum* subsp. *parviflorum* (Merr.) C. Y. Tsang

陀螺果属 *Melliodendron* Hand. -Mazz.

(886)陀 螺 果 *Melliodendron xylocarpum* Hand. -Mazz.

白辛树属 *Pterostyrax* Sieb. et Zucc.

(887)小叶白辛树 *Pterostyrax corymbosus* Sieb. et Zucc.
(888)白 辛 树 *Pterostyrax psilophyllus* Diels. ex Perk.

安息香属 *Styrax* Linn.

(889)赛 山 梅 *Styrax confusus* Hemsl.
(890)白 花 龙 *Styrax faberi* Perk.
(891)野 茉 莉 *Styrax japonicus* Sibe. et Zucc.
(892)芬芳安息香 *Styrax odoratissimus* Champ. ex Benth.
(893)栓叶安息香 *Styrax suberifolius* Hook. et Arn.
(894)裂叶安息香 *Styrax supaii* Chun et F. Chun
(895)越南安息香 *Styrax tonkinensis* (Pierre) Craib. ex Hartw.

225. 山矾科 Smyplocaceae

山矾属 *Symplocos* Jacq.

(896)腺柄山矾 *Sympiocos adenopus* Hance
(897)薄叶山矾 *Symplocos anomala* Brand
(898)黄牛奶树 *Symplocos cochinchinensis* var. *laurina* (Retz.) Noot.
(899)华 山 矾 *Symplocos chinensis* (Lour.) Druce
(900)密花山矾 *Symplocos congesta* Benth.
(901)光叶山矾 *Symplocos lancifolia* Sieb. et Zucc.
(902)光亮山矾 *Symplocos lucida* (Thunb.) Siebold et Zucc.
(903)白 檀 *Symplocos paniculata* (Thunb.) Miq.
(904)南岭山矾 *Symplocos pendula* var. *hirtistylis* (C. B. Clarke) Noot.
(905)老 鼠 矢 *Symplocos stellaris* Brand
(906)山 矾 *Symplocos sumuntia* Buch. -Ham. ex D. Don

228. 马钱科 Loganiaceae

醉鱼草属 *Buddleja* Linn.

(907)白 背 枫 *Buddleja asiatica* Lour.
(908)醉 鱼 草 *Buddleja lindleyana* Fort.

229. 木犀科 Oleaceae

梣属 *Fraxinus* Linn.

(909)白 蜡 树 *Fraxinus chinensis* Roxb.
(910)苦 枥 木 *Fraxinus insularis* Hemsl.

素馨属 *Jasminum* Linn.

(911)清 香 藤 *Jasminum lanceolarium* Roxb.
(912)华清香藤 *Jasminum sinense* Hemsl.

女贞属 *Ligustrum* Linn.

(913)女 贞 *Ligustrum lucidum* Ait.
(914)小 蜡 *Ligustrum sinense* Lour.
(915)光萼小蜡 *Ligustrum sinense* var. *myrianthum* (Diels) Hofk.

木犀属 *Osmanthus* Lour.

(916)桂 花 *Osmanthus fragrans* (Thunb.) Lour.

230. 夹竹桃科 Apocynaceae

链珠藤属 *Alyxia* Banks ex R. Br.

(917)链 珠 藤 *Alyxia sinensis* Champ. ex Benth.

夹竹桃属 *Nerium* Linn.

(918)夹 竹 桃* *Nerium indicum* Mill.

帘子藤属 *Pottsia* Hook. et Arn.

(919)大花帘子藤 *Pottsia grandiflora* Markgr.

络石属 *Trachelospermum* Lem.

(920)亚洲络石 *Trachelospermum asiaticum* (Siebold et Zucc.) Nakai
(921)紫花络石 *Trachelospermum axillare* Hook. f.
(922)络 石 *Trachelospermum jasminoides* (Lindl.) Lem.

水壶藤属 *Urceola* Roxb.

(923)酸叶胶藤 *Ecdysanthera rosea* Hook. et Am.

231. 萝藦科 Asclepiadaceae

鹅绒藤属 *Cynanchum* Linn.

(924)白 薇 *Cynanchum atratum* Bunge
(925)牛 皮 消 *Cynanchum auriculatum* Royle ex Wight
(926)刺 瓜 *Cynanchum corymbosum* Wight
(927)山 白 前 *Cynanchum fordii* Hemsl.
(928)柳叶白前 *Cynanchum stauntonii* (Decne.) Schltr. ex Levl.

牛奶菜属 *Marsdenia* R. Br.

(929)蓝 叶 藤 *Marsdenia tinctoria* R. Br.

萝藦属 *Metaplexis* R. Br.

(930)华 萝 藦 *Metaplexis hemsleyana* Oliv.

娃儿藤属 *Tylophora* R. Br.

(931)多花娃儿藤 *Tylophora floribunda* Miq.
(932)娃 儿 藤 *Tylophora ovata* (Lindl.) Hook. ex Steud.

232. 茜草科 Rubiaceae

水团花属 *Adina* Salisb.

(933)水 团 花 *Adina pilulifera* (Lam.) Franch.

ex Drade

(934)细叶水团花 *Adina rubella* Hance

茜树属 *Aidia* Lour

(935)香　楠 *Aidia canthioides* (Champ. ex Benth.) Masamune.

(936)茜　树 *Aidia cochinchinensis* Lour.

风箱树属 *Cephalanthus* Linn.

(937)风 箱 树 *Cephalanthus tetrandrus* (Roxb.) Ridsd et Bakh. f.

流苏子属 *Coptosapelta* Korth.

(938)流 苏 子 *Coptosapelta diffusa* (Champ. ex Benth.) Van Steenis

虎刺属 *Damnacanthus* Gaertn. f.

(939)短刺虎刺 *Damnacanthus giganteus* (Mak.) Nakai

(940)柳叶虎刺 *Damnacanthus labordei* (Lévl.) H. S. Lo

狗骨柴属 *Diplospora* DC.

(941)狗 骨 柴 *Diplospora dubia* (Lindl.) Masam

(942)毛狗骨柴 *Diplospora fruticosa* Hemsl.

拉拉藤属 *Galium* Linn.

(943)拉 拉 藤 *Galium aparine* var. *echinospermum* (Wallr.) Guf.

(944)四 叶 律 *Galium bungei* Steud.

栀子属 *Gardenia* Ellis

(945)栀　子 *Gardenia jasminoides* Ellis

耳草属 *Hedyotis* Linn.

(946)剑叶耳草 *Hedyotis caudatifolia* Merr. et Metcalf.

(947)金毛耳草 *Hedyotis chrysotricha* (Palib.) Merr.

(948)伞房花耳草 *Hedyotis corymbosa* (Linn.) Lam.

(949)白花蛇舌草 *Hedyotis diffusa* Willd.

(950)粗毛耳草 *Hedyotis mellii* Tutch

(951)长节耳草 *Hedyotis uncinella* Hook. et Am.

粗叶木属 *Lasianthus* Jack

(952)西南粗叶木 *Lasianthus henryi* Hutch.

(953)日本粗叶木 *Lasianthus japonicus* Miq.

(954)榄绿粗叶木 *Lasianthus japonicas* var. *lancilimbus* (Merr.) Lo

(955)曲毛日本粗叶木 *Lasianthus japonicas* var. *satsumensis* (Matsum.) Makino

巴戟天属 *Morinda* Linn.

(956)羊 角 藤 *Morinda umbellate* subsp. *obovata* Y. Z. Ruan

玉叶金花属 *Mussaenda* Linn

(957)黐　花 *Mussaenda esquirolii* Lévl.

(958)玉叶金花 *Mussaenda pubescens* Ait.

腺萼木属 *Mycetia* Reinw

(959)华腺萼木 *Mycetia sinensis* (Hemsl.) Craib.

新耳草属 *Neanotis* W. H. Lewis

(960)薄叶新耳草 *Neanotis hirsute* (Linn. f.) W. H. Lewis

薄柱草属 *Nertera* Banks et Soland ex Gaertn.

(961)薄 柱 草 *Nertera sinensis* Hemsl.

蛇根草属 *Ophiorrhiza* Linn.

(962)日本蛇根草 *Ophiorrhiza japonica* Bl.

鸡矢藤属 *Paederia* Linn.

(963)臭鸡矢藤 *Paederia foetida* Linn.

(964)鸡 矢 藤 *Paederia scandens* (Lour.) Merr.

(965)毛鸡矢藤 *Paederia scandens* var. *tomentosa* (Bl.) Aand. -Mazz.

茜草属 *Rubia* Linn.

(966)金 剑 草 *Rubia alata* Roxb.

(967)东南茜草 *Rubia argyi* (Lévl. et Vant) Hara ex Lauener

白马骨属 Serissa Comm. ex Juss.

(968)白 马 骨 *Serissa serissoides* (DC.) Druce

乌口树属 *Tarenna* Gaertn

(969)尖萼乌口树 *Tarenna acutisepala* How ex W. C. Chen

(970)白花苦灯笼 *Tarenna mollissima* (Hook. et Arn.) Rob.

钩藤属 *Uncaria* Schreber.

(971)钩　藤 *Uncaria rhynchophylla* (Miq.) Jack. ex Havil.

233. 忍冬科 Caprifoliaceae

六道木属 *Abelia* R. Br.

(972)糯 米 条 *Abelia chinensis* R. Br.

忍冬属 *Lonicera* Linn.

(973)菰腺忍冬 *Lonicera hypoglauca* Miq.

(974)忍　冬 *Lonicera japonica* Thunb.

(975)灰毡毛忍冬 *Lonicera macranthoides* Hand. -Mazz.

(976)短柄忍冬 *Lonicera pampaninii* Lévl.

(977)皱叶忍冬 *Lonicera rhytidophylla* Hand. -Mazz.

接骨木属 Sambucus Linn.

(978)接 骨 草 *Sambucus chinensis* Lindl.

(979)接 骨 木 *Sambucus williamsii* Hance

荚蒾属 *Viburnum* Linn.

(980)水 红 木 *Viburnum cylindricum* Buch. -Ham ex

D. Don.
(981)粤赣荚蒾 *Viburnum dalzielii* W. W. Smith
(982)荚　　蒾 *Viburnum dilatatum* Thunb.
(983)宜昌荚蒾 *Viburnum erosum* Thunb.
(984)南方荚蒾 *Viburnum fordiae* Hance
(985)台中荚蒾 *Viburnum formosanum* Hayata
(986)吕宋荚蒾 *Viburnum luzonicum* Rolfe
(987)常绿荚蒾 *Viburnum sempervirens* K. Koch
(988)茶 荚 蒾 *Viburnum setigerum* Hance

235. 败酱科 Valerianaceae

败酱属 Patrinia Juss.

(989)败　　酱 *Patrinia scabiosaefolia* Fisch. ex Trev.
(990)攀 倒 甑 *Patrinia villosa* (Thunb.) Juss.

236. 川续断科 Dipsacaceae

川续断属 Dipsacus Linn.

(991)川 续 断 *Dipsacus asperoides* C. Y. Cheng et T. M. Ai

238. 菊科 Compositae

下田菊属 *Adenostemma* J. R. Forst. et G. Forst.

(992)下 田 菊 *Adenostemma lavenia* (Linn.) O. Kuntze

藿香蓟属 *Ageratum* Linn.

(993)藿 香 蓟* *Ageratum conyzoides* Linn.

兔耳风属 *Ainsliaea* DC.

(994)杏香兔耳风 *Ainsliaea fragrans* Champ.
(995)灯台兔耳风 *Ainsliaea macroclinidioides* Hayata

香青属 *Anaphalis* DC.

(996)蛛毛香青 *Anaphalis busua* (Buch. -Ham.) Hand. -Mazz.
(997)珠光香青 *Anaphalis margaritacea* (Linn.) Benth. et Hook. f.

蒿属 *Artemisia* Linn.

(998)黄 花 蒿 *Artemisia annua* Linn.
(999)奇　　蒿 *Artemisia anomala* S. Moore
(1000)五 月 *Artemisia indica* Willd.
(1001)牡　　蒿 *Artemisia japonica* Thunb.
(1002)白 苞 蒿 *Artemisia lactiflora* Wall. ex DC.
(1003)野 艾 蒿 *Artemisia Lavandulaefolia* DC.
(1004)白 莲 蒿 *Artemisia sacrorum* Ledeb.
(1005)灰 莲 蒿 *Artemisia sacrorum* var. *incana* (Bess.) Y. R. Ling

紫菀属 *Aster* Linn.

(1006)三脉紫菀 *Aster ageratoides* Turcz.
(1007)白舌紫菀 *Aster baccharoides* Steetz
(1008)南岭紫菀 *Aster gerlachii* Hance.
(1009)短舌紫菀 *Aster sampsonii* (Hance) Hemsl.
(1010)钻形紫菀* *Aster subulatus* Michx.

鬼针草属 *Bidens* Linn.

(1011)金盏银盘 *Bidens biternata* (Lour.) Merr. &Sherff.
(1012)鬼 针 草 *Bidens pilosa* L.
(1013)狼 杷 草 *Bidens tripartita* Linn.

艾纳香属 *Blumea* DC.

(1014)馥芳艾纳香 *Blumea aromatica* DC.
(1015)东 风 草 *Blumea megacephala* (Randeria) Chang et Tseng

天名精属 *Carpesium* Linn

(1016)天 名 精 *Carpesium abrotanoides* Linn.
(1017)烟管头草 *Carpesium cernuum* Linn.
(1018)金 挖 草 *Carpesium divaricatum* Sieb. & Zucc.

石胡荽属 *Centipeda* Lour.

(1019)石 胡 荽 *Centipeda minima* (Linn.) A. Br. et Aschers

刺儿菜属 *Cephalanoplos*

(1020)刺 儿 菜 *Cephalanoplos segetum* (Bunge) Kitam.

茼蒿属 *Chrysanthemum* Linn.

(1021)茼　　蒿* *Chrysanthemum segetum* Linn.

蓟属 *Cirsium* Mill.

(1022)绿　　蓟 *Cirsium chinense* Gardn. et Champ.
(1023)大　　蓟 *Cirsium japonicum* DC.

白酒草属 *Conyza* Less.

(1024)香 丝 草* *Conyza bonariensis* (Linn.) Cronq.
(1025)小 蓬 草* *Conyza canadensis* (Linn.) Cronq.
(1026)白 酒 草* *Conyza japonica* (Thunb.) Less.

野茼蒿属 *Crassocephalum* Moench.

(1027)野 茼 蒿 *Crassocephalum crepidioides* (Benth) S. Moore

菊属 *Dendranthema* (DC.) Des Moul.

(1028)野　　菊 *Dendranthema indicum* (Linn.) Des Moul.
(1029)菊　　花* *Dendranthema morifolium* (Ramat.) Tzvel.

鱼眼菊属 *Dichrocephala* DC.

(1030)鱼 眼 草 *Dichrocephala integrifolia* (Linn. f.) Kuntze

东风菜属 *Doellingeria* Nees

(1031)短冠东风菜 *Doellingeria marchandii* (Levl.) Ling

鳢肠属 *Eclipta* Linn.

(1032)鳢　肠 *Eclipta prostrata* (Linn.) Linn.

地胆草属 *Elephantopus* Linn.

(1033)地 胆 草 *Elephantopus scaber* Linn.

一点红属 *Emilia* Cass.

(1034)小一点红 *Emilia prenanthoidea* DC.

(1035)一 点 红 *Emilia sonchifolia* (Linn.) DC.

菊芹属 *Erechtites* Raf.

(1036)败酱叶菊芹* *Erechtites valerianifolius* (Link ex Sprengel) Candolle

飞蓬属 *Erigeron* Linn.

(1037)一 年 蓬* *Erigeron annuus* (Linn.) Pers.

泽兰属 *Eupatorium* Linn.

(1038)多 须 公 *Eupatorium chinense* Linn.

(1039)佩　兰 *Eupatorium fortunei* Turcz.

(1040)白 头 婆 *Eupatorium japonicum* Thunb.

(1041)林 泽 兰 *Eupatorium lindleyanum* DC.

牛膝菊属 *Galinsoga* Ruiz et Pav.

(1042)牛膝菊* *Galinsoga parviflora* Cav.

大丁草属 *Gerbera* Cass.

(1043)大 丁 草 *Gerbera anandria* (Linn.) Sch. -Bip.

(1044)毛大丁草 *Gerbera piloselloides* (Linn.) Cass.

鼠麴草属 *Gnaphalium* Linn.

(1045)宽叶鼠麴草 *Gnaphalium adnatum* (Wall. ex DC.) Kitam

(1046)鼠 麴 草 *Gnaphalium affine* D. Don

(1047)秋鼠麴草 *Gnaphalium hypoleucum* DC.

(1048)细叶鼠麴草 *Gnaphalium japonicum* Thunb.

(1049)匙叶鼠麴草 *Gnaphalium pensylvanicum* Willd.

三七草属 *Gynura* Cass

(1050)红 凤 菜 *Gynura bicolor* (Roxb. Willd.) DC.

向日葵属 *Helianthus* Linn.

(1051)菊　芋* *Helianthus tuberosus* Linn.

泥胡菜属 *Hemistepta* Bunge

(1052)泥 胡 菜 *Hemistepta lyrata* (Bunge) Bunge

旋覆花属 *Inula* Linn.

(1053)羊 耳 菊 *Inula cappa* (Buch. -Ham.) DC.

(1054)线叶旋覆花 *Inula lineariifolia* Turcz.

小苦荬属 *Ixeridium* (A. Gray) Tzvel.

(1055)细叶小苦荬 *Ixeridium gracile* (DC.) Shih

苦荬菜属 *Ixeris* Cass.

(1056)中华苦荬菜 *Ixeris chinensis* (Thunb.) Tzvel.

(1057)苦 荬 菜 *Ixeris denticulate* (Houtt.) Stebb.

(1058)纤细苦荬菜 *Ixeris gracilis* (DC.) Stebb.

马兰属 *Kalimeris* Cass.

(1059)马　兰 *Kalimeris indica* (Linn.) Sch. -Bip.

莴苣属 *Lactuca* Linn.

(1060)莴　笋* *Lactuca sativa* var. *angustata* Lrish. ex Brem.

(1061)生　菜* *Lactuca sativa* var. *ramose* Hort.

稻槎菜属 *Lapsana* Linn.

(1062)稻 槎 菜 *Lapsana apogonoides* Maxim.

橐吾属 *Ligularia* Cass.

(1063)大头橐吾 *Ligularia japonica* (Thunb.) Less.

紫菊属 *Notoseris* Shih

(1064)细梗紫菊 *Notoseris gracilipes* Shih

黄瓜菜属 *Paraixeris* Nakai

(1065)黄 瓜 菜 *Paraixeris denticulata* (Houtt.) Nakai

假福王草属 *Paraprenanthes* Chang ex Shih

(1066)假福王草 *Paraprenanthes sororia* (Miq.) Shih

翅果菊属 *Pterocypsela* Shih

(1067)高大翅果菊 *Pterocypsela elata* (Hemsl.) Shih

(1068)翅 果 菊 *Pterocypsela indica* (Linn.) Shih

风毛菊属 *Saussurea* DC.

(1069)三角叶风毛菊 *Saussurea deltoidea* (DC.) Sch. -Bip.

(1070)风 毛 菊 *Saussurea japonica* (Thunb.) DC.

千里光属 *Senecio* Linn.

(1071)千 里 光 *Senecio scandens* Buch-Ham. ex D. Don

(1072)闽粤千里光 *Senecio stauntonii* DC.

豨莶属 *Siegesbeckia* Linn.

(1073)豨　莶 *Siegesbeckia orientalis* Linn.

(1074)腺梗豨莶 *Siegesbeckia pubescens* Makino

蒲儿根属 *Sinosenecio* B. Nord.

(1075)蒲 儿 根 *Sinosenecio oldhamianus* (Maxim.) B. Nord.

一枝黄花属 *Solidago* Linn.

(1076)一枝黄花 *Solidago decurrens* Lour.

苦苣菜属 *Sonchus* Linn.

(1077)苣 荬 菜 *Sonchus arvensis* Linn

(1078)苦 苣 菜 *Sonchus oleraceus* Linn.

兔儿伞属 *Syneilesis* Maxim.

(1079)兔 儿 伞 *Syneilesis aconitifolia* (Bunge) Maxim.

蒲公英属 *Taraxacum* F. H. Wigg.

(1080)蒲 公 英　*Taraxacum mongolicum* Hand. -Mazz.

斑鸠菊属 *Vernonia* Schreb.

(1081)夜 香 牛　*Vernonia cinerea* (Linn.) Less.
(1082)毒根斑鸠菊　*Vernonia cumingiana* Benth.

蟛蜞菊属 *Wedelia* Jaca.

(1083)山蟛蜞菊　*Wedelia wallichii* Less.

苍耳属 *Xanthium* Linn.

(1084)苍　耳　*Xanthium sibiricum* Patrin ex Widder

黄鹌菜属 *Youngia* Cass.

(1085)黄 鹌 菜　*Youngia japonica* (Linn.) DC.

239. 龙胆科 Gentianaceae

蔓龙胆属 *Crawfurdia* Wall.

(1086)福建蔓龙胆　*Crawfurdia pricei* (Marq.) H. Smith

龙胆属 *Gentiana* Tourn. ex Linn.

(1087)五岭龙胆　*Gentiana davidii* Franch.
(1088)华南龙胆　*Gentiana loureirii* Griseb.

獐牙菜属 *Swertia* Linn.

(1089)獐 牙 菜　*Swertia bimaculata* (Sieb. et Zucc.) Hook. f. et Thoms. Ex C. B. Clarke

双蝴蝶属 *Tripterospermum* Blume

(1090)细茎双蝴蝶　*Tripterospermum filicaule* (Hemsl.) H. Smith
(1091)香港双蝴蝶　*Tripterospermum nienkui* (Marq.) C. J. Wu

240. 报春花科 Primulaceae

点地梅属 *Androsace* Linn.

(1092)点 地 梅　*Androsace umbellata* (Lour.) Merr.

珍珠菜属 *Lysimachia* Linn.

(1093)广西过路黄　*Lysimachia alfredii* Hance
(1094)临 时 救　*Lysimachia congestiflora* Hemsl.
(1095)红 根 草　*Lysimachia fortunei* Maxim.

报春花属 *Primula* Linn.

(1096)鄂 报 春　*Primula obconica* Hance

假婆婆纳属 *Stimpsonia* Wright ex A. Gray

(1097)假婆婆纳　*Stimpsonia chamaedryoides* Wright ex A. Gray

242. 车前草科 Plantaginaceae

车前草属 *Plantago* Linn.

(1098)车　前　*Plantago asiatica* Linn.
(1099)大 车 前　*Plantago major* Linn.

243. 桔梗科 Campanulaceae

沙参属 *Adenophora* Fisch.

(1100)杏叶沙参　*Adenophora hunanensis* Mannf.
(1101)中华沙参　*Adenophora sinensis* A. DC.

金钱豹属 *Campanumoea* Bl.

(1102)金 钱 豹　*Campanumoea javanica* Bl.
(1103)长叶轮钟草　*Campanumoea lancifolia* (Roxb.) Merr.

党参属 *Codonopsis* Wall.

(1104)羊　乳　*Codonopsis lanceolata* (Sieb. et Zucc.) Trautv.

袋果草属 *Peracarpa* Hook. f. et Thoms.

(1105)袋 果 草　*Peracarpa carnosa* Hook. f. et Thoms.

蓝花参属 Wahlenbergia Schrad. ex Roth

(1106)蓝 花 参　*Wahlenbergia marginata* (Thunb.) A. DC.

244. 半边莲科 Lobeliaceae

半边莲属 *Lobelia* Linn.

(1107)半 边 莲　*Lobelia chinensis* Lour.
(1108)线萼山梗菜　*Lobelia melliana* E. Wimm.

249. 紫草科 Boraginaceae

斑种草属 *Bothriospermum* Bge.

(1109)柔弱斑种草　*Bothriospermum tenellum* (Hornem.) Fisch. et Mey.

琉璃草属 *Cynoglossum* Linn.

(1110)琉 璃 草　*Cynoglossum zeylanicum* (Vahl) Thunb. ex Lehm.

厚壳树属 *Ehretia* Linn.

(1111)长花厚壳树　*Ehretia longiflora* Champ. ex Benth.

紫草属 *Lithospermum* L.

(1112)紫　草　*Lithospermum erythrorhizon* Sieb. et Zucc.
(1113)梓 木 草　*Lithospermum zollingeri* DC.

盾果草属 *Thyrocarpus* Hance

(1114)盾 果 草　*Thyrocarpus sampsoni* Hance

附地菜属 *Trigonotis* Stev.

(1115)附 地 菜　*Trigonotis peduncularis* (Trev.) Benth. ex Baker et Moore

250. 茄科 Solanaceae

辣椒属 *Capsicum* Linn.

(1116)辣　椒*　*Capsicum annuum* Linn.

红丝线属 ***Lycianthes*** **(Dunal) Hassl.**

(1117)红 丝 线 *Lycianthes biflora* (Lour.) Bitter

(1118)单花红丝线 *Lycianthes lysimachioides* var. *cordifolia* C. Y. Wu et S. C. Huang

枸杞属 Lycium Linn.

(1119)枸 杞* *Lycium chinense* Mill.

番茄属 ***Lycopersicon*** **Mill.**

(1120)番 茄* *Lycopersicon esculentum* Mill.

烟草属 ***Nicotiana*** **Linn.**

(1121)烟 草* *Nicotiana tabacum* Linn.

酸浆属 ***Physalis*** **Linn.**

(1122)苦 蘵 *Physalis angulata* Linn.

(1123)小 酸 浆 *Physalis minima* Linn.

茄属 ***Solanum*** **Linn.**

(1124)喀 西 茄* *Solanum aculeatissimum* Jacquem.

(1125)牛 茄 子 *Solanum capsicoides* Allioni

(1126)白 英 *Solanum lyratum* Thunb.

(1127)茄* *Solanum melongena* Linn.

(1128)龙 葵 *Solanum nigrum* Linn.

(1129)海桐叶白英 *Solanum pittosporifolium* Hemsl.

(1130)马 铃 薯* *Solanum tuberosum* Linn.

龙珠属 ***Tubocapsicum*** **(Wettst.) Makino**

(1131)龙 珠 *Tubocapsicum anomalum* (Franch. et Sav.) Makino

251. 旋花科 Convolvulaceae

打碗花属 ***Calystegia*** **R. Br.**

(1132)旋 花 *Calystegia sepium* (Linn.) R. Br.

马蹄金属 ***Dichondra*** **J. R. Forst. et G. Forst.**

(1133)马 蹄 金 *Dichondra micrantha* Urban

番薯属 ***Ipomoea*** **Linn.**

(1134)空 心 菜* *Ipomoea aquatica* Forssk.

(1135)番 薯* *Ipomoea batatas* (Linn.) Lam.

(1136)心 萼 薯 *Ipomoea biflora* (L.) Pers.

(1137)三裂叶薯* *Ipomoea triloba* Linn.

牵牛属 ***Pharbitis*** **Choisy**

(1138)牵 牛* *Pharbitis nil* (Linn.) Choisy

飞蛾藤属 ***Porana*** **Burm. f.**

(1139)飞 蛾 藤 *Porana racemosa* Wall.

251A. 菟丝子科 Cuscutaceae

菟丝子属 ***Cuscuta*** **Linn.**

(1140)菟 丝 子 *Cuscuta chinensis* Lam.

(1141)金 灯 藤 *Cuscuta japonica* Choisy

252. 玄参科 Scrophulariaceae

来江藤属 ***Brandisia*** **Hook. f. et Thoms.**

(1142)岭南来江藤 *Brandisia swinglei* Merr.

母草属 ***Lindernia*** **All.**

(1143)长蒴母草 *Lindernia anagallis* (Burm. f.) Pennell

(1144)狭叶母草 *Lindernia angustifolia* (Benth.) Wettst.

(1145)母 草 *Lindernia crustacea* (Linn.) F. Muell

(1146)旱 田 草 *Lindernia ruellioides* (Colsm.) Pennell

通泉草属 Mazus Lour.

(1147)通 泉 草 *Mazus pumilus* (N. L. Burm.) Steenis

泡桐属 ***Paulownia*** **Sieb. et Zucc.**

(1148)白花泡桐 *Paulownia fortunei* (Seem.) Hemsl.

(1149)台湾泡桐 *Paulownia kawakamii* Ito

阴行草属 ***Siphonostegia*** **Benth.**

(1150)阴 行 草 *Siphonostegia chinensis* Benth.

(1151)腺毛阴行草 *Siphonostegia laeta* S. Moore

蝴蝶草属 ***Torenia*** **Linn.**

(1152)长叶蝴蝶草 *Torenia asiatica* L.

(1153)紫斑蝴蝶草 *Torenia fordii* Hook. f.

(1154)紫萼蝴蝶草 *Torenia violacea* (Azaola ex Blance) Pennell

婆婆纳属 ***Veronica*** **Linn.**

(1155)阿拉伯婆婆纳* *Veronica persica* Poir.

(1156)婆 婆 纳 *Veronica polita* Fries

(1157)水 苦 荬 *Veronica undulate* Wall.

腹水草属 ***Veronicastrum*** **Heist. ex Farbic.**

(1158)四 方 麻 *Veronicastrum caulopterum* (Hance) Yamazaki

(1159)腹 水 草 *Veronicastrum stenostachyum* subsp. *plukenetii* (Yamazaki) Hong

253. 列当科 Orobanchaceae

野菰属 ***Aeginetia*** **Linn.**

(1160)野 菰 *Aeginetia indica* Linn.

254. 狸藻科 Lentibulariaceae

狸藻属 ***Utricularia*** **Linn.**

(1161)挖 耳 草 *Utricularia bifida* Linn.

(1162)圆叶挖耳草 *Utricularia striatula* J. Smith

256. 苦苣苔科 Gesneriaceae

唇柱苣苔属 *Chirita* Buch. -Ham. ex D. Don

(1163)牛 耳 朵 *Chirita eburnea* Hance

(1164)蚂 蝗 七 *Chirita fimbrisepala* Hand. -Mazz.

(1165)羽裂唇柱苣苔 *Chirita pinnatifida* (Hand. -Mazz.) Burtt

半蒴苣苔属 *Hemiboea* Clarke

(1166)半蒴苣苔 *Hemiboea subcapitata* Clarke

吊石苣苔属 *Lysionotus* D. Don

(1167)吊石苣苔 *Lysionotus pauciflorus* Maxim.

马铃苣苔属 *Oreocharis* Benth.

(1168)长瓣马铃苣苔 *Oreocharis auricula* (S. Moore) Clarke

(1169)绢毛马铃苣苔 *Oreocharis sericea* (Levl.) Levl.

257. 紫葳科 Bignoniaceae

凌霄属 *Campsis* Lour.

(1170)凌 霄 *Campsis grandiflora* (Thunb.) Schum.

258. 胡麻科 Pedaliaceae

胡麻属 *Sesamum* Linn.

(1171)芝 麻* *Sesamum indicum* Linn.

259. 爵床科 Acanthaceae

白接骨属 *Asystasiella* Lindau

(1172)白 接 骨 *Asystasiella chinensis* (S. Moore) E. Hoss.

狗肝菜属 *Dicliptera* Juss.

(1173)狗 肝 菜 *Dicliptera chinensis* (Linn.) Nees

水蓑衣属 *Hygrophila* R. Br.

(1174)水 蓑 衣 *Hygrophila salicifolia* (Vahl.) Nees

爵床属 *Justicia* Linn.

(1175)爵 床 *Justicia procumbens* Linn.

(1176)杜 根 藤 *Justicia quadrifaria* T. Anderson

观音草属 *Peristrophe* Nees

(1177)九头狮子草 *Peristrophe japonica* (Thunb.) Bremek.

马蓝属 *Strobilanthes* Bl.

(1178)球花马蓝 *Strobilanthes dimorphotrichus* Hance

(1179)薄叶马蓝 *Strobilanthes labordei* Levl.

(1180)四子马蓝 *Strobianthes tetraspermus* (Champ. ex Benth.) Druce

263. 马鞭草科 Verbenaceae

紫珠属 *Callicarpa* Linn.

(1181)紫 珠 *Callicarpa bodinieri* Levl.

(1182)短柄紫珠 *Callicarpa brevipes* (Benth.) Hance

(1183)华 紫 珠 *Callicarpa cathayana* H. T. Chang

(1184)白棠子树 *Callicarpa dichotoma* (Lour.) K. Koch

(1185)杜 虹 花 *Callicarpa formosana* Rolfe

(1186)枇杷叶紫珠 *Callicarpa kochiana* Makino

(1187)广东紫珠 *Callicarpa kwangtungensis* Chun

(1188)红 紫 珠 *Callicarpa rubella* Lindl.

莸属 *Caryopteris* Bunge

(1189)兰 香 草 *Caryopteris incana* (Thunb.) Miq.

大青属 *Clerodendrum* Linn.

(1190)灰毛大青 *Clerodendrum canescens* Wall.

(1191)大 青 *Clerodendrum cyrtophyllum* Turcz.

(1192)白花灯笼 *Clerodendrum fortunatum* L.

(1193)广东大青 *Clerodendrum kwangtungense* Hand. -Mazz.

(1194)尖齿臭茉莉 *Clerodendrum lindleyi* Decne. ex Planch.

(1195)海 通 *Clerodendrum mandarinorum* Diels

豆腐柴属 *Premna* Linn.

(1196)豆 腐 柴 *Premna microphylla* Turcz.

马鞭草属 *Verbena* Linn.

(1197)马 鞭 草 *Verbena officinalis* Linn.

牡荆属 *Vitex* Linn.

(1198)黄 荆 *Vitex negundo* Linn.

(1199)牡 荆 *Vitex negundo* var. *cannabifolia* (Sieb. et Zucc.) Hand. -Mazz.

(1200)山 牡 荆 *Vitex quinata* (Lour.) Will.

264. 唇形科 Labiatae

筋骨草属 *Ajuga* Linn.

(1201)金疮小草 *Ajuga decumbens* Thunb.

风轮菜属 *Clinopodium* Linn.

(1202)风 轮 菜 *Clinopodium chinense* (Benth.) O. Kuntze

(1203)邻近风轮菜 *Clinopodium confine* (Hance) O. Kuntze

(1204)细风轮菜 *Clinopodium gracile* (Benth.) Matsum.

水蜡烛属 *Dysophylla* Bl. ex El-Gazzar et Watson

(1205)齿叶水蜡烛 *Dysophylla sampsonii* Hance

香薷属 *Elsholtzia* Willd.

(1206)紫花香薷 *Elsholtzia argyi* Lévl.
(1207)水 香 薷 *Elsholtzia kachinensis* Prain

活血丹属 *Glechoma* Linn.

(1208)活 血 丹 *Glechoma longituba* (Nakai) Kupr

锥花属 *Gomphostemma* Wall. ex Benth.

(1209)中华锥花 *Gomphostemma chinense* Oliv.

香茶菜属 *Isodon* (Schrad. ex Benth.) Spach

(1210)香 茶 菜 *Isodon amethystoides* (Benth.) H. Hara
(1211)溪 黄 草 *Isodon serra* (Maxim.) Hara
(1212)牛 尾 草 *Isodon ternifolius* Kudo

益母草属 *Leonurus* Linn.

(1213)益 母 草 *Leonurus artemisia* (Lour.) S. Y. Hu

龙头草属 *Meehania* Britt. ex Small et Vaill.

(1214)走茎龙头草 *Meehania fargesii* var. *radicans* (Vaniot) C. Y. Wu

薄荷属 *Mentha* Linn.

(1215)薄 荷 *Mentha haplocalyx* Briq.

石荠苎属 *Mosla* Buch. -Ham. ex Maxim.

(1216)小鱼仙草 *Mosla dianthera* (Buch. -Ham.) Maxim.
(1217)石 荠 苎 *Mosla scabra* (Thunb.) C. Y. Wu et H. W. Li

牛至属 *Origanum* Linn.

(1218)牛 至 *Origanum vulgare* Linn.

假糙苏属 *Paraphlomis* Prain

(1219)短齿假糙苏 *Paraphlomis albida* var. *brevidens* Hand. -Mazz.
(1220)小叶假糙苏 *Paraphlomis javanica* var. *coronata* (Vaniot) C. Y. Wu et H. W. Li

紫苏属 *Perilla* Linn.

(1221)紫 苏* *Perilla frutescens* (Linn.) Britt.
(1222)野 紫 苏 *Perilla frutescens* var. *acuta* (Thunb.) Kudo

夏枯草属 *Prunella* Linn.

(1223)夏 枯 草 *Prunella vulgaris* Linn.

鼠尾草属 *Salvia* Linn.

(1224)附片鼠尾草 *Salvia appendiculata* Stib.
(1225)南 丹 参 *Salvia bowleyana* Dunn
(1226)血 盆 草 *Salvia cavaleriei* var. *simplicifolia* Stib.
(1227)华鼠尾草 *Salvia chinensis* Benth.
(1228)鼠 尾 草 *Salvia japonica* Thunb.
(1229)荔 枝 草 *Salvia plebeia* R. Br.

黄芩属 *Scutellaria* Linn.

(1230)半 枝 莲 *Scutellaria barbata* D. Don
(1231)韩 信 草 *Scutellaria indica* Linn.

水苏属 *Stachys* Linn.

(1232)地 蚕 *Stachys geobombycis* C. Y. Wu

香科科属 *Teucrium* Linn.

(1233)二齿香科科 *Teucrium bidentatum* Hemsl.
(1234)庐山香科科 *Teucrium pernyi* Franch.
(1235)铁 轴 草 *Teucrium quadrifarium* Buch. -Ham. ex D. Don
(1236)血 见 愁 *Teucrium viscidum* Bl.

266. 水鳖科 Hydrocharitaceae

黑藻属 *Hydrilla* Rich.

(1237)黑 藻 *Hydrilla varticillata* (Linn. f.) Royle

苦草属 *Vallisneria* Linn.

(1238)苦 草 *Vallisneria natans* (Lour.) Hara

267. 泽泻科 Alismataceae

慈姑属 *Sagittaria* Linn.

(1239)野 慈 姑 *Sagittaria trifolia* (Sims) Makino

276. 眼子菜科 Potamogetonaceae

眼子菜属 *Potamogeton* Linn.

(1240)菹 草 *Potamogeton crispus* Linn.
(1241)眼 子 菜 *Potamogeton distinctus* A. Benn.
(1242)竹叶眼子菜 *Potamogeton malaianus* Miq.

280. 鸭跖草科 Commelinaceae

鸭跖草属 *Commelina* Linn.

(1243)鸭 跖 草 *Commelina communis* Linn.
(1244)大苞鸭跖草 *Commelina paludosa* Bl.

聚花草属 *Floscopa* Lour.

(1245)聚 花 草 *Floscopa scandens* Lour.

水竹叶属 *Murdannia* Royle

(1246)裸花水竹叶 *Murdannia nudiflora* (Linn.) Brenan

杜若属 *Pollia* Thunb.

(1247)杜 若 *Pollia japonica* Thunb.

竹叶吉祥草属 *Spatholirion* Ridl.

(1248)竹叶吉祥草 *Spatholirion longifolium* (Gagnep.) Dunn

285. 谷精草科 Eriocaulaceae

谷精草属 *Eriocaulon* Linn.

(1249)毛谷精草 *Eriocaulon australe* R. Br.
(1250)谷 精 草 *Eriocaulon buergerianum* Koern.

(1251)白药谷精草 *Eriocaulon cinereum* R. Br.

287. 芭蕉科 Musaceae

芭蕉属 *Musa* Linn.

(1252)野　蕉 *Musa balbisiana* Colla

290. 姜科 Zingiberaceae

山姜属 *Alpinia* Roxb.

(1253)山　姜 *Alpinia japonica* (Thunb.) Miq.

(1254)华 山 姜 *Alpinia oblongifolia* Hayata

豆蔻属 *Amomum* Roxb.

(1255)三叶豆蔻 *Amomum austrosinensis* D. Fang

舞花姜属 *Globba* Linn.

(1256)舞 花 姜 *Globba racemosa* Smith

姜属 *Zingiber* Boehm

(1257)姜* *Zingiber officinale* Rosc.

(1258)阳　荷 *Zingiber striolatum* Diels

291. 美人蕉科 Cannaceae

美人蕉属 *Canna* Linn.

(1259)大花美人蕉* *Canna generalis* Bailey

(1260)美 人 蕉* *Canna indica* Linn.

293. 百合科 Liliaceae

粉条儿菜属 *Aletris* Linn.

(1261)粉条儿菜 *Aletris spicata* (Thunb.) Franch.

葱属 *Allium* Linn.

(1262)洋　葱* *Allium cepa* Linn.

(1263)藠　头 *Allium chinense* G. Don

(1264)葱* *Allium fistulosum* Linn.

(1265)薤　白 *Allium macrostemon* Bunge

(1266)蒜* *Allium sativum* Linn.

(1267)韭　菜* *Allium tuberosum* Rott.

天门冬属 *Asparagus* Linn.

(1268)天 门 冬 *Asparagus cochinchinensis* (Lour.) Merr.

蜘蛛抱蛋属 *Aspidistra* Ker-Gawl.

(1269)九 龙 盘 *Aspidistra lurida* Ker-Gawl.

大百合属 *Cardiocrinum* (Endl.) Lindl.

(1270)大 百 合 *Cardiocrinum giganteum* (Wall.) Makino

吊兰属 *Chlorophytum* Ker-Gawl.

(1271)吊　兰* *Chlorophytum comosum* (Thunb.) Jacq.

山菅兰属 *Dianella* Lam.

(1272)山　菅 *Dianella ensifolia* (Linn.) DC.

竹根七属 *Disporopsis* Hance

(1273)竹 根 七 *Disporopsis fuscopicta* Hance

万寿竹属 *Disporum* Salisb.

(1274)万 寿 竹 *Disporum cantoniense* (Lour.) Merr.

(1275)宝 铎 草 *Disporum nantouense* S. S. Ying

萱草属 *Hemerocallis* Linn.

(1276)萱　草 *Hemerocallis fulva* (Linn.) Linn.

玉簪属 *Hosta* Tratt.

(1277)紫　萼 *Hosta ventricosa* (Salisb.) Stearn

百合属 *Lilium* Linn.

(1278)野 百 合 *Lilium brownii* F. E. Brown ex Miellez

山麦冬属 *Liriope* Lour.

(1279)阔叶山麦冬 *Liriope muscari* (Decaisne) L. H. Bailey

(1280)山 麦 冬 *Liriope spicata* (Thunb.) Lour.

沿阶草属 *Ophiopogon* Ker-Gawl.

(1281)棒叶沿阶草 *Ophiopogon clavatus* C. H. Wright ex Oliver

(1282)麦　冬 *Ophiopogon japonicus* (Linn. f.) Ker-Gawl.

黄精属 *Polygonatum* Mill.

(1283)多花黄精 *Polygonatum cyrtonema* Hua

吉祥草属 *Reineckia* Kunth

(1284)吉 祥 草 *Reineckia carnea* (Andr.) Kunth

油点草属 *Tricyrtis* Wall.

(1285)油 点 草 *Tricyrtis macropoda* Miq.

开口箭属 *Tupistra* Ker-Gawl.

(1286)开 口 箭 *Tupistra chinensis* Baker

藜芦属 *Veratrum* Linn.

(1287)牯岭藜芦 *Veratrum schindleri* Loes. f.

丫蕊花属 *Ypsilandra* Franch.

(1288)小果丫蕊花 *Ypsilandra cavaleriei* Levl et Vant.

295. 延龄草科 Trilliaceae

重楼属 *Paris* Linn.

(1289)七叶一枝花 *Paris polyphylla* Sm.

(1290)华 重 楼 *Paris polyphylla* var. *chinensis* (Franch.) Hara

296. 雨久花科 Pontederiaceae

雨久花属 *Monochoria* Presl

(1291)鸭 舌 草 *Monochoria vaginalis* (Burm. f.) Presl ex Kunth

297. 菝葜科 Smilacaceae

肖菝葜属 *Heterosmilax* Kunth

(1292)合丝肖菝葜 *Heterosmilax gaudichaudiana* (Kunth) Maxim.

(1293)肖 菝 葜 *Heterosmilax japonica* Kunth

菝葜属 *Smilax* Linn.

(1294)弯梗菝葜 *Smilax aberrans* Gagnep.

(1295)菝 葜 *Smilax china* Linn.

(1296)柔毛菝葜 *Smilax chingii* Wang et Tang

(1297)小果菝葜 *Smilax davidiana* A. DC.

(1298)长托菝葜 *Smilax ferox* Wall. ex Kunth

(1299)土 茯 苓 *Smilax glabra* Roxb.

(1300)马甲菝葜 *Smilax lanceifolia* Roxb.

(1301)暗色菝葜 *Smilax lanceifolia* var. *opaca* A. DC.

(1302)牛 尾 菜 *Smilax riparia* A. DC.

302. 天南星科 Araceae

菖蒲属 *Acorus* Linn.

(1303)金 钱 蒲 *Acorus gramineus* Soland.

魔芋属 *Amorphophallus* Blume

(1304)花 魔 芋 *Amorphophallus konjac* K. Koch

天南星属 *Arisaema* Mart.

(1305)灯 台 莲 *Arisaema bockii* Engl.

(1306)一把伞南星 *Arisaema erubescens* (Wall.) Schott

(1307)天 南 星 *Arisaema heterophyllum* Blume

芋属 *Colocasia* Schott

(1308)野 芋 *Coiocasia antiquorum* Schott

(1309)芋* *Colocasia esculenta* Schott

半夏属 *Pinellia* Tenore

(1310)滴 水 珠 *Pinellia cordata* N. E. Brown

(1311)半 夏 *Pinellia ternata* (Thunb.) Breit.

303. 浮萍科 Lemnaceae

浮萍属 *Lemna* Linn.

(1312)浮 萍 *Lemna minor* Linn.

紫萍属 *Spirodela* Schleid.

(1313)紫 萍 *Spirodela polyrrhiza* (Linn.) Schleid.

305. 香蒲科 Typhaceae

香蒲属 *Typha* Linn.

(1314)水 烛 *Typha angustifolia* Linn.

306. 石蒜科 Amaryllidaceae

石蒜属 *Lycoris* Herb.

(1315)忽 地 笑 *Lycoris africana* (Lam.) M. J. Roem.

(1316)石 蒜 *Lycoris radiata* (L' Hérit.) Herb.

307. 鸢尾科 Iridaceae

射干属 *Belamcanda* Adans.

(1317)射 干* *Belamcanda chinensis* (Linn.) DC.

鸢尾属 *Iris* Linn.

(1318)蝴 蝶 花 *Iris japonica* Thunb.

310. 百部科 Stemonaceae

百部属 *Stemona* Lour.

(1319)大 百 部 *Stemona tuberosa* Lour.

311. 薯蓣科 Dioscoreaceae

薯蓣属 *Dioscorea* Linn.

(1320)参 薯* *Dioscorea alata* Linn.

(1321)黄 独 *Dioscorea bulbifera* Linn.

(1322)日本薯蓣 *Dioscorea japonica* Thunb.

(1323)褐苞薯蓣 *Dioscorea persimilis* Prain et Burkill

(1324)薯 蓣 *Dioscorea polystachya* Turcz.

314. 棕榈科 Palmaceae

棕榈属 *Trachycarpus* H. Wendl.

(1325)棕 榈 *Trachycarpus fortunei* (Hook.) H. Wendl.

318. 仙茅科 Hypoxidaceae

仙茅属 *Curculigo* Gaertn.

(1326)仙 茅 *Curculigo orchioides* Gaertn.

326. 兰科 Orchidaceae

石豆兰属 *Bulbophyllum* Thou.

(1327)广东石豆兰 *Bulbophyllum kwangtungense* Schltr.

虾脊兰属 *Calanthe* R. Br.

(1328)钩距虾脊兰 *Calanthe graciliflora* Hayata

(1329)反瓣虾脊兰 *Calanthe reflexa* (Kuntze) Maxim.

(1330)长距虾脊兰 *Calanthe sylvatica* (Thou.) Lindl.

隔距兰属 *Cleisostoma* Bl.

(1331)大序隔距兰 *Cleisostoma paniculatum* (Ker-Gawl.) Garay

兰属 *Cymbidium* Sw.

(1332)多 花 兰 *Cymbidium floribundum* Lindl.

(1333)春 兰 *Cymbidium goeringii* (Rchb,f.) Rchb. f.

(1334)寒 兰 *Cymbidium kanran* Makino

斑叶兰属 *Goodyera* R. Br.

(1335)斑 叶 兰 *Goodyera schlechtendaliana* Rchb. f.

玉凤花属 *Habenaria* Willd.

(1336)鹅毛玉凤花 *Habenaria dentata* (Sw.) Schlty.
(1337)橙黄玉凤花 *Habenaria rhodocheila* Hance

羊耳蒜属 *Liparis* L. C. Rich.

(1338)镰翅羊耳蒜 *Liparis bootanensis* Griff.
(1339)见 血 青 *Liparis nervosa* (Thunb. ex A. Murray) Lindl.

鹤顶兰属 *Phaius* Lour.

(1340)黄花鹤顶兰 *Phaius flavus* (Bl.) Lindl.

石仙桃属 *Pholidota* Lindl. ex Hook.

(1341)细叶石仙桃 *Pholidota cantonensis* Rolfe
(1342)石 仙 桃 *Pholidota chinensis* Lindl.

独蒜兰属 *Pleione* D. Don

(1343)独 蒜 兰 *Pleione bulbocodioides* (Franch.) Rolfe

绶草属 *Spiranthes* L. C. Rich.

(1344)绶 草 *Spiranthes sinensis* (Pers.) Ames

327. 灯心草科 Juncaceae

灯心草属 *Juncus* Linn.

(1345)灯 心 草 *Juncus effusus* Linn.
(1346)笄 石 菖 *Juncus prismatocarpus* R. Br.

331. 莎草科 Cyperaceae

球柱草属 *Bulbostylis* Kunth

(1347)丝叶球柱草 *Bulbostylis densa* (Wall.) Hand. -Mazz.

薹草属 *Carex* Linn.

(1348)广东薹草 *Carex adrienii* E. G. Camus
(1349)浆果薹草 *Carex baccans* Nees
(1350)青绿薹草 *Carex berviculmis* R. Br.
(1351)褐果薹草 *Carex brunnea* Thunb.
(1352)十字薹草 *Carex cruciata* Wahl.
(1353)签 草 *Carex doniana* Spreng.
(1354)蕨状薹草 *Carex filicina* Nees
(1355)套鞘薹草 *Carex maubertiana* Boott
(1356)条穗薹草 *Carex nemostachys* Steud.
(1357)密苞叶薹草 *Carex phyllocephala* Koyama
(1358)花葶薹草 *Carex scaposa* C. B. Clarke
(1359)长雄薹草 *Carex scaposa* var. *dolichostachys* Wang et Tang

莎草属 *Cyperus* Linn.

(1360)扁穗莎草 *Cyperus compressus* Linn.
(1361)异型莎草 *Cyperus difformis* Linn.
(1362)畦畔莎草 *Cyperus haspan* Linn.
(1363)碎米莎草 *Cyperus iria* Linn.
(1364)香 附 子 *Cyperus rotundus* Linn.

荸荠属 *Eleocharis* R. Br.

(1365)龙 师 草 *Eleocharis tetraquetra* Nees
(1366)牛 毛 毡 *Eleocharis yokoscensis* (Franch. et Sav.) Tang et Wang

飘拂草属 *Fimbristylis* Vahl

(1367)两歧飘拂草 *Fimbristylis dichotoma* (Linn.) Vahl
(1368)水 虱 草 *Fimbristylis littoralis* Gamdich
(1369)独穗飘拂草 *Fimbristylis ovata* (Burm. f) Kern
(1370)西南飘拂草 *Finbristylis thomsonii* Boechklr.

黑莎草属 *Gahnia* J. R. &. G. Forst.

(1371)黑 莎 草 *Gahnia tristis* Nees.

水蜈蚣属 *Kyllinga* Rottb.

(1372)短叶水蜈蚣 *Kyllinga brevifolia* Rottb.

砖子苗属 *Mariscus* Vahl

(1373)砖 子 苗 *Mariscus umbellatus* Vahl

扁莎属 *Pycreus* P. Beauv.

(1374)红鳞扁莎 *Pycreus sanguinolentus* (Vahl) Nees

刺子莞属 *Rhynchospora* Vahl

(1375)刺 子 莞 *Rhynchospora rubra* (Lour.) Makino

水葱属 Schoenoplectus (Reichenbach) Palla

(1376)萤 蔺 *Schoenoplectus juncoides* (Roxb.) Palla
(1377)水 毛 花 *Schoenoplectus mucronatus* subsp. *Robustus* (Miq.) T. Koyama

藨草属 *Scirpus* Linn.

(1378)百球藨草 *Scirpus rosthornii* Diels
(1379)百穗藨草 *Scirpus ternatanus* Reinw. ex Miq.

珍珠茅属 *Scleria* Bergius

(1380)黑鳞珍珠茅 *Scleria hookeriana* Bocklr.
(1381)毛果珍珠茅 *Scleria levis* Retz.
(1382)高秆珍珠茅 *Scleria terrestris* (Linn.) Fass.

332. 禾本科 Poaceae

332A. 竹亚科 Bambusaceae

簕竹属 *Bambusa* Schreber

(1383)撑 篙 竹 *Bambusa pervariabilis* McClure
(1384)车 筒 竹 *Bambusa sinospinosa* McClure
(1385)青 皮 竹 *Bambusa textilis* McClure

牡竹属 Dendrocalamus Nees

(1386)麻 竹* *Dendrocalamus latiflorus* Munro

箬竹属 Indocalamus Nakai

(1387)阔叶箬竹 *Indocalamus latifolius* (Keng) McClure

(1388)箬叶竹　*Indocalamus longiauritus* Hand.-Mazz.

大节竹属 *Indosasa* McClure

(1389)摆　竹　*Indosasa shibataeoides* McClure

刚竹属 *Phyllostachys* Sieb. et Zucc.

(1390)毛　竹*　*Phyllostachys edulis* (Carrière) J. Houz.

(1391)水　竹　*Phyllostachys heteroclada* Oliver

(1392)篌　竹　*Phyllostachys nidularia* Munro

苦竹属 *Pleioblastus* Nakai

(1393)苦　竹　*Pleioblastus amarus* (Keng) Keng f.

玉山竹属 *Yushania* Keng f.

(1394)毛玉山竹　*Yushania basihirsuta* (McClure) Z. P. Wang et G. H. Ye

332B. 禾亚科 Agrostidoideae

看麦娘属 *Alopecurus* Linn.

(1395)看麦娘　*Alopecurus aequalis* Sobol.

水蔗草属 *Apluda* Linn.

(1396)水蔗草　*Apluda mutica* Linn.

荩草属 *Arthraxon* Beauv.

(1397)荩　草　*Arthraxon hispidus* (Thunb.) Makino.

野古草属 *Arundinella* Raddi

(1398)毛杆野古草　*Arundinella hirta* (Thunb.) Tanaka

燕麦属 *Avena* Linn.

(1399)野燕麦　*Avena fatua* Linn.

菵草属 *Beckmannia* Host

(1400)菵　草　*Beckmannia syzigachne* (Steud.) Fern.

孔颖草属 *Bothriochloa* O. Kuntze

(1401)臭根子草　*Bothriochioa biadhii* (Retz.) S. T. Blake

臂形草属 *Brachiaria* Griseb.

(1402)毛臂形草　*Brachiaria villosa* (Lam.) A. Camus

拂子茅属 *Calamagrostis* Adans.

(1403)拂子茅　*Calamagrostis epigeios* (L.) Roth

细柄草属 *Capillipedium* Stapf

(1404)硬杆子草　*Capillipedium assimile* (Steud.) A. Camus

(1405)细柄草　*Capillipedium parviflorum* (R. Br.) Stapf

薏苡属 *Coix* Linn.

(1406)薏　苡　*Coix lacryma-jobi* Linn.

狗牙根属 *Cynodon* Rich.

(1407)狗牙根　*Cynodon dactylon* (Linn.) Pers.

马唐属 *Digitaria* Heist. ex Adans

(1408)止血马唐　*Digitaria ischaemum* (Schreb. ex Schweigg.) Schreb. ex Muhl.

(1409)马　唐　*Digitaria sanguinalis* (Linn.) Scop.

(1410)紫马唐　*Digitaria violascens* Link.

稗属 *Echinochloa* Beauv.

(1411)光头稗　*Echinochloa colonum* (Linn.) Link.

(1412)稗　*Echinochloa crusgalli* (Linn.) P. Beauv.

移属 *Eleusine* Gaertn.

(1413)牛筋草　*Eleusine indica* (Linn.) Gaertn.

披碱草属 *Elymus* Linn.

(1414)柯孟披碱草　*Elymus kamoji* (Ohwi) S. L. Chen

画眉草属 *Eragrostis* Wolf

(1415)知风草　*Eragrostis ferruginea* (Thunb.) Beauv.

(1416)乱　草　*Eragrostis japonica* (Thunb.) Trin.

(1417)牛虱草　*Eragrostis unioloides* (Retz.) Nees. ex Steid.

蜈蚣草属 *Eremochloa* Buese

(1418)蜈蚣草　*Eremochloa ciliaris* (Linn.) Merr.

(1419)假俭草　*Eremochloa ophiuroides* (Munm) Hack.

野黍属 *Eriochloa* Kunth

(1420)野　黍　*Eriochloa villosa* (Thunb.) Kunth

球穗草属 *Hackelochloa* Kuntze

(1421)球穗草　*Hackelochloa granularia* (Linn.) O. Ktze.

牛鞭草属 *Hemarthria* R. Br.

(1422)牛鞭草　*Hemarthria compressa* (Linn. f.) R. Br.

黄茅属 *Heteropogon* Pers.

(1423)黄　茅　*Heteropogon contortus* (Linn.) Beauv. ex Roem. et Schult.

白茅属 *Imperata* Cyrillo

(1424)大白茅　*Imperata cylindrical* var. *major* (Nees) C. E. Hubb. & Vaughan

柳叶箬属 *Isachne* R. Br.

(1425)柳叶箬　*Isachne globosa* (Thunb.) O. Ktze.

(1426)平颖柳叶箬　*Isachne truncate* A. Camus

鸭嘴草属 *Ischaemum* Linn.

(1427)有芒鸭嘴草　*Ischaemum aristatum* Linn.

李氏禾属 *Leersia* Soland. ex Swartz

(1428)李 氏 禾 *Leersia hexandra* Swartz

千金子属 *Leptochloa* P. Beauv.

(1429)千 金 子 *Leptochloa chinensis* (Linn.) Nees

淡竹叶属 *Lophatherum* Brongn

(1430)淡 竹 叶 *Lophatherum gracile* Brongn

莠竹属 *Microstegium* Nees

(1431)蔓生莠竹 *Microstegium vagans* (Nees ex Steud.) A. Camus

(1432)柔枝莠竹 *Microstegium vimineum* (Trin.) A. Camus

芒属 *Miscanthus* Anderss.

(1433)五 节 芒 *Miscanthus floridulus* (Labill.) Warb. ex Schum. & Lauterb

(1434)芒 *Miscanthus sinensis* Anderss.

类芦属 *Neyraudia* Hook. f.

(1435)类 芦 *Neyraudia reynaudiana* (Kunth) Keng ex Hithc.

求米草属 *Oplismenus* P. Beauv.

(1436)求 米 草 *Oplismenus undulatifolius* (Ard.) Beauv.

稻属 *Oryza* Linn.

(1437)稻* *Oryza sativa* Linn.

雀稗属 *Paspalum* Linn.

(1438)长叶雀稗 *Paspalum longifolium* Roxb

(1439)圆果雀稗 *Paspalum orbiculare* Forst.

狼尾草属 *Pennisetum* Rich.

(1440)狼 尾 草 *Pennisetum alopecuroides* (Linn.) Spreng

芦苇属 *Phragmites* Adans.

(1441)芦 苇 *Phragmites australis* (Cav.) Trin. ex Steud.

早熟禾属 *Poa* Linn.

(1442)白顶早熟禾 *Poa acroleuca* Steud.

(1443)早 熟 禾 *Poa annua* Linn.

金发草属 *Pogonatherum* Beauv.

(1444)金 丝 草 *Pogonatherum crinitum* (Thunb.) Kunth

筒轴茅属 *Rottboellia* Linn. f.

(1445)筒 轴 茅 *Rottboellia exaltata* Linn. f.

甘蔗属 *Saccharum* Linn.

(1446)斑 茅 *Saccharum arundinaceum* Retz.

囊颖草属 *Sacciolepis* Nash

(1447)囊 颖 草 *Sacciolepis indica* (Linn.) A. Chase

裂稃草属 *Schizachyrium* Nees

(1448)裂 稃 草 *Schizachyrium brevifolium* (Sw.) Nees ex Buse

狗尾草属 *Setaria* Beauv.

(1449)大狗尾草 *Setaria faberii* Herrm.

(1450)金色狗尾草 *Setaria glauca* (Linn.) Beauv.

(1451)棕叶狗尾草 *Setaria palmifolia* (Koen.) Stapf

(1452)狗 尾 草 *Setaria viridis* (Linn.) Beauv.

高粱属 *Sorghum* Moench

(1453)高 粱* *Sorghum vulgare* (Linn.) Moench

稗荩属 *Sphaerocaryum* Nees ex Hook. f.

(1454)稗 荩 *Sphaerocaryum malaccense* (Trin.) Pilger.

鼠尾粟属 *Sporobolus* R. Br.

(1455)鼠 尾 粟 *Sporobolus fertilis* (Steud.) W. D. Clayton

菅属 *Themeda* Forssk.

(1456)黄 背 草 *Themeda triandra* Forssk.

(1457)菅 *Themeda villosa* (Poir.) A. Camus

粽叶芦属 *Thysanolaena* Nees

(1458)粽 叶 芦 *Thysanolaena maxima* (Roxb.) Kuntze

玉蜀黍属 *Zea* Linn.

(1459)玉 米* *Zea mays* Linn.

菰属 *Zizania* L.

(1460)菰 *Zizania latifolia* (Griseb.) Turcz. ex Stapf

表 2　广东乳源南方红豆杉县级自然保护区脊椎动物名录

序号	纲	目	科	中文名	拉丁名	特有性[①]	广东省重点保护	国家重点保护	中国物种红色名录[②]	IUCN物种红色名录[③]	CITES附录	三有	数据来源
1	鱼纲	鲤形目	鲤科	宽鳍鱲	*Zacco platypus*								文献
2				马口鱼	*Opsariichthys bidens*								文献
3				鲫	*Carassius auratus*								实际调查
4				鲤	*Cyprinus carpio*								实际调查
5			花鳅科	泥鳅	*Misgurnus auguillicaudatus*								访问调查
6				横纹南鳅	*Schistura fasciolata*								文献
7				无斑南鳅	*Schistura incerta*								文献
8		鲇形目	鮡科	福建纹胸鮡	*Glyptothorax fokiensis*	●							文献
9			胡子鲇科	胡子鲇	*Claris fuscus*								访问调查
10		合鳃目	合鳃科	黄鳝	*Monopterus albus*								实际调查
11		鲈形目	虾虎鱼科	褐吻虾虎鱼	*Rhinogobius brunneus*								文献
12				真吻虾虎鱼	*Rhinogobius similis*								实际调查
13	两栖纲	无尾目	蟾蜍科	中华蟾蜍	*Bufo gargarizans*	○						√	实际调查
14				黑眶蟾蜍	*Duttaphrynus melanostictus*							√	实际调查
15			雨蛙科	华南雨蛙	*Hyla simplex*							√	文献
16			蛙科	长肢林蛙	*Rana longicrus*	●							实际调查
17				华南湍蛙	*Amolops ricketti*	○						√	实际调查
18				沼水蛙	*Hylarana guentheri*	○	√					√	实际调查
19				阔褶水蛙	*Hylarana latouchii*							√	实际调查
20				大绿臭蛙	*Odorrana graminea*	●						√	文献
21				黄岗臭蛙	*Odorrana huanggangensis*	●							实际调查

（续）

序号	纲	目	科	中文名	拉丁名	特有性[1]	广东省重点保护	国家重点保护	中国物种红色名录[2]	IUCN物种红色名录[3]	CITES附录	三有	数据来源
22	两栖纲	无尾目	蛙科	黑斑侧褶蛙	*Pelophylax nigromaculatus*	○	√					√	实际调查
23			叉舌蛙科	虎纹蛙	*Hoplobatrachus chinensis*	○		Ⅱ	VU		Ⅱ		实际调查
24				泽陆蛙	*Fejervarya multistriata*	○						√	实际调查
25				棘胸蛙	*Quasipaa spinosa*	○	√		VU			√	访问调查
26			树蛙科	大树蛙	*Zhangixalus dennysi*	●						√	实际调查
27				斑腿泛树蛙	*Polypedates megacephalus*	○						√	实际调查
28			姬蛙科	粗皮姬蛙	*Microhyla butleri*								实际调查
29				饰纹姬蛙	*Microhyla fissipes*	○						√	实际调查
30				小弧斑姬蛙	*Microhyla heymonsi*								实际调查
31				花姬蛙	*Microhyla pulchra*	○						√	文献
32	爬行纲	龟鳖目	鳖科	中华鳖	*Pelodiscus sinensis*				VU	VU		√	访问调查
33		有鳞目	壁虎科	中国壁虎	*Gekko chinensis*	○						√	文献
34			石龙子科	铜蜓蜥	*Sphenomorphus indicus*							√	实际调查
35				中国石龙子	*Plestiodon chinensis*	○						√	实际调查
36				蓝尾石龙子	*Plestiodon elegans*	○						√	实际调查
37			蜥蜴科	北草蜥	*Takydromus septentrionalis*	○						√	实际调查
38				南草蜥	*Takydromus sexlineatus*							√	实际调查
39			鬣蜥科	丽棘蜥	*Acanthosaura lepidogaster*	○						√	实际调查
40			蝰科	原矛头蝮	*Protobothrops mucrosquamatus*							√	文献
41				山烙铁头蛇	*Ovophis monticola*							√	访问调查
42				福建竹叶青蛇	*Viridovipera stejnegeri*	○						√	文献
43			水蛇科	中国水蛇	*Myrrophis chinensis*	○						√	文献
44			眼镜蛇科	银环蛇	*Bungarus multicinctus*				VU			√	文献

（续）

序号	纲	目	科	中文名	拉丁名	特有性①	广东省重点保护	国家重点保护	中国物种红色名录②	IUCN物种红色名录③	CITES附录	三有	数据来源
45	爬行纲	有鳞目	眼镜蛇科	舟山眼镜蛇	*Naja atra*	○			VU		Ⅱ	√	文献
46			游蛇科	翠青蛇	*Cyclophiops major*	○						√	文献
47				乌梢蛇	*Ptyas dhumnades*	●			VU			√	实际调查
48				滑鼠蛇	*Ptyas mucosa*				VU		Ⅱ	√	文献
49				赤链蛇	*Lycodon rufozonatus*	○						√	实际调查
50				玉斑锦蛇	*Euprepiophis mandarinus*	○			VU			√	文献
51				王锦蛇	*Elaphe carinata*	○			VU			√	文献
52				黑眉锦蛇	*Elaphe taeniura*	○			VU			√	实际调查
53			水游蛇科	红脖颈槽蛇	*Rhabdophis subminiatus*							√	文献
54				虎斑颈槽蛇	*Rhabdophis tigrinus*				VU			√	实际调查
55			斜鳞蛇科	大眼斜鳞蛇	*Pseudoxenodon macrops*	○						√	文献
56	鸟纲	鸡形目	雉科	灰胸竹鸡	*Bambusicola thoracicus*	●						√	实际调查
57				白鹇	*Lophura nycthemera*			Ⅱ					实际调查
58				环颈雉	*Phasianus colchicus*							√	实际调查
59		雁形目	鸭科	绿头鸭	*Anas platyrhynchos*							√	实际调查
60				绿翅鸭	*Anas crecca*							√	实际调查
61		䴙䴘目	䴙䴘科	小䴙䴘	*Tachybaptus ruficollis*							√	实际调查
62		鸽形目	鸠鸽科	山斑鸠	*Streptopelia orientalis*	○						√	实际调查
63				珠颈斑鸠	*Streptopelia chinensis*							√	实际调查
64		夜鹰目	雨燕科	白腰雨燕	*Apus pacificus*							√	实际调查
65				小白腰雨燕	*Apus nipalensis*							√	文献
66		鹃形目	杜鹃科	褐翅鸦鹃	*Centropus sinensis*			Ⅱ					实际调查
67				噪鹃	*Eudynamys scolopaceus*							√	实际调查

（续）

序号	纲	目	科	中文名	拉丁名	特有性①	广东省重点保护	国家重点保护	中国物种红色名录②	IUCN物种红色名录③	CITES附录	三有	数据来源
68	鸟纲	鹃形目	杜鹃科	八声杜鹃	*Cacomantis merulinus*							√	文献
69				大鹰鹃	*Hierococcyx sparverioides*	○							文献
70				四声杜鹃	*Cuculus micropterus*							√	实际调查
71				大杜鹃	*Cuculus canorus*								文献
72		鹤形目	秧鸡科	红脚田鸡	*Zapornia akool*							√	实际调查
73				白胸苦恶鸟	*Amaurornis phoenicurus*							√	实际调查
74				黑水鸡	*Gallinula chloropus*		√					√	实际调查
75				白骨顶	*Fulica atra*							√	实际调查
76		鸻形目	鹬科	白腰草鹬	*Tringa ochropus*								实际调查
77		鹈形目	鹭科	栗苇鳽	*Ixobrychus cinnamomeus*	○						√	文献
78				夜鹭	*Nycticorax nycticorax*							√	文献
79				绿鹭	*Butorides striata*							√	实际调查
80				池鹭	*Ardeola bacchus*							√	实际调查
81				牛背鹭	*Bubulcus ibis*							√	实际调查
82				白鹭	*Egretta garzetta*							√	实际调查
83		鹰形目	鹰科	松雀鹰	*Accipiter virgatus*			Ⅱ			Ⅱ		文献
84				黑鸢	*Milvus migrans*			Ⅱ			Ⅱ		实际调查
85				普通鵟	*Buteo japonicus*			Ⅱ			Ⅱ		实际调查
86		鸮形目	鸱鸮科	斑头鸺鹠	*Glaucidium cuculoides*	○		Ⅱ			Ⅱ		实际调查
87		犀鸟目	戴胜科	戴胜	*Upupa epops*							√	实际调查
88		佛法僧目	佛法僧科	三宝鸟	*Eurystomus orientalis*							√	实际调查
89			翠鸟科	普通翠鸟	*Alcedo atthis*							√	实际调查
90				斑鱼狗	*Ceryle rudis*								实际调查

（续）

序号	纲	目	科	中文名	拉丁名	特有性[1]	广东省重点保护	国家重点保护	中国物种红色名录[2]	IUCN物种红色名录[3]	CITES附录	三有	数据来源
91	鸟纲	啄木鸟目	拟啄木鸟科	大拟啄木鸟	*Psilopogon virens*	○						√	实际调查
92			啄木鸟科	斑姬啄木鸟	*Picumnus innominatus*	○						√	实际调查
93				星头啄木鸟	*Dendrocopos canicapillus*	○						√	文献
94				灰头绿啄木鸟	*Picus canus*							√	文献
95		隼形目	隼科	红隼	*Falco tinnunculus*			Ⅱ			Ⅱ		实际调查
96		雀形目	山椒鸟科	暗灰鹃鵙	*Lalage melaschistos*							√	实际调查
97				灰喉山椒鸟	*Pericrocotus solaris*							√	实际调查
98			卷尾科	黑卷尾	*Dicrurus macrocercus*							√	实际调查
99			伯劳科	红尾伯劳	*Lanius cristatus*	○						√	文献
100				棕背伯劳	*Lanius schach*							√	实际调查
101			鸦科	松鸦	*Garrulus glandarius*								实际调查
102				红嘴蓝鹊	*Urocissa erythroryncha*	○						√	实际调查
103				灰树鹊	*Dendrocitta formosae*								实际调查
104				喜鹊	*Pica pica*							√	实际调查
105				大嘴乌鸦	*Corvus macrorhynchos*								实际调查
106			山雀科	黄腹山雀	*Pardaliparus venustulus*	●						√	实际调查
107				大山雀	*Parus cinereus*							√	实际调查
108				黄颊山雀	*Machlolophus spilonotus*								实际调查
109			扇尾莺科	黑喉山鹪莺	*Prinia atrogularis*								实际调查
110				纯色山鹪莺	*Prinia inornata*								实际调查
111				长尾缝叶莺	*Orthotomus sutorius*								实际调查
112			燕科	家燕	*Hirundo rustica*							√	实际调查
113				金腰燕	*Cecropis daurica*							√	实际调查

（续）

序号	纲	目	科	中文名	拉丁名	特有性[1]	广东省重点保护	国家重点保护	中国物种红色名录[2]	IUCN物种红色名录[3]	CITES附录	三有	数据来源
114	鸟纲	雀形目	鹎科	领雀嘴鹎	*Spizixos semitorques*	○						√	实际调查
115				红耳鹎	*Pycnonotus jocosus*								实际调查
116				黄臀鹎	*Pycnonotus xanthorrhous*							√	实际调查
117				白头鹎	*Pycnonotus sinensis*	○						√	实际调查
118				白喉红臀鹎	*Pycnonotus aurigaster*							√	实际调查
119				绿翅短脚鹎	*Ixos mcclellandii*								实际调查
120				栗背短脚鹎	*Hemixos castanonotus*								实际调查
121				黑短脚鹎	*Hypsipetes leucocephalus*							√	实际调查
122			柳莺科	褐柳莺	*Phylloscopus fuscatus*							√	文献
123				黄腰柳莺	*Phylloscopus proregulus*							√	实际调查
124				极北柳莺	*Phylloscopus borealis*							√	实际调查
125			树莺科	棕脸鹟莺	*Abroscopus albogularis*	○							实际调查
126				强脚树莺	*Horornis fortipes*	○							实际调查
127			长尾山雀科	红头长尾山雀	*Aegithalos concinnus*	○						√	实际调查
128			莺鹛科	棕头鸦雀	*Sinosuthora webbiana*	○						√	实际调查
129			绣眼鸟科	栗耳凤鹛	*Yuhina castaniceps*	○							实际调查
130				暗绿绣眼鸟	*Zosterops japonicus*	○						√	实际调查
131			林鹛科	棕颈钩嘴鹛	*Pomatorhinus ruficollis*	○							实际调查
132				红头穗鹛	*Cyanoderma ruficeps*								文献
133			幽鹛科	灰眶雀鹛	*Alcippe morrisonia*	○							实际调查
134			噪鹛科	画眉	*Garrulax canorus*	○		Ⅱ			Ⅱ		实际调查
135				黑脸噪鹛	*Garrulax perspicillatus*	○						√	实际调查
136				小黑领噪鹛	*Garrulax monileger*								实际调查

（续）

序号	纲	目	科	中文名	拉丁名	特有性①	广东省重点保护	国家重点保护	中国物种红色名录②	IUCN物种红色名录③	CITES附录	三有	数据来源
137	鸟纲	雀形目	噪鹛科	白颊噪鹛	*Garrulax sannio*	○						√	实际调查
138				红嘴相思鸟	*Leiothrix lutea*	○	√	Ⅱ			Ⅱ		实际调查
139			河乌科	褐河乌	*Cinclus pallasii*	○							文献
140			椋鸟科	八哥	*Acridotheres cristatellus*	○						√	实际调查
141				丝光椋鸟	*Spodiopsar sericeus*	○						√	实际调查
142				灰背椋鸟	*Sturnia sinensis*	○						√	实际调查
143			鸫科	乌鸫	*Turdus mandarinus*	●							实际调查
144			鹟科	红胁蓝尾鸲	*Tarsiger cyanurus*							√	实际调查
145				鹊鸲	*Copsychus saularis*							√	实际调查
146				北红尾鸲	*Phoenicurus auroreus*							√	实际调查
147				红尾水鸲	*Rhyacornis fuliginosa*	○							实际调查
148				紫啸鸫	*Myophonus caeruleus*								实际调查
149				黑背燕尾	*Enicurus immaculatus*								文献
150				白额燕尾	*Enicurus leschenaulti*								实际调查
151				黑喉石䳭	*Saxicola maurus*							√	实际调查
152				乌鹟	*Muscicapa sibirica*	○						√	实际调查
153			叶鹎科	橙腹叶鹎	*Chloropsis hardwickii*								实际调查
154			花蜜鸟科	叉尾太阳鸟	*Aethopyga christinae*								实际调查
155			梅花雀科	白腰文鸟	*Lonchura striata*								实际调查
156				斑文鸟	*Lonchura punctulata*								实际调查
157			雀科	麻雀	*Passer montanus*							√	实际调查
158			鹡鸰科	黄鹡鸰	*Motacilla tschutschensis*								实际调查
159				灰鹡鸰	*Motacilla cinerea*							√	实际调查

（续）

序号	纲	目	科	中文名	拉丁名	特有性[1]	广东省重点保护	国家重点保护	中国物种红色名录[2]	IUCN物种红色名录[3]	CITES附录	三有	数据来源
160	鸟纲	雀形目	鹡鸰科	白鹡鸰	*Motacilla alba*							√	实际调查
161				树鹨	*Anthus hodgsoni*							√	实际调查
162			燕雀科	黑尾蜡嘴雀	*Eophona migratoria*	○	√					√	文献
163				金翅雀	*Chloris sinica*							√	实际调查
164			鹀科	凤头鹀	*Melophus lathami*								实际调查
165				白眉鹀	*Emberiza tristrami*							√	实际调查
166				小鹀	*Emberiza pusilla*							√	实际调查
167				黄眉鹀	*Emberiza chrysophrys*							√	文献
168				灰头鹀	*Emberiza spodocephala*								实际调查
169	哺乳纲	劳亚食虫目	鼩鼱科	臭鼩	*Suncus murinus*								文献
170				南小麝鼩	*Crocidura indochinensis*				VU				文献
171		翼手目	菊头蝠科	中菊头蝠	*Rhinolophus affinis*								文献
172			蝙蝠科	东亚伏翼	*Pipistrellus abramus*								文献
173				扁颅蝠	*Tylonycteris pachypus*								文献
174		灵长目	猴科	藏酋猴	*Macaca thibetana*	●		Ⅱ	VU	VU	Ⅱ		实际调查
175		食肉目	鼬科	黄鼬	*Mustela sibirica*						Ⅲ	√	实际调查
176				猪獾	*Arctonyx collaris*				VU			√	文献
177			灵猫科	果子狸	*Paguma larvata*						Ⅲ	√	文献
178		偶蹄目	猪科	野猪	*Sus scrofa*							√	访问调查
179			鹿科	赤麂	*Muntiacus vaginalis*				VU			√	访问调查
180		啮齿目	松鼠科	赤腹松鼠	*Callosciurus erythraeus*							√	实际调查
181				隐纹花松鼠	*Tamiops swinhoei*							√	文献
182				红颊长吻松鼠	*Dremomys rufigenis*							√	文献

（续）

序号	纲	目	科	中文名	拉丁名	特有性[1]	广东省重点保护	国家重点保护	中国物种红色名录[2]	IUCN物种红色名录[3]	CITES附录	三有	数据来源
183	哺乳纲	啮齿目	松鼠科	红背鼯鼠	*Petaurista petaurista*		√		VU			√	访问调查
184			鼠科	巢鼠	*Micromys minutus*								文献
185				黑线姬鼠	*Apodemus agrarius*								文献
186				褐家鼠	*Rattus norvegicus*								文献
187				北社鼠	*Niviventer confucianus*							√	文献
188				小家鼠	*Mus musculus*								文献
189			鼹型鼠科	银星竹鼠	*Rhizomys pruinosus*							√	实际调查
190		兔形目	兔科	华南兔	*Lepus sinensis*	○						√	实际调查

注：①：●表示只分布于中国；○表示主要分布于中国；△表示中国为次要分布区。②和③：极危(CR)；濒危(EN)；易危(VU)。

附图

保护区在广东的位置

保护区在韶关市的位置

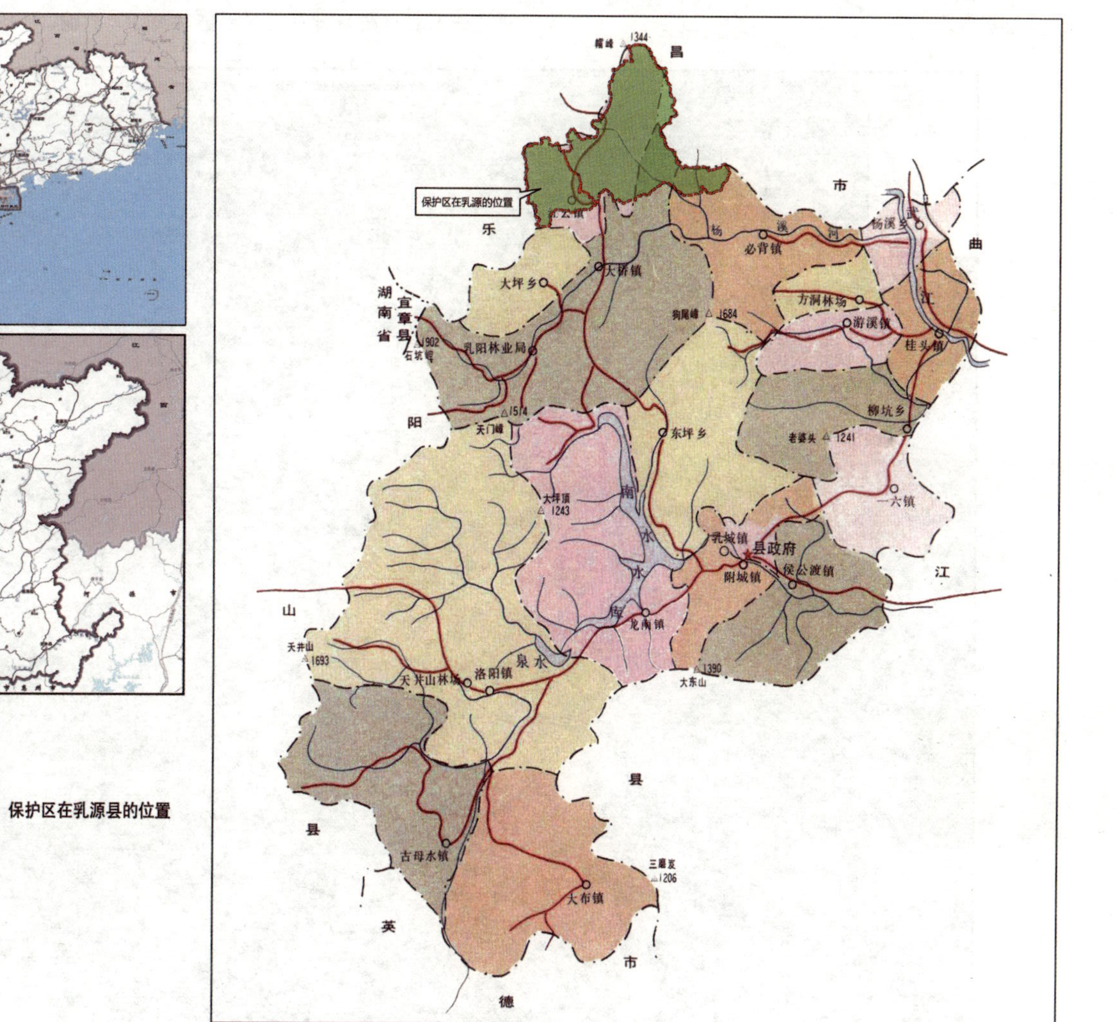

保护区在广东省的位置	保护区在乳源县的位置
保护区在韶关市的位置	

图 1　广东乳源南方红豆杉县级自然保护区位置示意图

图 2 广东乳源南方红豆杉县级自然保护区遥感图

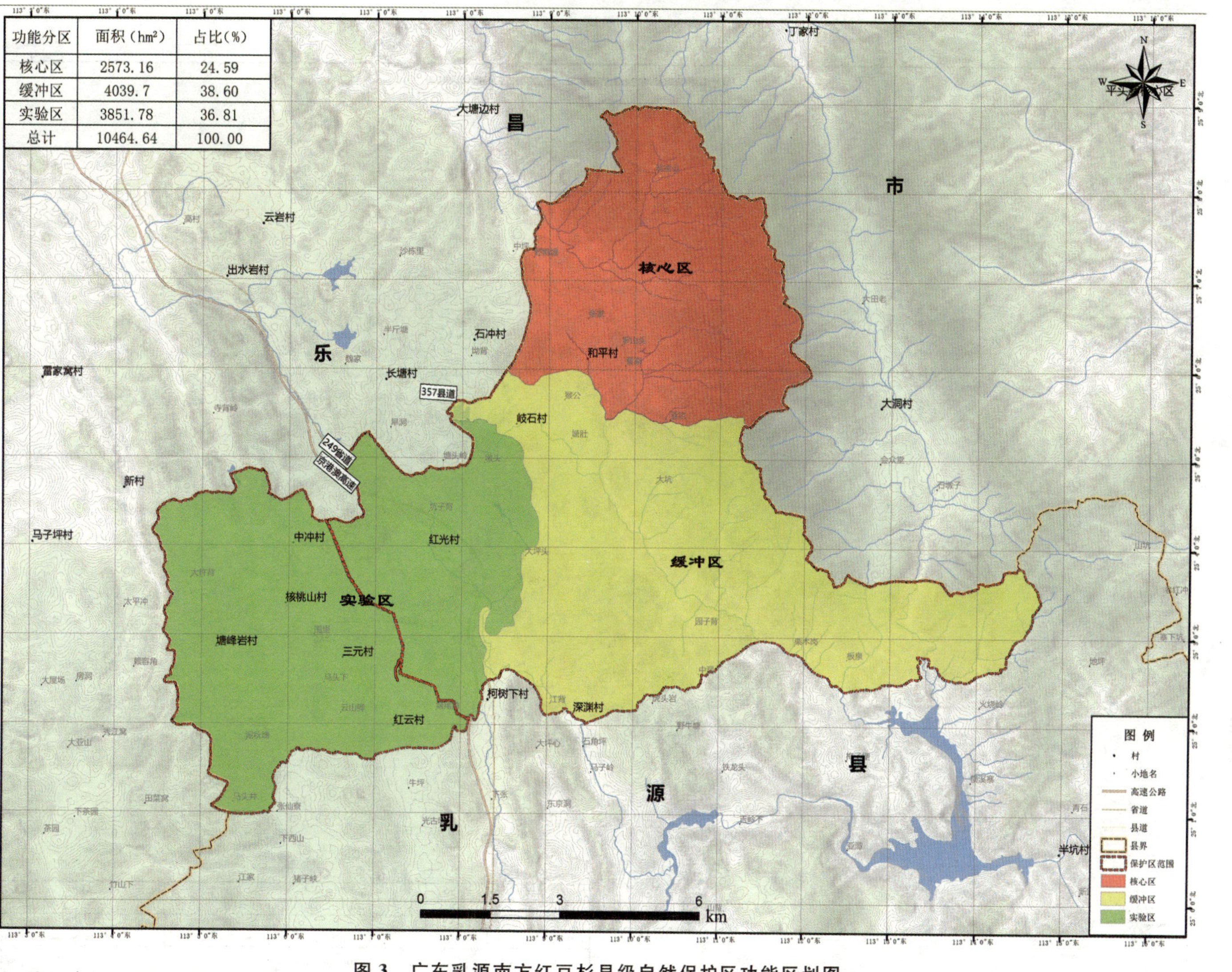

功能分区	面积（hm²）	占比(%)
核心区	2573.16	24.59
缓冲区	4039.7	38.60
实验区	3851.78	36.81
总计	10464.64	100.00

图 3　广东乳源南方红豆杉县级自然保护区功能区划图

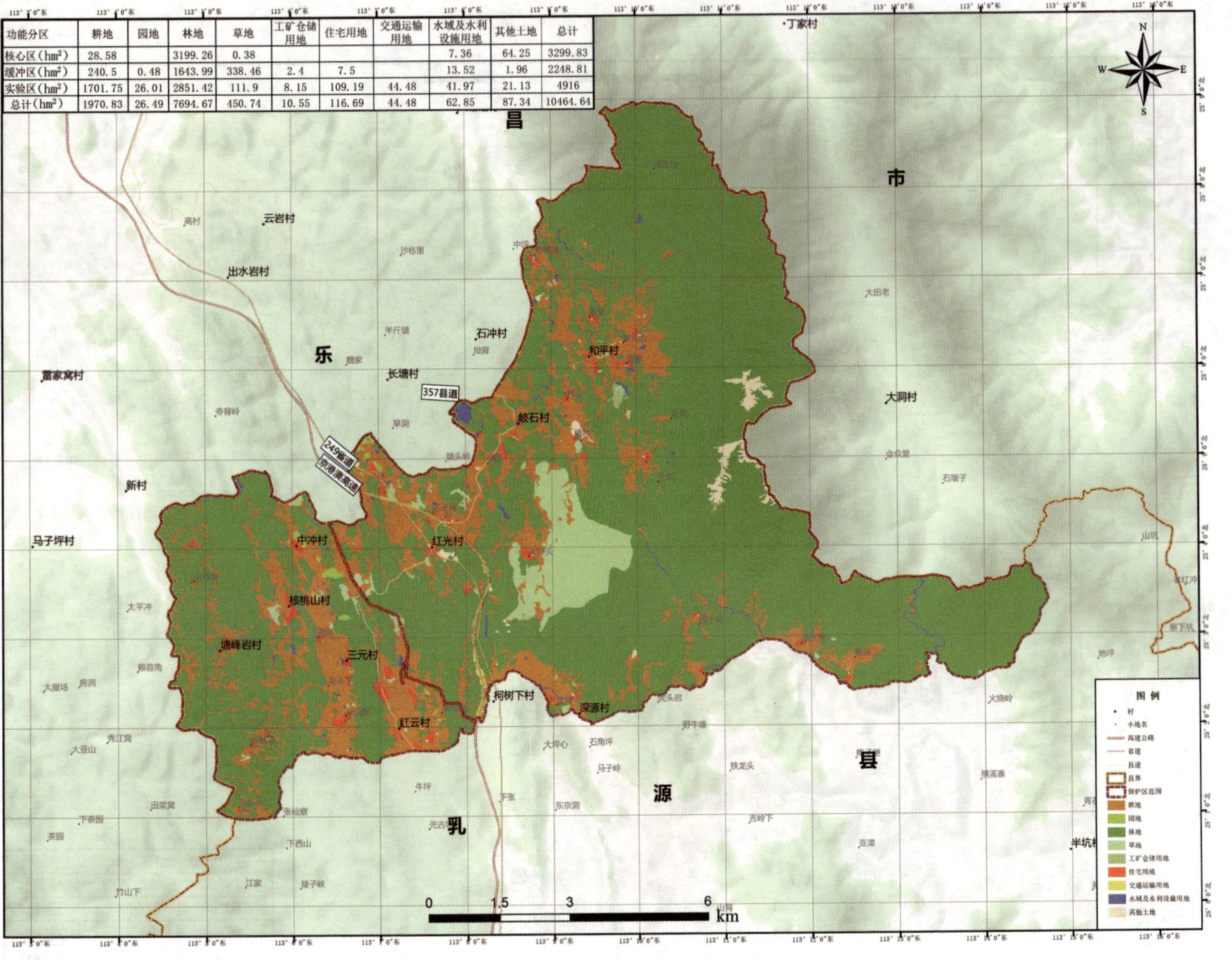

功能分区	耕地	园地	林地	草地	工矿仓储用地	住宅用地	交通运输用地	水域及水利设施用地	其他土地	总计
核心区（hm^2）	28.58		3199.26	0.38				7.36	64.25	3299.83
缓冲区（hm^2）	240.5	0.48	1643.99	338.46	2.4	7.5		13.52	1.96	2248.81
实验区（hm^2）	1701.75	26.01	2851.42	111.9	8.15	109.19	44.48	41.97	21.13	4916
总计（hm^2）	1970.83	26.49	7694.67	450.74	10.55	116.69	44.48	62.85	87.34	10464.64

图 4 广东乳源南方红豆杉县级自然保护区土地利用现状图

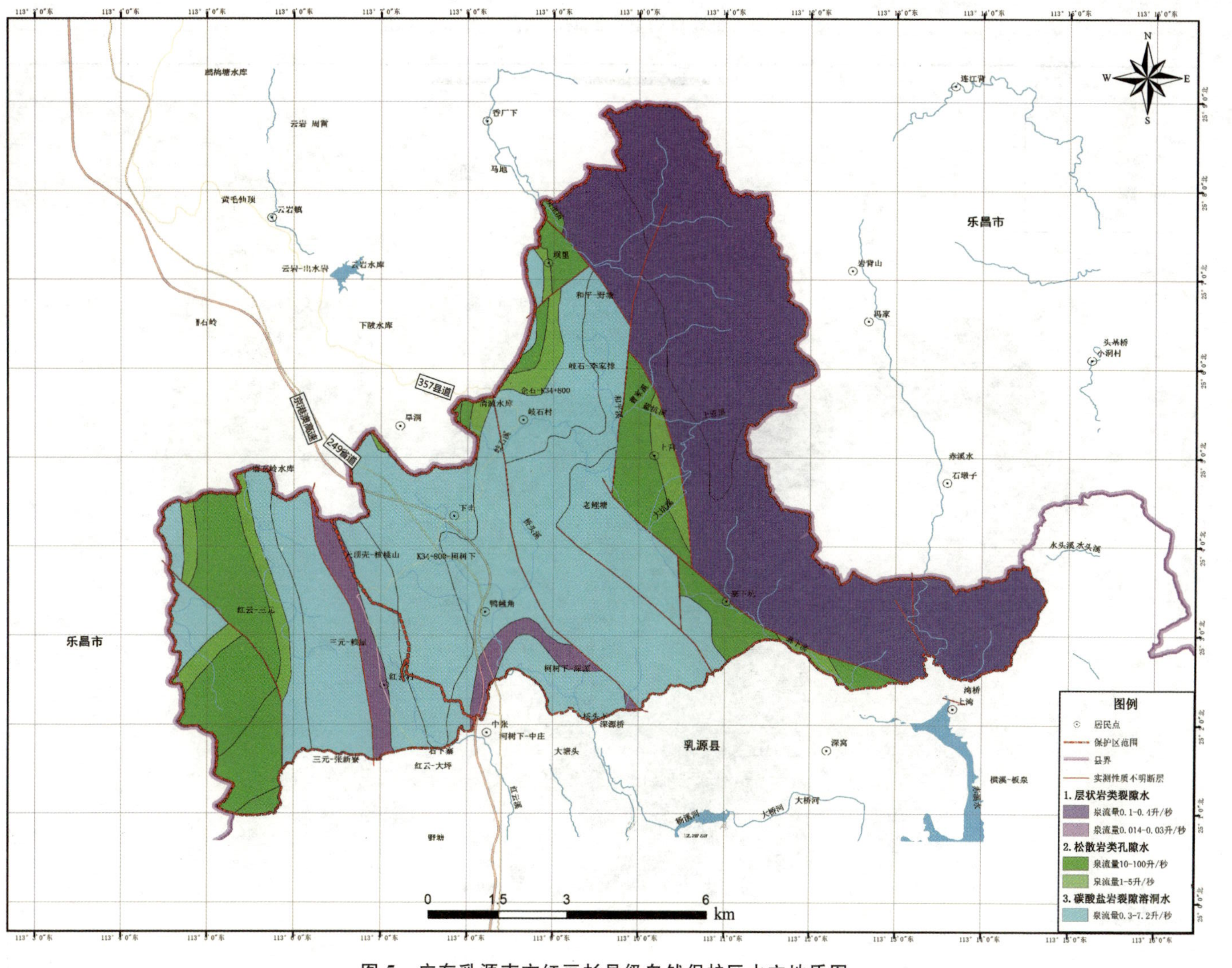

图 5 广东乳源南方红豆杉县级自然保护区水文地质图

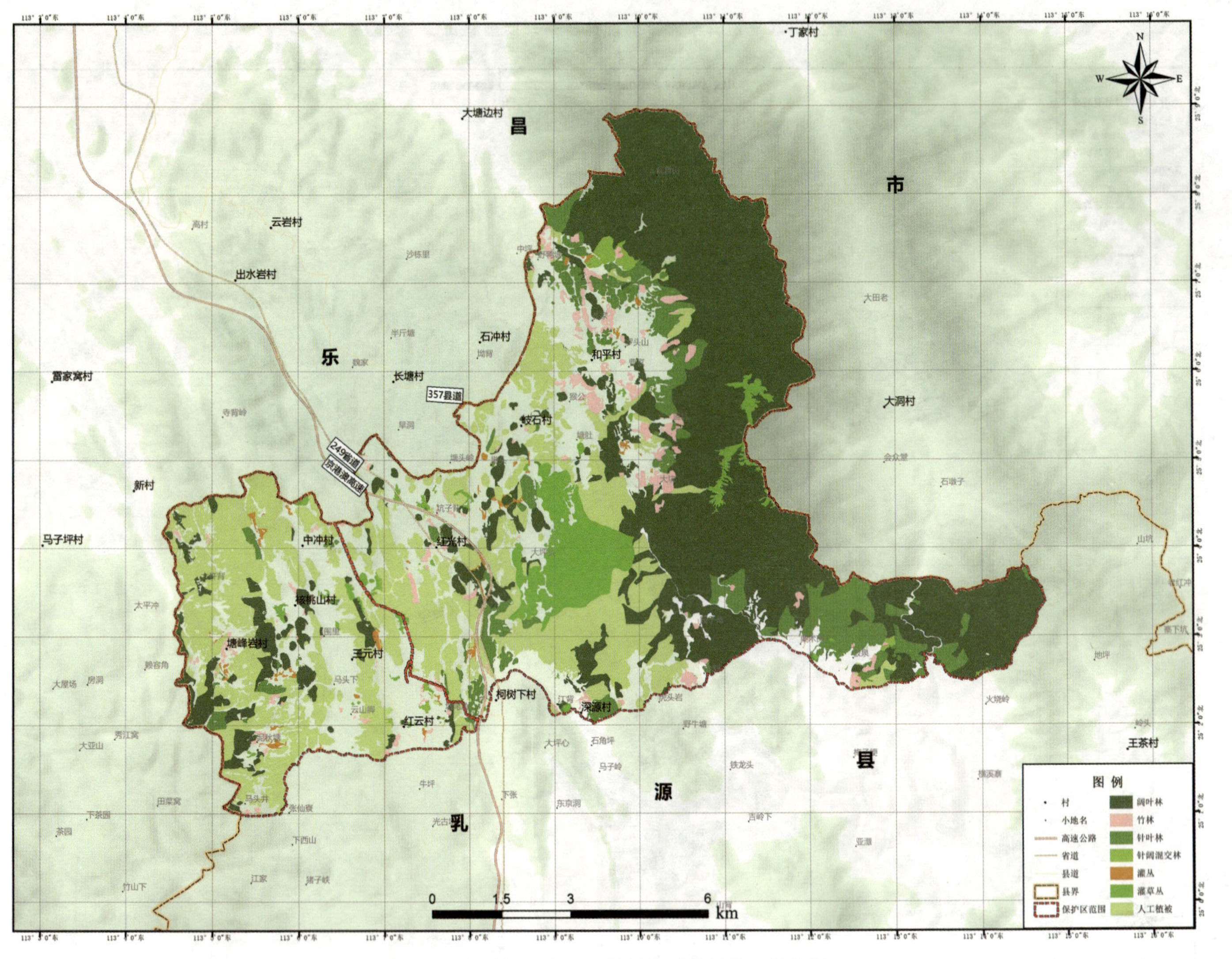

图6 广东乳源南方红豆杉县级自然保护区植被图

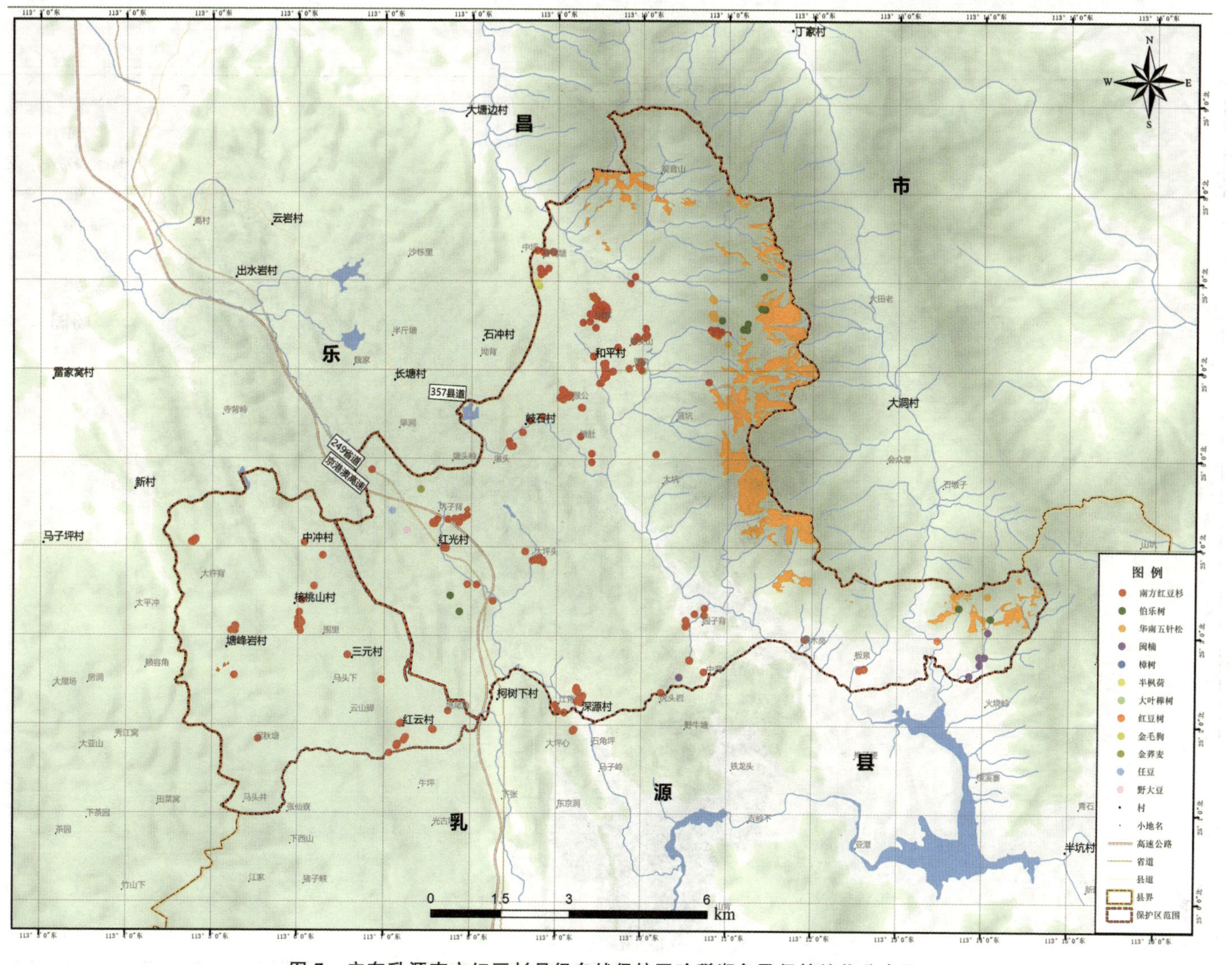

图 7 广东乳源南方红豆杉县级自然保护区珍稀濒危及保护植物分布图

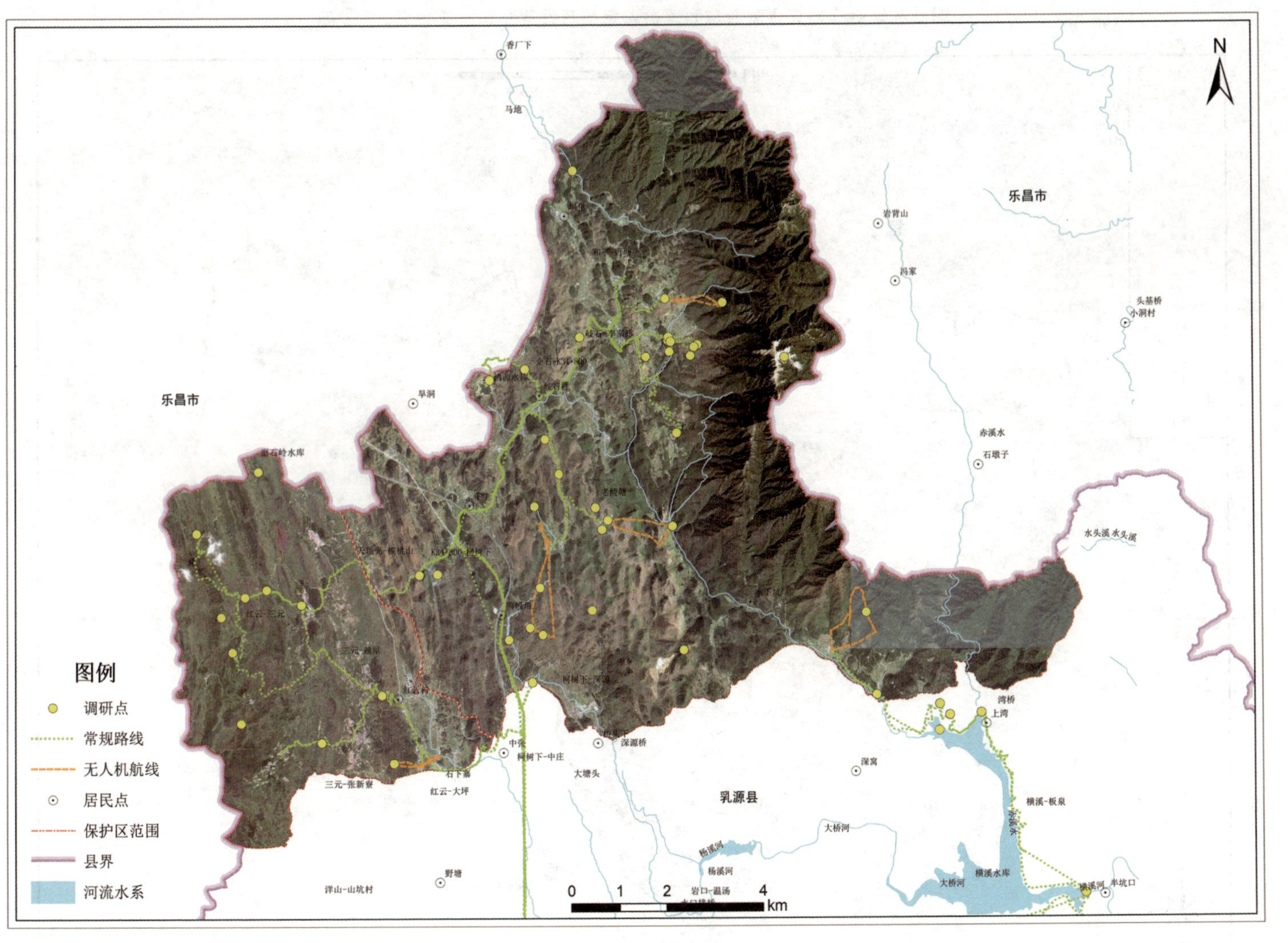
N
乐昌市
乐昌市
乳源县
香厂下
马地
岩背山
冯家
头基桥
小洞村
赤溪水
石墩子
阜洞
水头溪 水头溪
湾桥
上湾
深源桥
深窝
大塘头
柯树下-中庄
中张
红云-大坪
三元-张新寨
横溪-板泉
大桥河
杨溪河
横溪水库
大桥河
半坑口
野塘
洋山-山坑村
0 1 2 4 km
图例
调研点
常规路线
无人机航线
居民点
保护区范围
县界
河流水系

图 8 调查路线图

图 9　**部分样品展示图**(岩石)

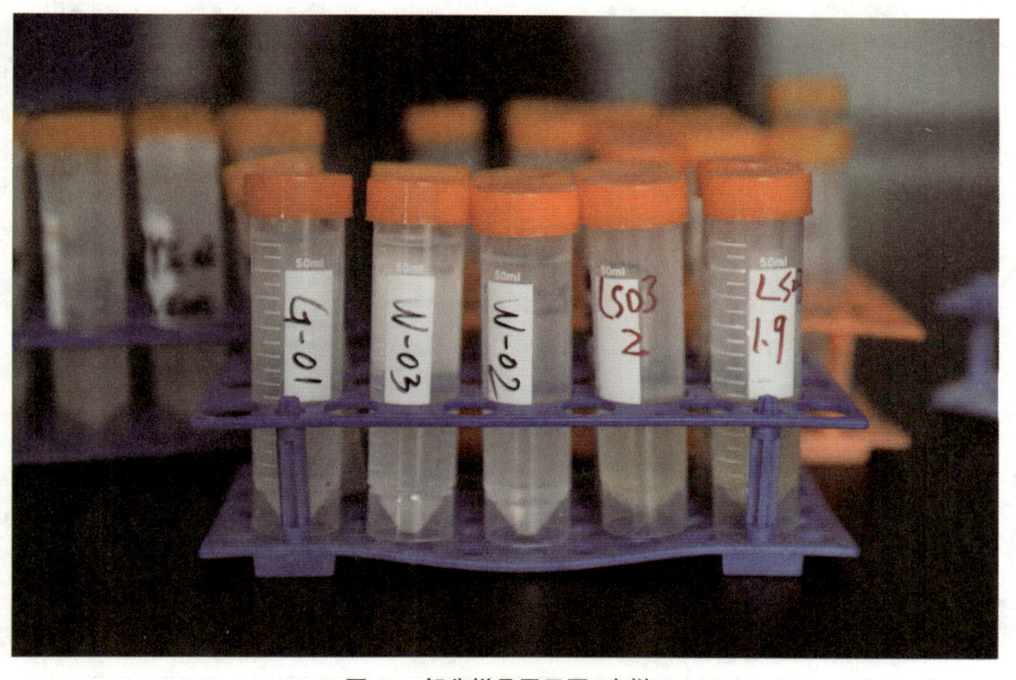

图 10　**部分样品展示图**(水样)

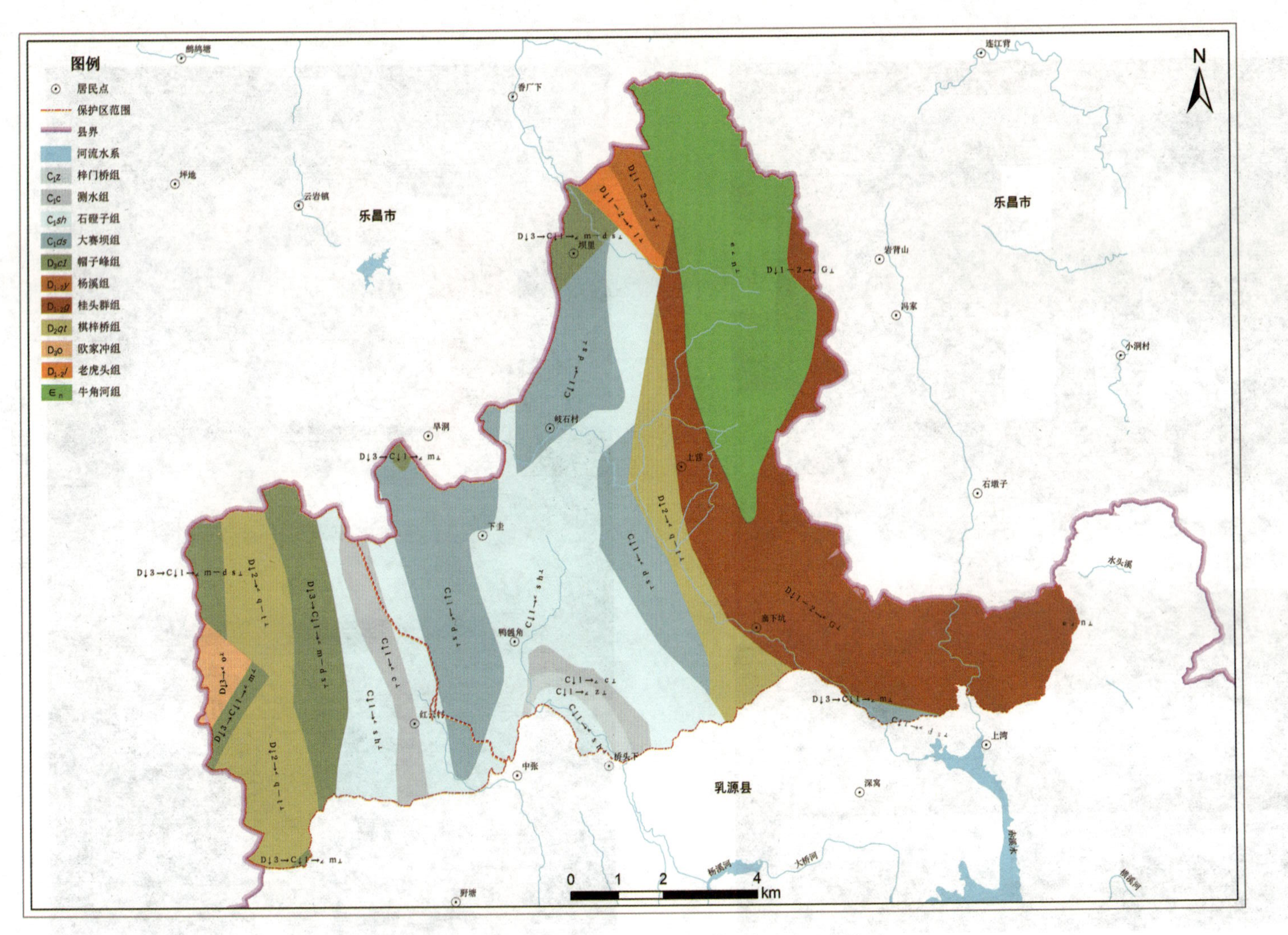

图 11　广东乳源南方红豆杉县级自然保护区地层岩性图

图 12 砂砾岩夹砂岩(产地：曹家，地层：牛角河组)

图 13 灰岩中的张性方解石脉(产地：和平村，地层：桂头群)

图 14 平卧褶皱，表面有风化(马头下)

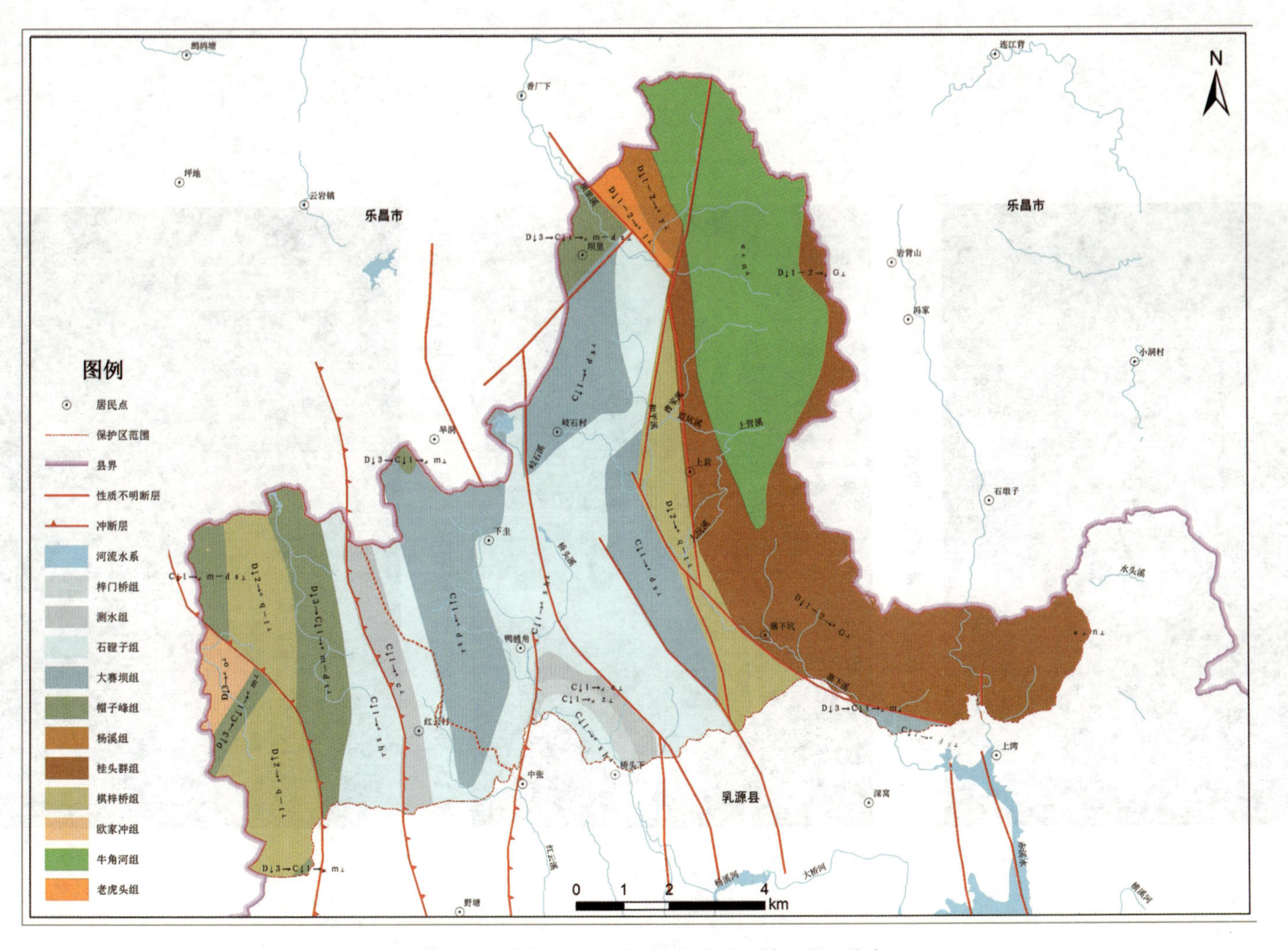

图 15　广东乳源南方红豆杉县级自然保护区断层分布

数据来源:中国地质调查局 1：20 万地质图 G4928 幅数据

图 16 寨下溪沿线北西向至近东西向断裂卫星影像

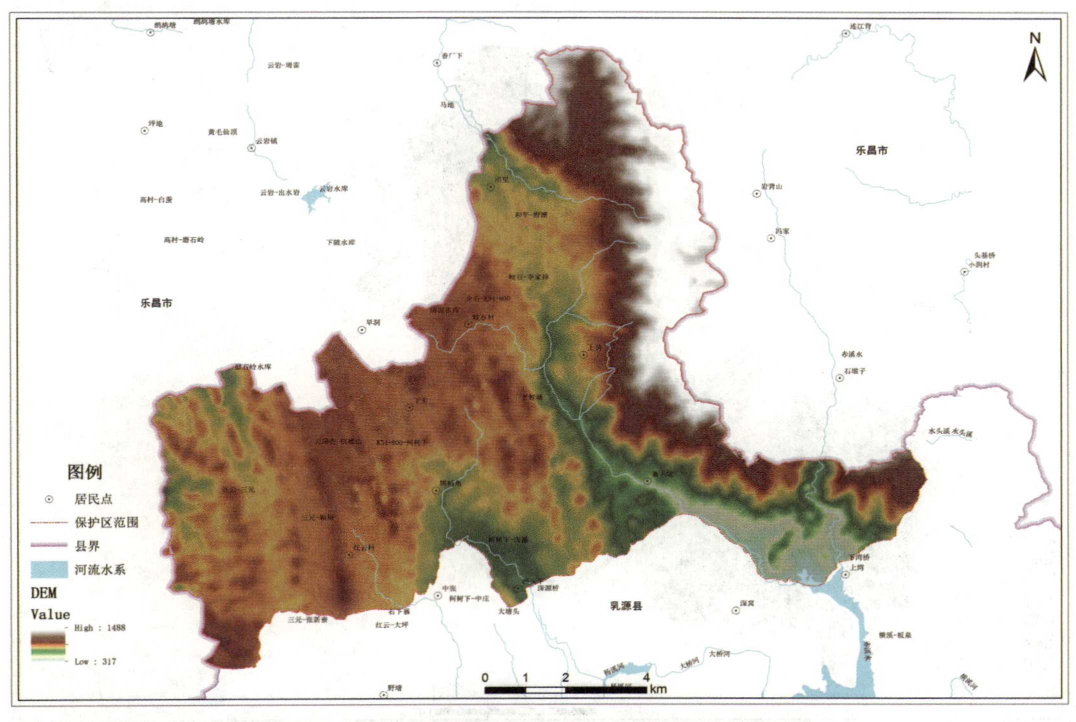

图 17 广东乳源南方红豆杉县级自然保护区 DEM 图

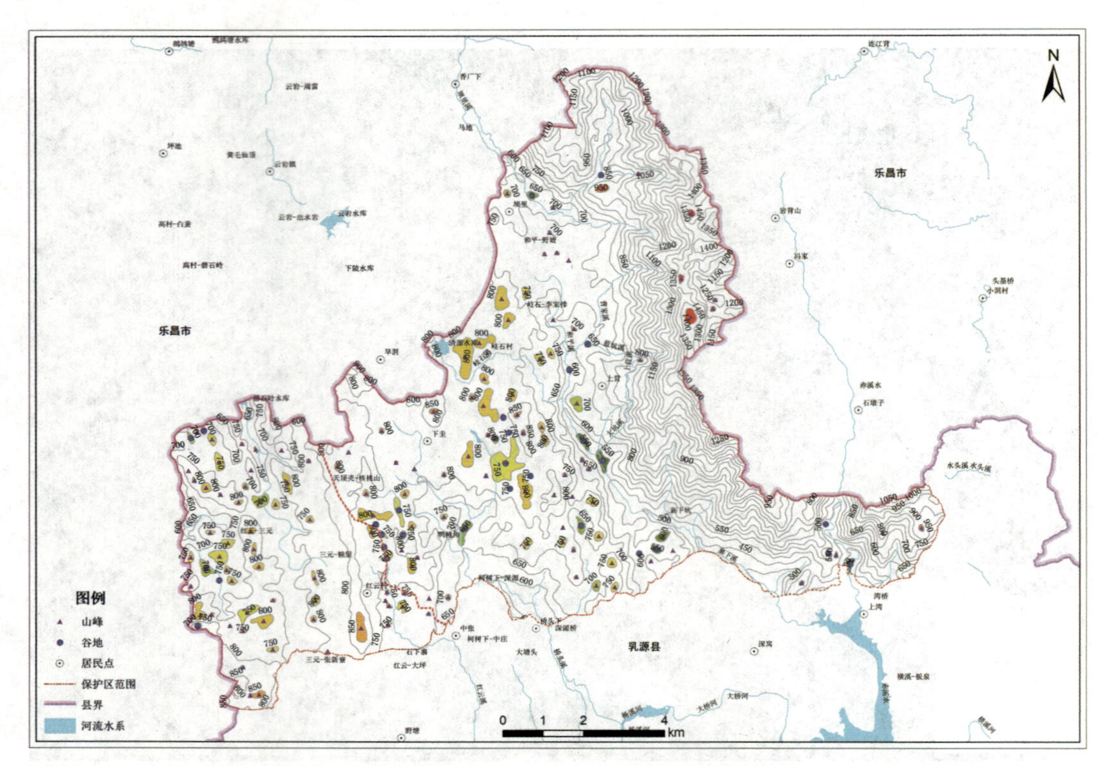

图 18　广东乳源南方红豆杉县级自然保护区地形图及山峰谷地分布图

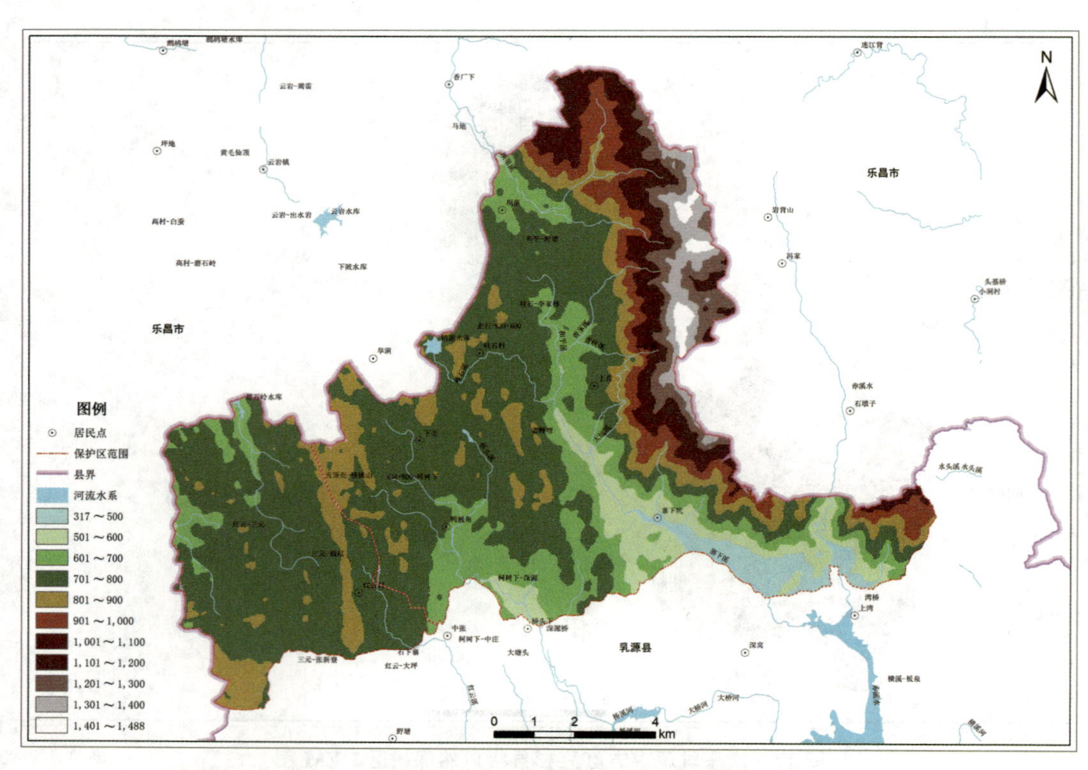

图 19　广东乳源南方红豆杉县级自然保护区高程图

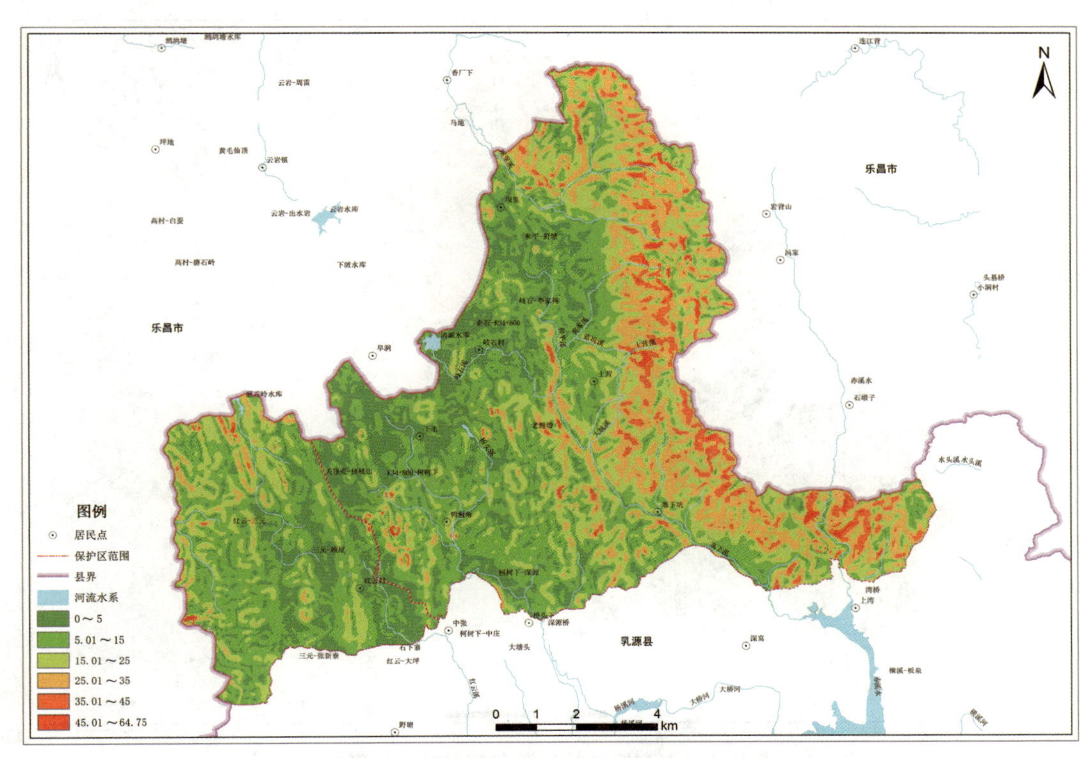

图 20　广东乳源南方红豆杉县级自然保护区坡度图

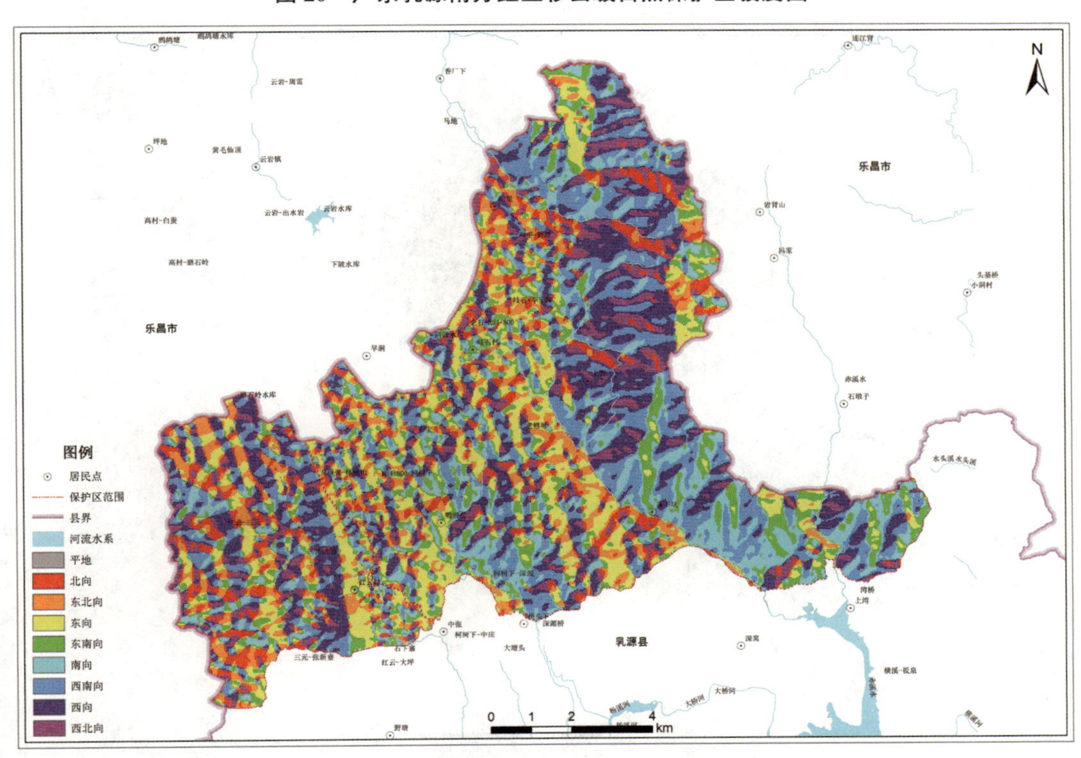

图 21　广东乳源南方红豆杉县级自然保护区坡向图

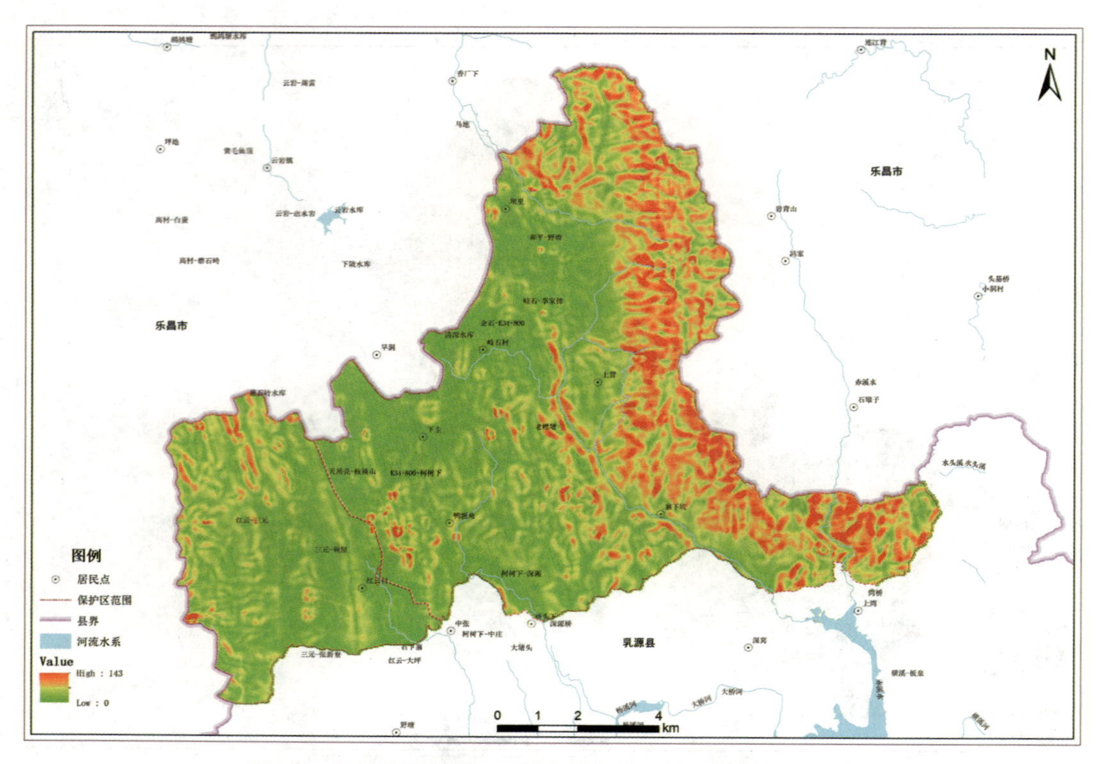

图 22　广东乳源南方红豆杉县级自然保护区地形起伏度图

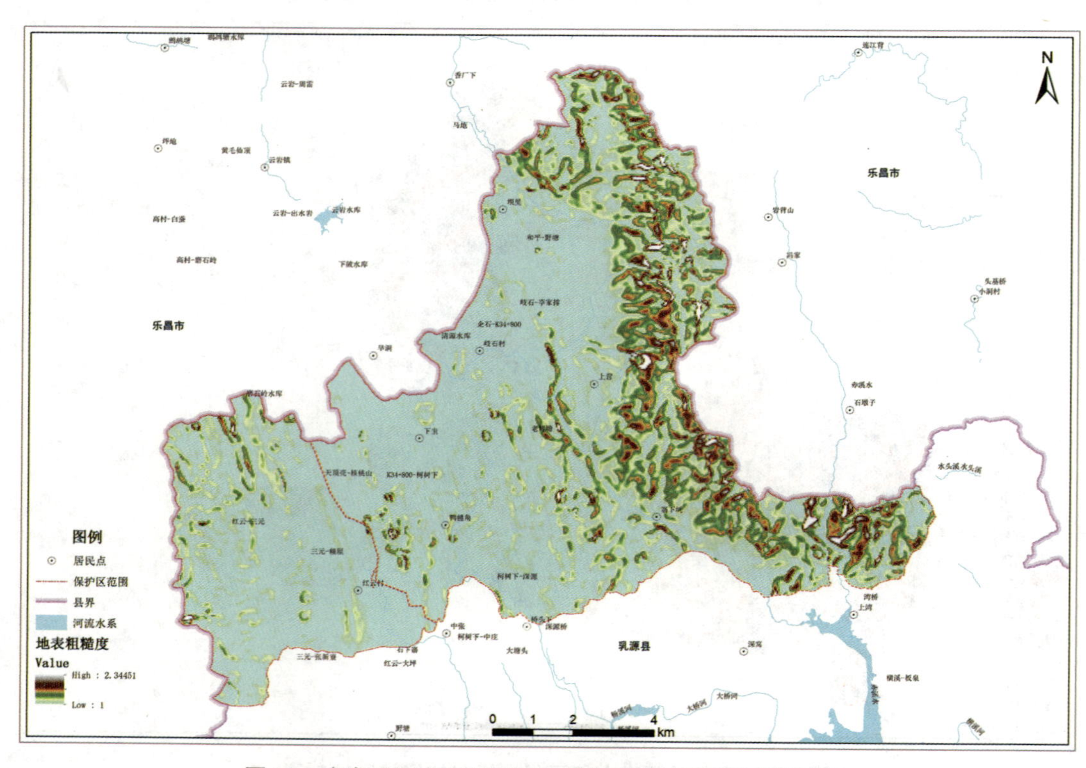

图 23　广东乳源南方红豆杉县级自然保护区地表粗糙度图

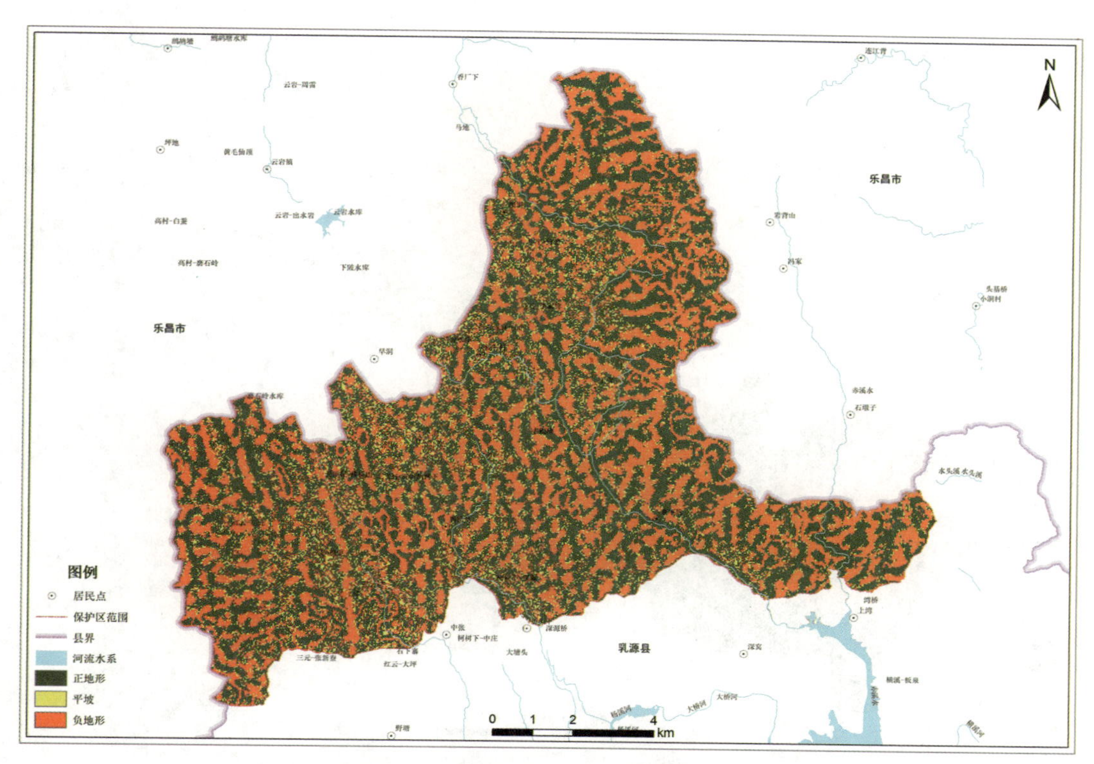

图 24　广东乳源南方红豆杉县级自然保护区地形曲率图

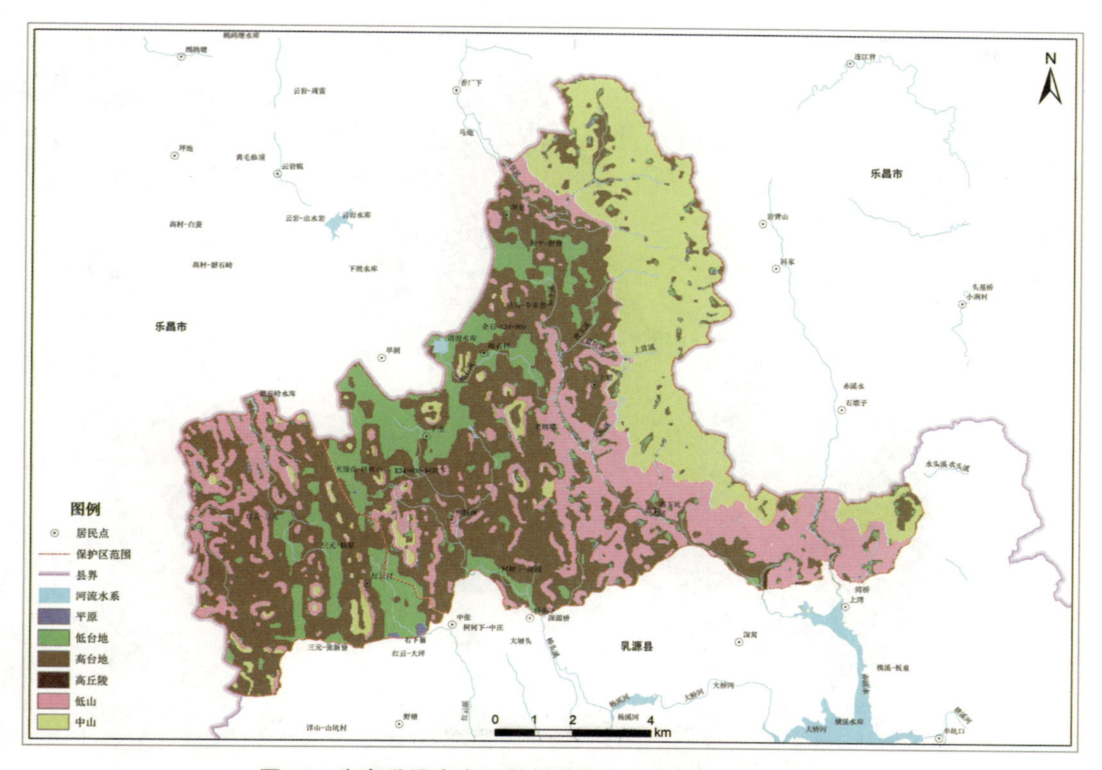

图 25　广东乳源南方红豆杉县级自然保护区地貌分区图

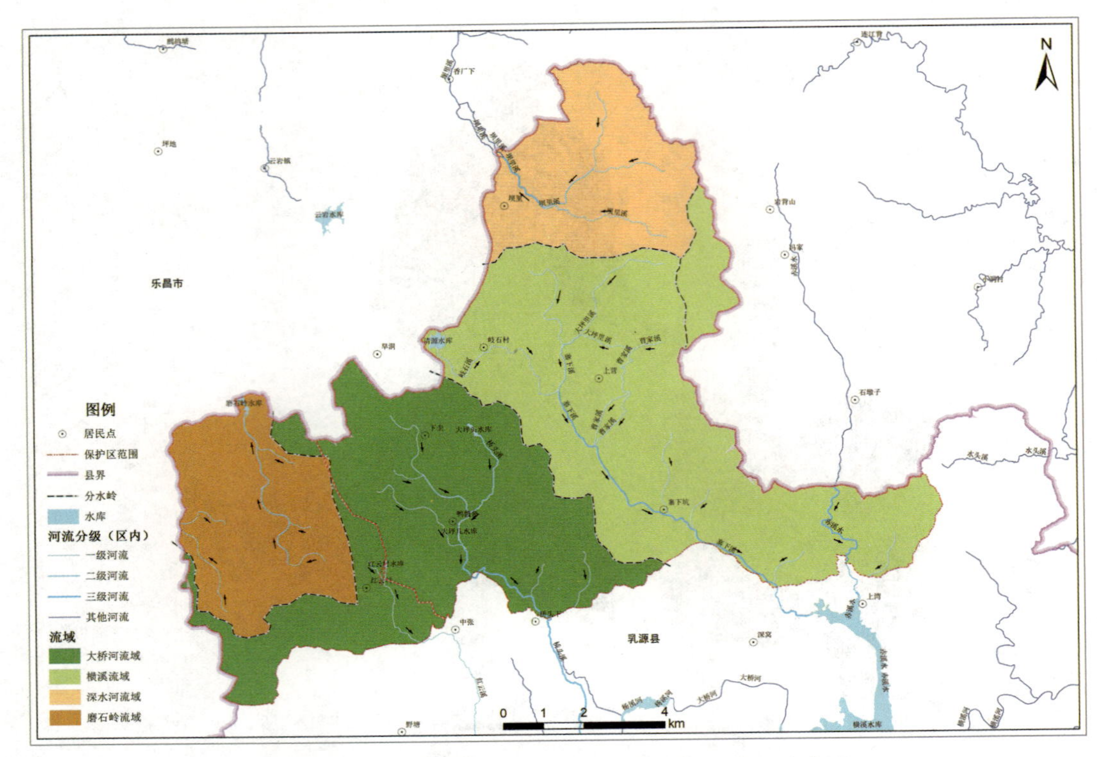

图 26　广东乳源南方红豆杉县级自然保护区水系分布图

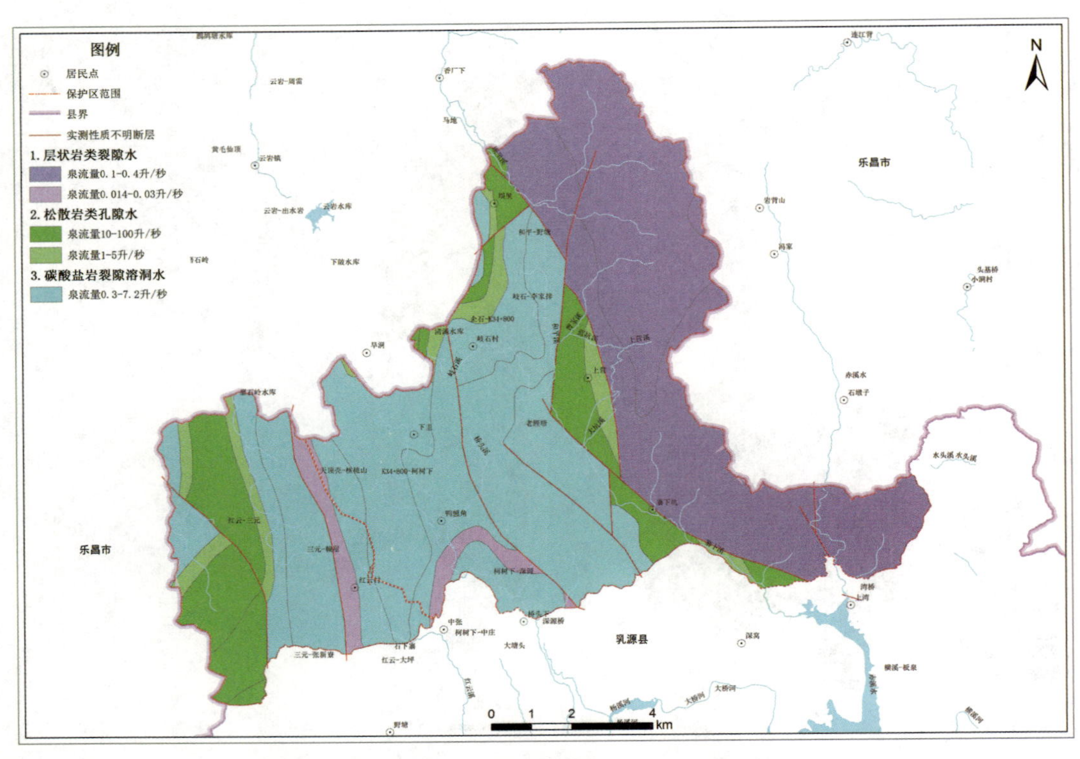

图 27　广东乳源南方红豆杉县级自然保护区水文地质图

数据来源：中国地质调查局 1：20 万水文地质图

图 28 成土母岩对土壤的影响在卫星影像图中的区别

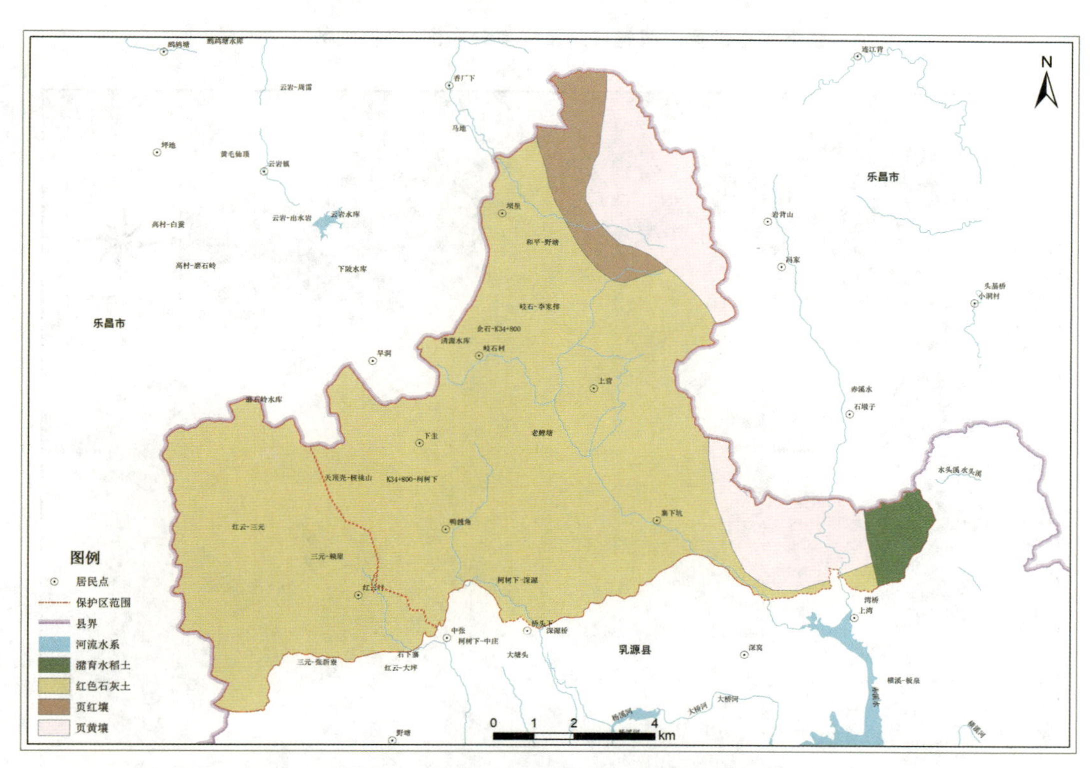

图 29 广东乳源南方红豆杉县级自然保护区土壤分布图

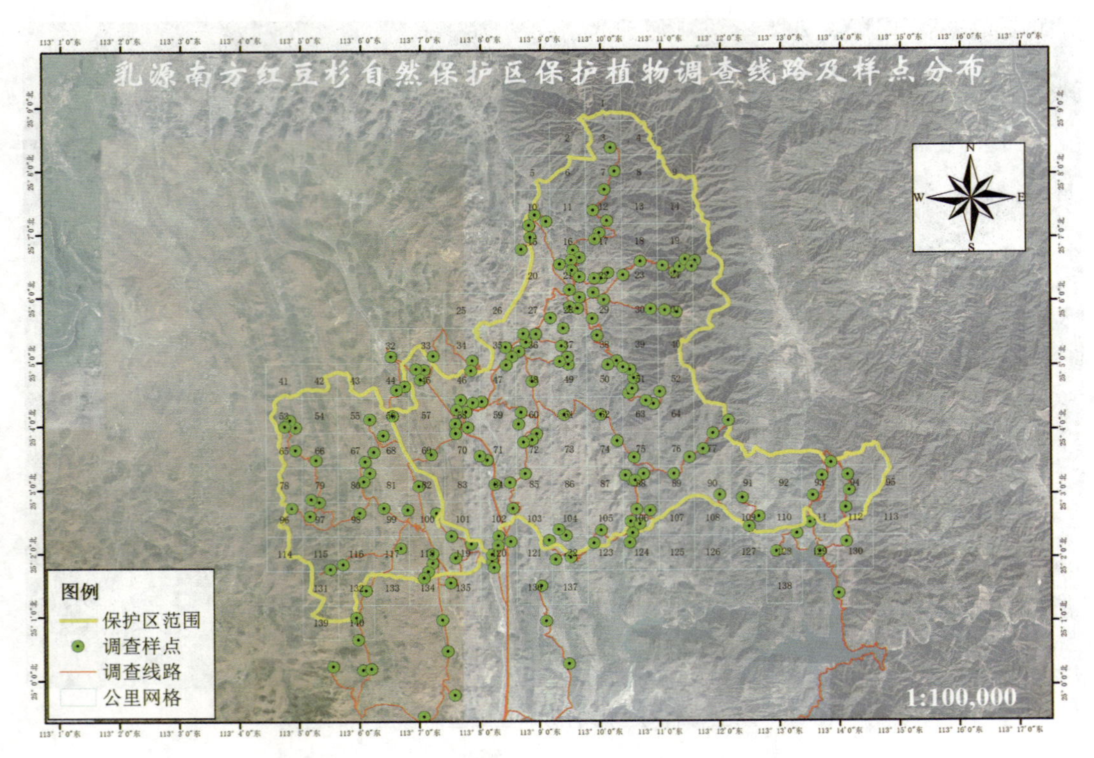

图 30　公里网格设置、调查线路及样点分布图(网格内数字为编号)

图 31　谷歌卫片显示的草地和灌丛区域(86 号公里网格)

图 32 无人机航拍高分辨率影像（蓝色为华南五针松，14 号公里网格）

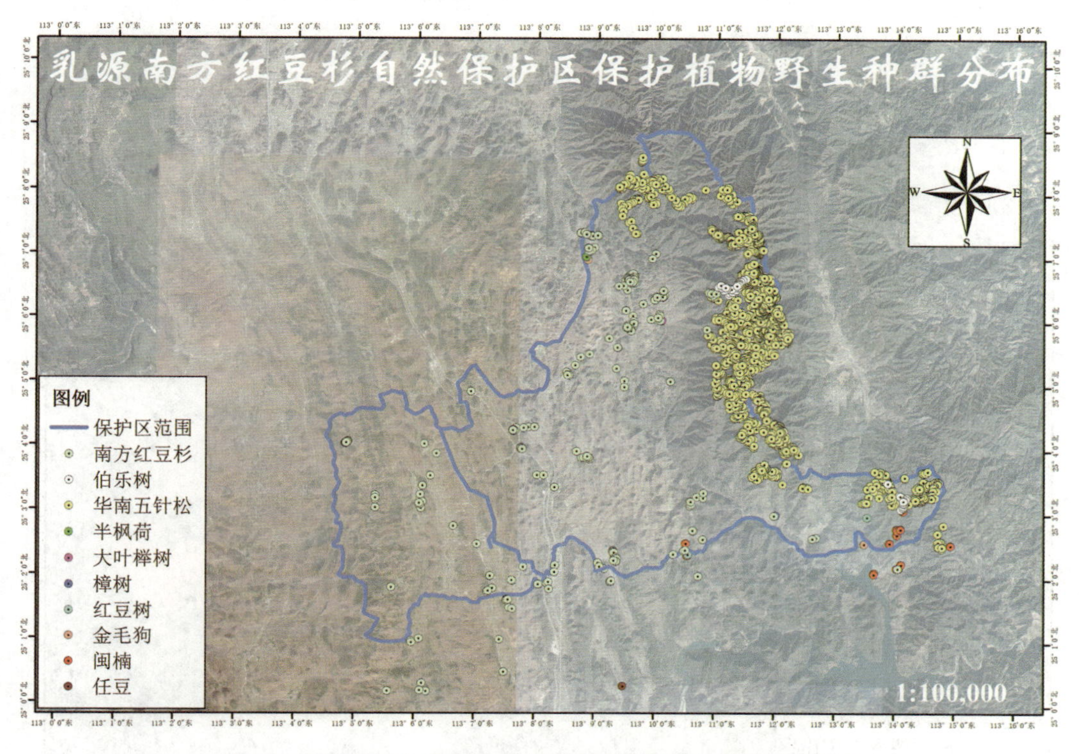

图 33 乳源南方红豆杉自然保护区及其周边保护植物分布图

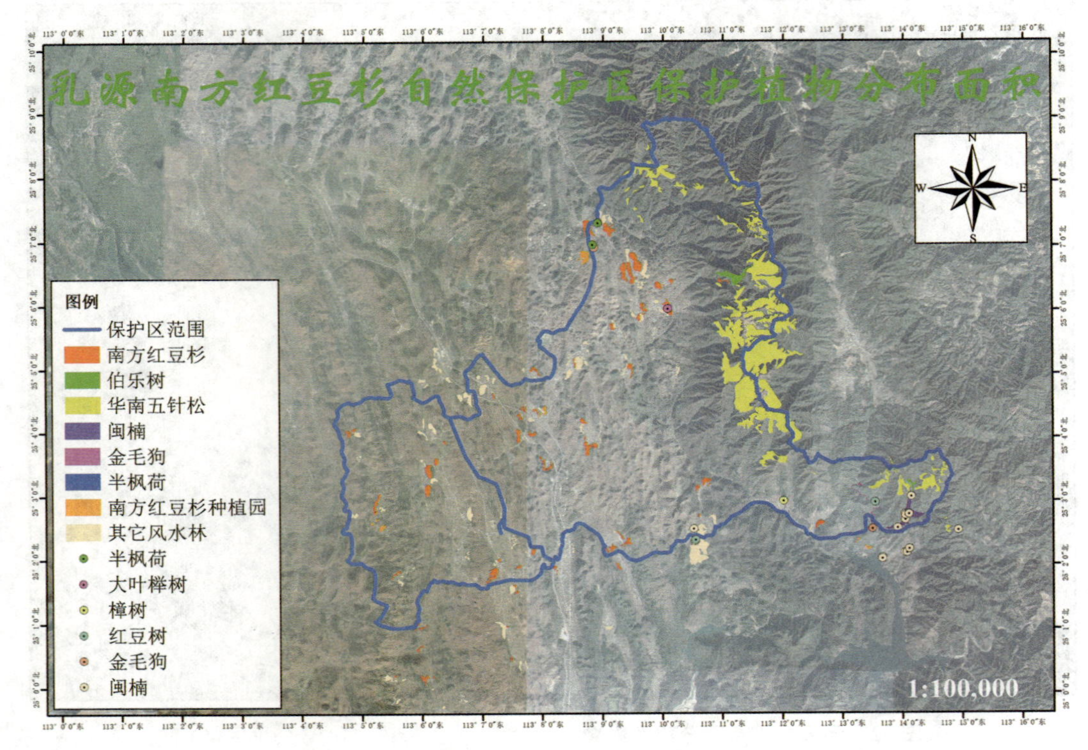

图 34　乳源南方红豆杉自然保护区及其周边保护植物分布面积

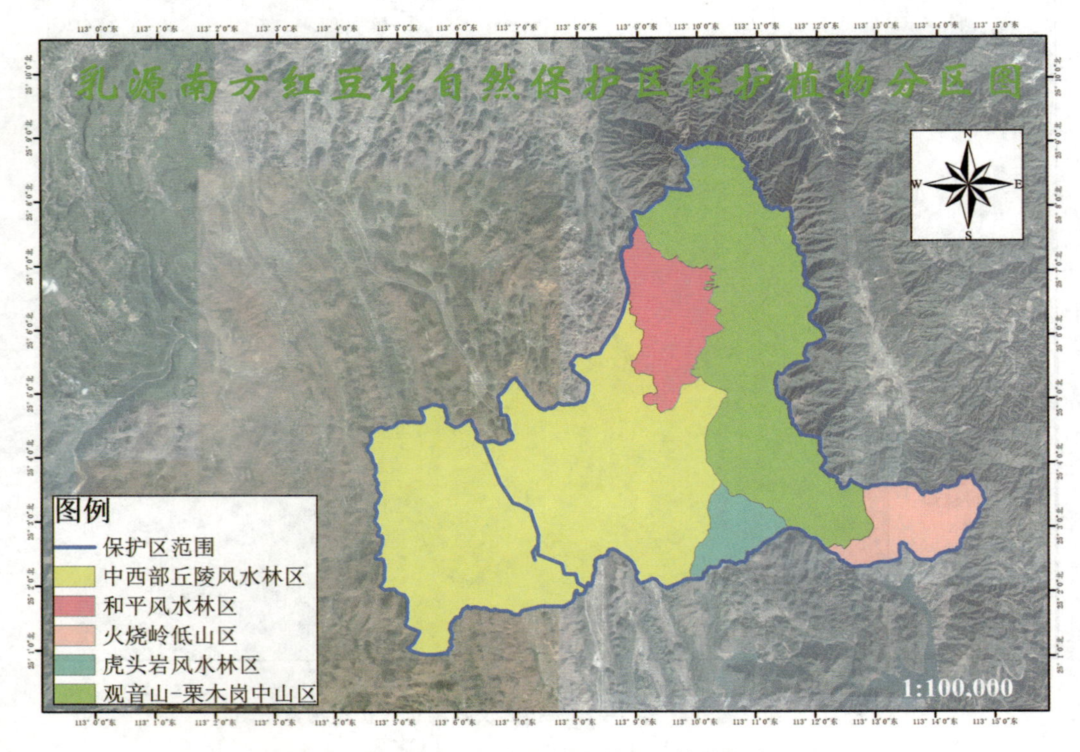

图 35　乳源南方红豆杉自然保护区保护植物分区图

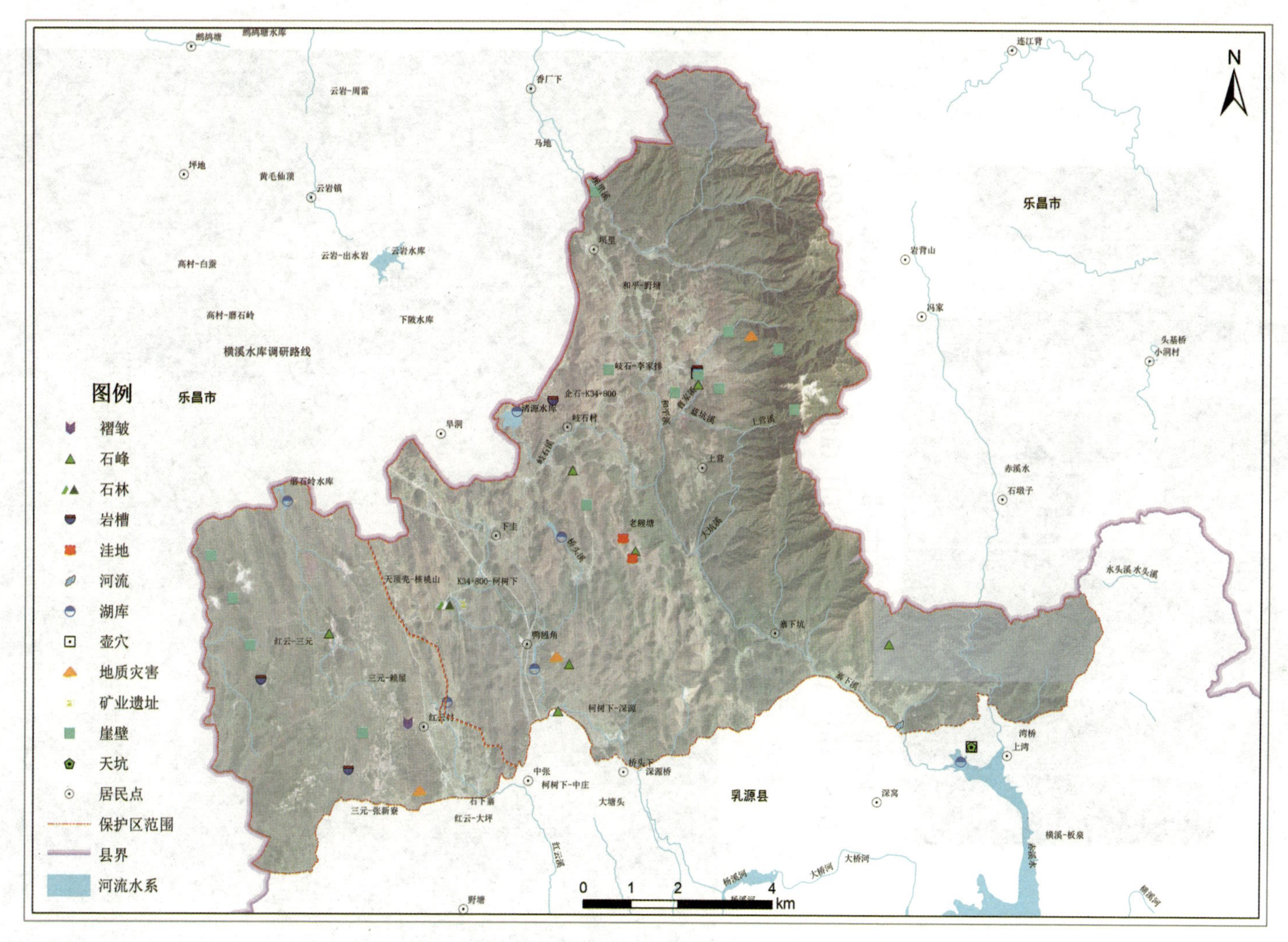

图 36 广东乳源南方红豆杉县级自然保护区自然遗迹整体分布情况

图 37　广东乳源南方红豆杉县级自然保护区调研点岩石样本

图 38　广东乳源南方红豆杉县级自然保护区丘岭山地貌